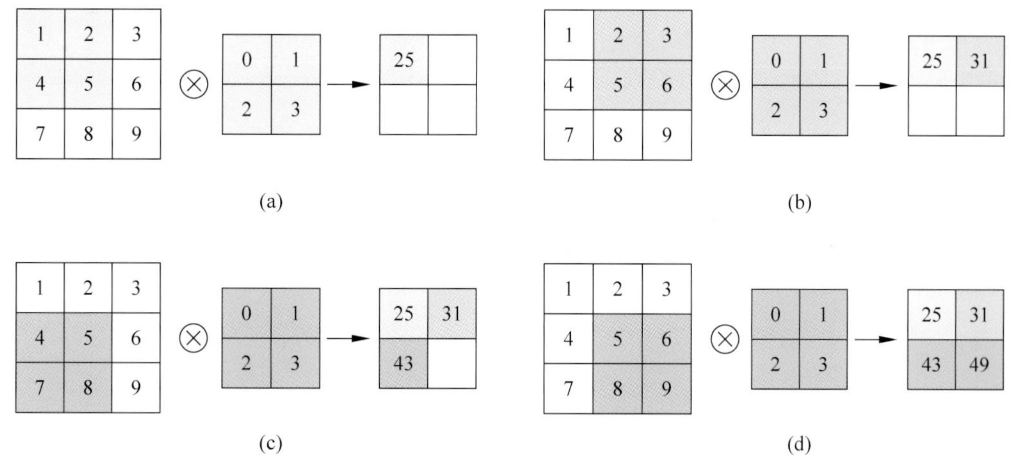

图 2-7　卷积计算

(a) 0×1+1×2+2×4+3×5=25；(b) 0×2+1×3+2×5+3×6=31；
(c) 0×4+1×5+2×7+3×8=43；(d) 0×5+1×6+2×8+3×9=49

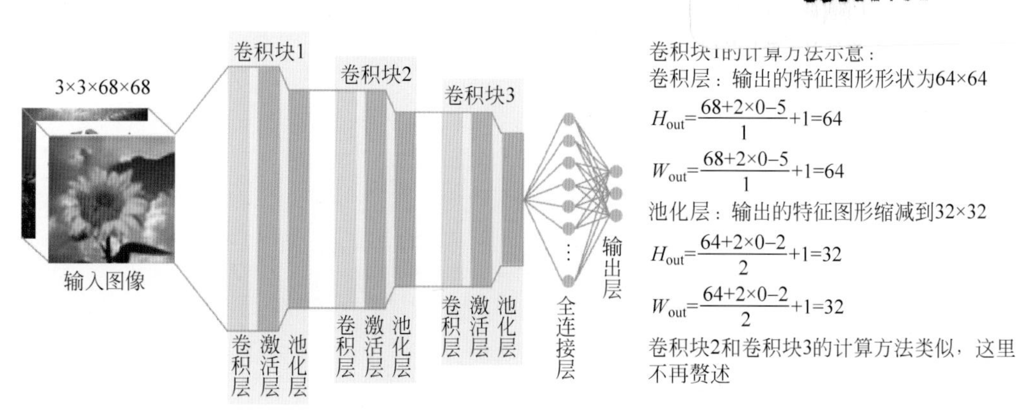

图 2-12　典型的卷积神经网络示例

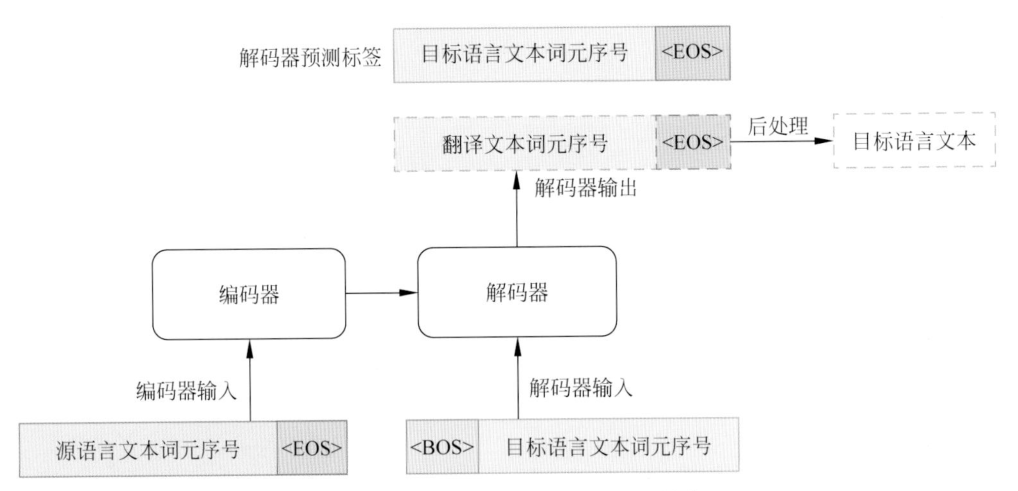

图 14-4　数据从文本到添加特殊词元的转换过程

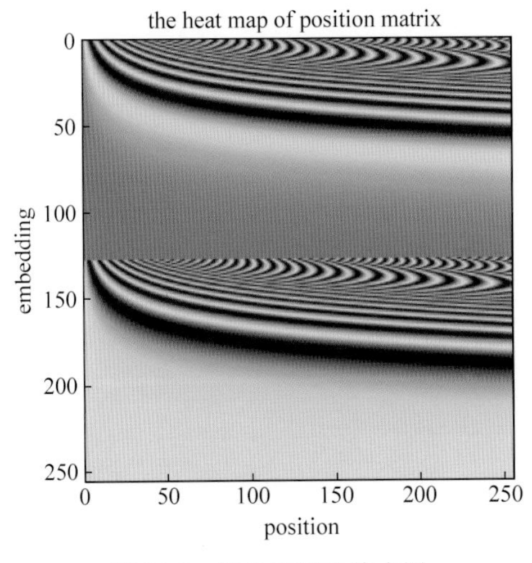

图 14-7　位置编码的热力图

自然语言处理基础与大模型

案例与实践

宗成庆　赵阳　飞桨教材编写组　著

清华大学出版社
北　京

内 容 简 介

本书在简要介绍自然语言处理代表性模型和方法的基础上，通过具体案例详细展现了相关模型和算法的实现过程，并给出了可执行的程序代码、数据集和运行结果。全书内容既有经典的统计语言模型，也有神经网络基础模型和大语言模型前沿技术。应用案例从情感分析、信息抽取、自动摘要和文本语义匹配，到阅读理解、意图理解、文本生成和机器翻译，全方位地展示自然语言处理从理论到实践的全貌。书中提供的所有代码都已通过调试，并以 Jupyter Notebook 形式托管在百度 AI Studio 星河社区上。读者按照书中的说明就可以直接使用 AI Studio 提供的免费计算资源在线编译运行书中的程序代码，为读者实践、练习提供了极大的便利。

本书可作为高等院校相关专业高年级本科生和研究生学习自然语言处理课程的教学辅导书，也可供对自然语言处理技术感兴趣的初学者或者从事相关技术研发的工程技术人员参考。

图书在版编目(CIP)数据

自然语言处理基础与大模型：案例与实践/宗成庆，赵阳，飞桨教材编写组著. —北京：清华大学出版社，2024.1

ISBN 978-7-302-65155-0

Ⅰ. ①自… Ⅱ. ①宗… ②赵… ③飞… Ⅲ. ①自然语言处理－研究生－教材 Ⅳ. ①TP391

中国国家版本馆 CIP 数据核字(2024)第 007658 号

责任编辑：孙亚楠
封面设计：白晓靖
责任校对：赵丽敏
责任印制：丛怀宇

出版发行：清华大学出版社
网　　址：https://www.tup.com.cn，https://www.wqxuetang.com
地　　址：北京清华大学学研大厦 A 座　　**邮　　编**：100084
社 总 机：010-83470000　　**邮　　购**：010-62786544
投稿与读者服务：010-62776969，c-service@tup.tsinghua.edu.cn
质量反馈：010-62772015，zhiliang@tup.tsinghua.edu.cn
印 装 者：天津安泰印刷有限公司
经　　销：全国新华书店
开　　本：185mm×260mm　**印　张**：19　**插　页**：1　**字　　数**：461 千字
版　　次：2024 年 1 月第 1 版　　**印　　次**：2024 年 1 月第1 次印刷
定　　价：98.00 元

产品编号：095646-01

序

语言是人类区别于其他生物的基本特征之一，是人类交流的工具、思想的表达、文明的基础。自然语言处理旨在让计算机理解并运用自然语言，是人工智能（AI）的关键核心技术之一。

近年来，自然语言处理技术飞速发展，基于深度学习的方法逐渐成为主流。预训练语言模型的出现，将自然语言处理任务的效果和性能提升到新的高度，各种工具和平台大幅降低门槛，自然语言处理的应用越来越广泛和深入。大语言模型具备了理解、生成、逻辑和记忆人工智能四项基础能力，为发展通用人工智能带来曙光。

在这样的背景下，AI 人才培养也需要与时俱进。我们要培养既懂 AI 技术、又懂业务，能够以 AI 原生思维重构业务的复合型高水平技术人才。一直以来，飞桨持续与科研院所和高校紧密合作，共同探索人才培养新模式，发布了新一代人工智能与大模型产教融合人才培养方案，并探索出教育创新中心、AI＋X 产学研融合创新基地、产业学院等校企合作模式，培养了一大批 AI 人才。

我很高兴在此时看到《自然语言处理基础与大模型：案例与实践》的出版。本书由中国科学院自动化研究所宗成庆研究员牵头和飞桨（教材编写组）联合编写，以自然语言处理的发展历程为脉络，介绍了近年来较为经典的模型和算法，既包括统计自然语言处理的基础模型，也包括神经网络、神经语言模型、预训练语言模型和大语言模型等目前热点的前沿技术。本书采用理论和实践结合的写作方式，案例代码基于飞桨平台实现，并支持在 AI Studio 星河社区在线运行，便于读者掌握每一种方法的实现技巧和使用方法，灵活创建大模型应用。

本书紧扣领域前沿，既有对基础知识的全面讲解，又有对应用案例和实践操作的详细说明，是"产学合作，协同育人"的重要成果，对培养新时代的复合型 AI 人才具有示范意义。

我相信本书能够帮助广大读者培养 AI 原生思维，也希望广大读者踊跃实践 AI 原生应用，在新一轮科技革命和产业变革中乘势而上，大展宏图。

百度首席技术官王海峰

2023 年 10 月

前言

近年来，自然语言处理技术备受瞩目，一方面受益于计算机硬件和机器学习等相关技术的快速发展，自然语言处理的技术性能得到了快速提高，让人们真实地看到和切身感受到了该技术所带来的便利；另一方面，随着计算机网络和移动通讯技术的快速发展和普及应用，人们对自然语言处理技术的需求愈加迫切，对技术性能和服务方式的要求也越来越高，从机器翻译、问答系统和人机对话系统，到自动文摘、情感分析和观点挖掘等，再从舆论监督、社会管理和国家安全，到工商业界的业务需求和普通百姓的日常生活服务，自然语言处理技术都以其不可替代的地位和作用得到了广泛关注和重视。尤其2022年底大规模语言模型腾空出世，彻底刷新了人们对自然语言处理技术的传统认知，甚至颠覆和改变了整个人工智能领域的研究范式和发展方向。自然语言处理学科方向从鲜为人知的“丑小鸭”一跃而成为备受追捧的“白天鹅”，这门课程也在大多数高校的人工智能学院或人工智能专业中理所当然地成为专业必修课。自然语言处理的春天来到了。

在春暖花开的季节里，不同模态数据之间的边界变得越来越模糊，自然语言文本、语音、图像和视频处理几乎进入了同一种范式。与此同时，学术界和工业界研发机构所从事的工作越来越趋于同质化。越来越多的共享数据、技术和平台，为该领域的迅速成长和壮大提供了强有力的支持。这对于技术初学者来说，何尝不是一件幸事！但是，面对蜂拥而出的各类算法和模型，如何为初学者提供一个快速入门的切入点呢？大语言模型席卷全球，其最基本的理论方法和实现技术是什么？通过一种什么样的方式让初学者快速地了解每一种算法和模型是如何实现的，数据应如何处理，参数该如何配置和优化，系统要如何搭建，平台可如何使用？这些基本问题和需求像线虫一样蠕动在我的心里，让我时不时地产生要撰写一部介绍技术实现方法著作的冲动，有时候这种蠕动如芒刺在背让我坐卧不安。当百度飞桨技术团队通过清华大学出版社联系我，有意合作撰写本书时，让我顿时眼前一亮，因为我知道飞桨团队有足够的实力协助我完成这一任务，他们不仅有经验丰富的专业技术人员，而且有成熟可靠的飞桨平台。我自己团队得力干将赵阳博士（副研究员）的加盟更让我信心倍增。于是，我们一拍即合。自那一刻起，我便坚信芒刺将不复存在。

本书默认读者对自然语言处理的基础理论和方法有一定的了解，所以理论部分仅点到为止，而主要笔墨用于介绍技术具体实现方法。在内容分配上，以当前主流的神经网络和深度学习方法为主，适当涉及 n 元文法模型和条件随机场等统计自然语言处理的经典方法；既有关键技术，也有应用系统，通过具体案例从不同层面全方位地贯穿整个自然语言处理全域。书中提供的每个代码都已经通过调试，并以 Jupyter Notebook 形式托管在百度 AI

Studio 星河社区上。读者按照书中的说明就可以直接使用 AI Studio 星河社区提供的免费 GPU 算力卡在线编译运行书中的程序代码，为读者实践、练习提供了极大的便利。

作为共同作者的赵阳博士和飞桨技术团队为本书的写作给予了最有力的支持和帮助，如果没有他们的鼎力相助和友好合作，恐怕一切还只会停留在我的空想和冲动之中。在此向他们表示最诚挚的谢意！

本书的撰写工作得到了中国科学院大学教材出版中心的资助。学校教务处的田晨晨老师、人工智能学院的肖俊副院长和屈晓春老师给予了大力帮助和支持。同行专家赵铁军、王厚峰、王小捷、黄民烈和张家俊等对本书的初始结构提出了宝贵的修改建议。中国科学院自动化研究所自然语言处理团队的向露博士对书中的部分内容进行了审阅和补充。清华大学出版社的孙亚楠编辑和王倩编辑给予了最贴心的帮助。一并向他们表示衷心的感谢！

本书从 2021 年 6 月开始策划，基本内容确定之后实施代码编写、调试和优化工作，在组织准备过程中对部分内容进行了微调，至 2022 年初基本完成。2022 年底大模型出现之后，根据最新技术发展我们又对书中部分内容重新作了调整。由于时间十分仓促，再加上作者的水平有限，书中难免有不妥之处，甚至可能存在疏漏或错误。作者真诚地欢迎读者给予批评指正，或提出修改建议。谢谢！

宗成庆

2023 年 12 月

目录

第1章

绪 论

自然语言处理(natural language processing,NLP)是研究如何利用计算机技术对语言文本(句子、篇章或话语等)进行处理和加工的一门学科,研究内容包括对词法、句法、语义和语用等信息的识别、分类、提取、转换和生成等各种处理方法和实现技术①。这一术语大约出现在20世纪70年代末期或80年代初期。概括地讲,自然语言处理包括对文本的分析、理解和转换、生成两大方向。近年来,随着计算机网络和移动通信技术的普及应用,这一技术在人类社会、经济和国家安全等各个领域都发挥了越来越重要的作用,其处理数据也从单一的文本模态扩展到了与语音、图像和视频等多模态数据的融合。

在学习自然语言处理技术的时候,我们不仅需要了解其中的理论方法和模型,更需要掌握每一种方法的实现技巧和使用方法。为此,本书筛选出一批近年来较为经典的模型和算法,从技术实现的角度对其进行剖析,给出了程序代码,以供读者进行实践和练习。

本章首先对自然语言处理方法给予简要的回顾和概述,然后介绍书中程序代码实现的平台和使用方法,最后对全书的内容和组织结构进行简要说明。

1.1 自然语言处理方法概述

在20世纪80年代中期之前,自然语言处理主要采用基于模板和规则的方法,所依据的理论基础是以乔姆斯基(N. Chomsky)为代表的语言学家提出的句法结构理论等。从1947年维沃(W. Weaver)和布斯(A. Booth)最早提出机器翻译概念到80年代中期,长达近40年的自然语言处理技术发展阶段通常被认为是基于符号逻辑推理的理性主义时期。

20世纪80年代中期,基于语料库的统计自然语言处理方法逐渐萌生,n元语法(n-gram)模型(或称n元文法模型)和隐马尔可夫模型(hidden Markov model,HMM)被引入自然语言处理领域,并得到广泛应用。日本学者长尾真(M. Nagao)提出了基于事例(实例)的机器翻译(example-based machine translation)方法。1989年首个基于语料库的统计机器翻译系统诞生,随后一系列开源数据、工具、平台和系统的推广应用,将数据驱动的经验

① 见《计算机科学技术百科全书》(清华大学出版社,2018年)第1222页。

主义方法提升到一个新的历史发展阶段，并持续了20余年。

统计自然语言处理方法可以大致划分为两类：生成式模型(generative model)和区分式模型(discriminative model)。生成式模型的基本思路是：假设 O 是观察值，Q 是模型，那么首先建立样本的概率密度模型 $P(O|Q)$，然后利用该模型进行推理预测。该方法建立在统计学和贝叶斯理论基础之上，要求已知样本无穷多或者尽量多。

区分式模型又称判别式模型，其基本思路是对条件概率(后验概率) $P(Q|O)$ 进行建模，在有限样本条件下建立判别函数，寻找不同类别之间的最优分类面。基于这种思路，很多自然语言处理任务转变为分类任务，或者序列标注任务。

当然，在某些任务上生成式模型和区分式模型可以集成应用。统计方法常用的模型归纳见表1-1。

表1-1 统计自然语言处理方法概览

类别	代表模型	典型应用
生成式模型	*n* 元文法(*n*-gram)模型	汉语分词，机器翻译，自动写作
	隐马尔可夫模型(hidden Markov model, HMM)	汉语分词与词性标注，命名实体识别，语音识别
区分式模型	朴素贝叶斯分类器(naive Bayes, NB)	词义消歧，词性标注，各种分类任务
	决策树(decision tree)	词性标注，句法分析，各种分类任务
	k-近邻法(*k*-nearest neighbor, *k*-NN)	文本分类、聚类，情感分析
	最大熵(maximum entropy, ME)	词义消歧，句法分析，各种分类
	感知机(perceptron)	汉语分词与词性标注，各种分类任务
	支持向量机(support vector machine, SVM)	文本分类、情感分类等各种分类任务
	条件随机场(conditional random field, CRF)	汉语分词、命名实体识别等，各种分类或序列标注任务
混合模型	*n* 元文法模型+条件随机场等	汉语分词与词性标注等各种序列标注任务

在统计方法建立的初期，几乎所有的自然语言处理任务都曾采用 *n* 元文法模型解决，从拼音-文字转换、汉语自动分词、命名实体识别等关键技术到机器翻译等应用系统，*n* 元文法模型几乎“无所不能”。之后，由于区分式方法不需要复杂的模型推导，增加或减少特征都容易实现，因此，区分式模型(通常表现为分类或序列标注模型)就像之前的 *n* 元文法模型或现在的Transformer模型，遍地开花。

无论如何，统计方法时期是自然语言处理技术发展历程中非常重要的一个历史阶段。尽管多数模型在几乎所有任务上的性能表现都已被神经网络方法超越，目前已经不再被广泛使用，但是很多建模思想，尤其是 *n* 元文法模型，对于后来神经语言模型的建立都有重要的借鉴和启发意义。

进入21世纪之后，在已有的前馈神经网络(feedforward neural network, FNN)、卷积神经网络(convolutional neural network, CNN)和循环神经网络(recurrent neural network, RNN)的基础上研发出了一系列新的模型，并被广泛应用于各类自然语言处理任务，逐渐形成了基于神经网络的自然语言处理方法。从早期的神经网络语言模型(neural network language model, NNLM)，到词嵌入(word embedding)方法、序列到序列(sequence-to-sequence, Seq2Seq)方法、注意力机制(attention mechanism)，再到Transformer和预训练语言模型(pre-training language model)等一系列方法相继被提出,一再刷新各种自然语言处理任务的性能指标,各种工具和平台的开放使用极大地降低了自然语言处理领域的入门门槛,并为打通不同模态数据处理方法之间的壁垒奠定了基础,多模态信息融合处理成为可能。自然语言处理技术的应用也从早期以分析和理解为主、语言生成为辅,发展到分析、理解与生成齐头并进的新阶段。

纵览基于神经网络的自然语言处理方法,代表性的模型和工具归纳见表 1-2。

表 1-2 基于神经网络的代表性模型①

模　　型	时　　间	代表论文或网站	用途说明
长短时记忆模型(LSTM)	1997 年	(Hochreiter and Schmidhuber, 1997)	属于循环神经网络(RNN)的一种形式,能够缓解长序列训练的梯度消失和爆炸等问题
神经网络语言模型(NNLM)	2003 年	(Bengio et al., 2003)	学习单词的分布式表示,计算单词序列的概率
图神经网络(GNN)	2009 年	(Scarselli et al., 2009)	利用结构信息表征文本,在知识图谱、句法分析、语义角色标注和关系抽取等任务中广泛应用
词嵌入模型(word embedding):CBOW, skip-gram	2013 年	(Mikolov et al., 2013a,b)	生成词的分布式向量表示
门控循环单元(GRU)	2014 年	(Cho et al., 2014)	是 LSTM 的一种变体,简化了 LSTM 的模型结构,但能保持相当的性能
Seq2Seq	2014 年	(Sutskever et al., 2014)	序列到序列建模,输入和输出序列的长度是可变的
对抗生成网络(GAN)	2014 年	(Goodfellow et al., 2014)	用于对话系统、鲁棒机器翻译系统训练等任务
注意力机制(attention mechanism)	2015 年	(Bahdanau et al., 2015)	选择与当前目标最相关的信息进行处理
残差网络(ResNet)	2016 年	(He et al., 2016)	使用跳跃连接策略实现信号跨层传播,缓解了深层网络训练困难的问题
Transformer	2017 年	(Vaswani et al., 2017)	编码器-解码器转换模块,完全依靠自注意力机制计算输入和输出的表示,对长序列建模效果更好,且可以做到并行化计算
ELMo	2018 年	(Peters et al., 2018),又见网页②	预训练语言模型,采用基于 LSTM 的单向传统语言模型
GPT	2018 年 OpenAI	(Radford et al., 2018)	预训练语言模型,采用基于 Transformer 的单向传统语言模型
BERT	2018 年 Google	(Devlin et al., 2019)	预训练语言模型,采用基于双向自注意力机制的掩码语言模型

① 本表按模型提出的时间顺序排列。

② https://allenai.org/allennlp/software/elmo。

续表

模　　型	时　　间	代表论文或网站	用途说明
ERNIE	2019 年百度	(Sun et al., 2019)	预训练语言模型，采用融合实体知识的预训练语言模型
MASS	2019 年微软	(Song et al., 2019)	预训练语言模型，采用基于编码-解码框架的预训练语言模型
Pegasus	2020 年 Google	(Zhang et al., 2020)	预训练语言模型，采用编码-解码框架的预训练语言模型
GPT-3	2020 年 OpenAI	(Brown et al., 2020)	大规模预训练语言模型，采用 Transformer 解码器框架，参数达到 1750 亿
RocketQA	2021 年百度	(Qu et al., 2021)	开放领域问答语言模型
ERNIE-UIE	2022 年百度	(Lu et al., 2022)	预训练语言模型，采用知识增强的通用信息抽取统一框架的预训练语言模型
InstructGPT	2022 年 OpenAI	(Ouyang et al., 2022)	大规模预训练语言模型，采用基于指令学习和人类反馈学习的强化学习方法
LLaMA	2023 年 Meta	(Touvron et al., 2023)	大规模预训练语言模型，采用 Transformer 解码器框架，提供了 6.7 亿～65 亿不同参数规模的模型
GPT-4	2023 年 OpenAI	(OpenAI,2023)	大规模多模态预训练语言模型，能够接受文本和图像输入，并输出文本

随着神经网络模型的改进，以预训练语言模型为代表的各种模型表现出强大的功能，训练数据规模不断扩大，模型参数数量急剧膨胀，模型性能也在不断攀升。与此同时，模型可解释性和推理能力的提升得到了越来越多的关注。特别是 2022 年 OpenAI 公司的 ChatGPT 的发布，吸引了学术界和产业界对于大规模语言模型研究的广泛关注。实验表明，当模型参数规模超过一定数量时，预训练语言模型不仅能够显著提升多项自然语言处理任务的性能，而且会表现出多项特殊能力，如上下文学习(in-context learning)能力(Brown et al., 2020)、涌现能力(emergent abilities)(Wei et al., 2022a) 和思维链(chain of thought)能力等(Wei et al., 2022b)。为了凸显参数规模增大后的重要性，研究人员提出了"大语言模型(large language models,LLMs)或者预训练大模型"的概念，用以表示参数规模较大的语言模型。

尽管我们有理由相信，神经网络方法和基于神经网络的预训练模型不会是自然语言处理的终极方法，但是我们也不得不承认，这种方法已经成为本领域的主流，并将在未来很长一段时间内发挥主导作用，甚至成为解决某一类问题的垫脚石。

本书的主体内容将围绕神经网络方法展开，从神经网络基础模型和工具到关键技术和应用系统，通过不同的层次将当前主流的自然语言处理技术全方位地介绍给读者。本书提供的每行代码都由飞桨团队精心调试，通过动手实践，读者可以更好地理解自然语言处理技术的实现方法，并灵活地运用到各类任务上。

1.2　本书的内容组织

本书共包含 15 章内容,除了本章以外,其余 14 章将分别对 n 元文法模型、条件随机场及表 1-1 和表 1-2 中列出的部分经典模型的实现方法及其应用系统逐一介绍,按照从基础理论到关键技术,最终到应用系统的顺序依次展开。全书内容的组织关系如图 1-1 所示。

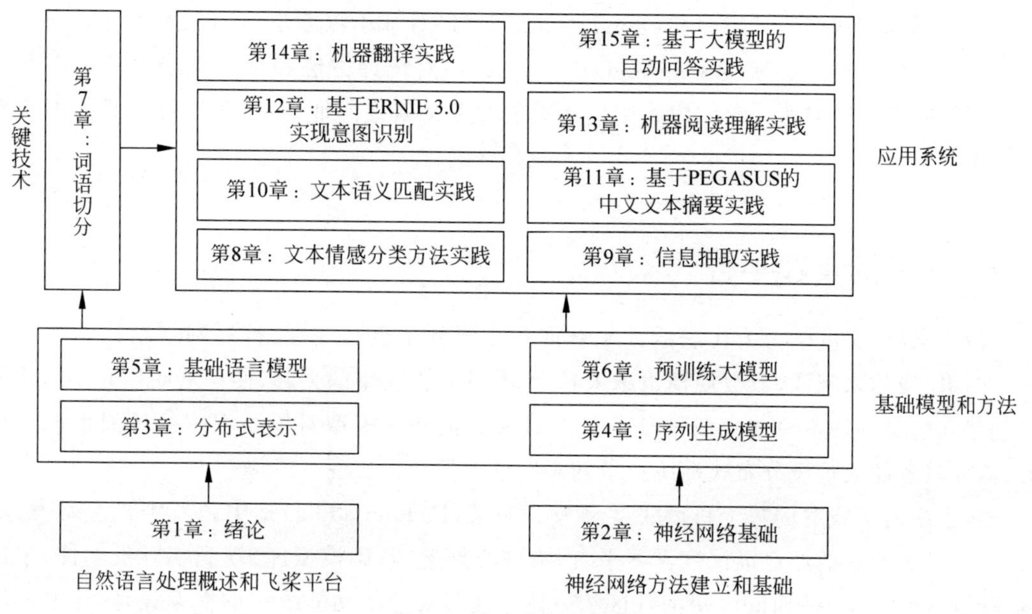

图 1-1　本书的组织结构

第 2 章介绍神经网络基础模型的实现方法,包括前馈神经网络、卷积神经网络和传统的循环神经网络及其变种,如长短时记忆模型(long-short term memory,LSTM)、门控循环单元(gated recurrent unit,GRU)和双向的长短时记忆模型(bidirectional long-short term memory,BiLSTM)的实现方法。

第 3 章主要介绍两个最基本的词向量(word2vec)生成模型：连续的词袋(continuous bag-of-words,CBOW)模型和跳字(skip-gram)模型的实现方法,并以 ELMo 为例介绍动态词向量方法。以此为基础介绍短语和句子分布式表示的实现过程。

第 4 章介绍两个重要的序列生成模型的实现方法,包括序列到序列(Seq2Seq)建模和编码器-解码器转换模块(Transformer)的实现技术。

第 5 章介绍 n 元文法模型、基于前馈神经网络和 LSTM 的语言模型的实现方法。

第 6 章介绍 3 种预训练语言模型(GPT、BERT 和 ERNIE)的实现方法,并介绍预训练大模型的相关技术。

第 2 章～第 6 章介绍的内容可以认为是统计方法和神经网络方法的基础,后续所有的技术都是建立在这些模型和方法基础之上的。

第 7 章介绍自然语言处理,尤其是中文信息处理的关键技术——汉语词语自动切分。

第 8 章～第 15 章介绍自然语言处理应用系统的实现方法,包括情感分析、信息抽取、文本语义匹配、文本摘要、对话系统中的意图理解、机器阅读理解、机器翻译和基于大模型的问答。需要说明的是，在这些章节中所介绍的系统实现方法只是基于某一种方法或模型完成，只是希望通过一个一个的具体事例介绍任务的实现过程，并非是性能达到最佳的实用系统。

本章只是对统计自然语言处理方法和基于神经网络的自然语言处理方法给予概括性的介绍，很多概念、模型和方法并未展开解释。对统计自然语言处理方法感兴趣的读者可以参阅文献（宗成庆，2013），想了解神经网络和深度学习方法的读者可以参阅文献（邱锡鹏，2020）。文献（宗成庆等，2022）和（Zong et al.，2021）对基于深度学习的自然语言处理方法有较为详细的介绍。文献（Zhang and Teng，2021）对统计方法和神经网络方法都有所涉及。后续各章将针对所介绍的内容给出相应的参考文献或网址，读者可以针对具体内容在实践中参考学习。

1.3 本书的实践平台

近年来，以深度学习为代表的人工智能技术得到了迅猛发展，神经网络结构越来越复杂，网络层级越来越深，参数规模也越来越大，尤其是大模型的兴起，使得从底层开始构建神经网络几乎是一件不可能完成的任务。同时大数据和大模型对模型训练的挑战也愈发严峻，需要具备超大规模分布式训练技术的深度学习框架来实现。

本书中的实践案例基于百度飞桨开发。飞桨（PaddlePaddle）是中国首个自主研发、功能丰富、开源开放的产业级深度学习平台，集核心框架、基础模型库、端到端开发套件、丰富的工具组件，以及 AI Studio 星河社区于一体。飞桨实现了动静统一的框架设计，兼顾灵活性和高效性；原生支持超大规模分布式训练能力，率先实现了多维混合并行策略和端到端自适应分布式训练技术，形成了显著的性能优势，支撑以文心一言为代表的文心大模型的高效训练和推理，效率和效果均获得大幅提升。

近年来，飞桨的生态建设取得显著进展，在科研院所、企事业单位、个人开发者群体中得到广泛应用。《深度学习平台发展报告（2022）》[①]指出，飞桨已经成为中国市场应用规模第一的深度学习框架和赋能平台。

实践环节提供两种运行方式：本地运行和 AI Studio 星河社区运行。下面分别介绍两种方式的操作方法，以及书中涉及的 API 和数据集。

1.3.1 本地运行

1. 环境准备

本地运行时，需要读者安装飞桨框架和 PaddleNLP。PaddleNLP 是基于飞桨框架开发的、简单易用且功能强大的自然语言处理开发库。在安装之前，需要先确认本机的运行环境，如操作系统、Python 和 pip 的版本是否满足飞桨的安装要求。飞桨支持安装在 Windows、macOS、Linux 等操作系统上，本节以 Windows 操作系统为例，介绍 pip 快速安装

① 见中国信通院《深度学习平台发展报告（2022 年）》。

的方法。

使用如下命令查看 Python 版本，目前飞桨支持的 Python 版本为 3.6/3.7/3.8/3.9/3.10。如果读者需要安装最新版本的 PaddleNLP，建议计算机的 Python 版本为 3.7 及以上。

```
python -- version
```

使用如下命令查看 pip 版本，目前飞桨支持的 pip 版本为 20.2.2 或更高版本。

```
python - m ensurepip
python - m pip -- version
```

使用如下命令确认 Python 和 pip 是 64bit 版本，且处理器架构是 x86_64(或称作 x64、Intel 64、AMD64)。

```
python - c "import
platform;print(platform.architecture()[0]);print(platform.machine())"
```

如果第一行输出的是"64bit"，第二行输出的是"x86_64""x64"或"AMD64"，则满足飞桨的安装要求。

2. 快速安装

(1) 安装飞桨框架

本书中的实践代码可以在 CPU 或 GPU 上运行，但除了 7.2 节和 8.1 节外，其余实践的模型结构较为复杂，需要更多的计算资源，在 GPU 上运行可以大大缩短模型训练的时间。如果读者本地没有 GPU 设备，建议选择在 AI Studio 星河社区上运行本书的实践代码，使用方法参见 1.3.2 节。

目前飞桨推荐的稳定版本是 2.5，建议读者安装最新的飞桨版本。使用如下命令安装 CPU 版本：

```
python - m pip install paddlepaddle == 2.5.1 - i
https://pypi.tuna.tsinghua.edu.cn/simple
```

使用如下命令安装 GPU 版本：

```
python - m pip install paddlepaddle - gpu == 2.5.1 - i
https://pypi.tuna.tsinghua.edu.cn/simple
```

使用如下命令验证安装的正确性：

使用 python 命令进入 Python 解释器，先输入 import paddle，再输入 paddle.utils.run_check()，如果出现"PaddlePaddle is installed successfully!"说明飞桨安装成功。

需要说明的是，目前飞桨 Windows 安装支持 CUDA 10.2/11.2/11.6/11.7 版本，如需使用其他 CUDA 版本，需要通过源码自行编译。最新的飞桨版本信息和其他环境的安装方法可以登录飞桨官网(https://www.paddlepaddle.org.cn)获取。

(2) 安装 PaddleNLP

使用如下命令,采用 pip 的方式安装 PaddleNLP。

```
pip install --upgrade paddlenlp
```

1.3.2 AI Studio 星河社区运行

为了便于读者学习和实践,本书的实践案例均以 BML Codelab 的形式托管在 AI Studio 星河社区上。AI Studio 星河社区以飞桨和文心大模型为核心,集开放数据、开源算法、云端 GPU 算力及大模型开发工具于一体,为开发者提供模型与应用的高效开发环境。读者按照书中的说明可以直接使用 AI Studio 星河社区提供的免费计算资源在线编译运行书中的程序代码。

本书配套的实践项目和视频课程地址为:https://aistudio.baidu.com/course/introduce/28728。

AI Studio 星河社区已经默认安装最新版的飞桨,无需执行 1.3.1 节的安装操作。如图 1-2 所示,读者可以选择在基础版(CPU/DCU-16GB)、高级版(GPU-V100-16GB/GPU-V100-32GB)或尊享版(GPU-A100-40GB/GPU-4×V100-4×32GB)三种模式下运行项目,并通过每日运行项目、创建或 Fork 项目、优秀项目分享等方式获得免费的 GPU 算力。

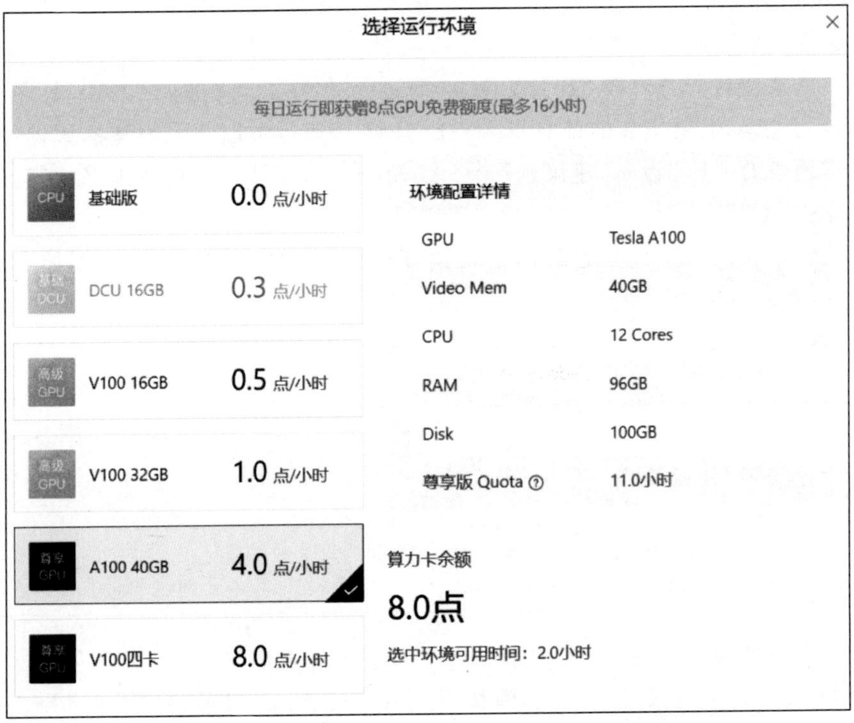

图 1-2 项目运行环境

进入项目后,BML CodeLab 的页面布局如图 1-3 所示,由菜单栏、侧边栏、快捷工具栏和代码编辑区组成。本节简要介绍代码编辑区和侧边栏,更详细的使用方法可参见 BML

CodeLab 环境使用说明(https://ai. baidu. com/ai-doc/AISTUDIO/ Gktuwqf1x)。

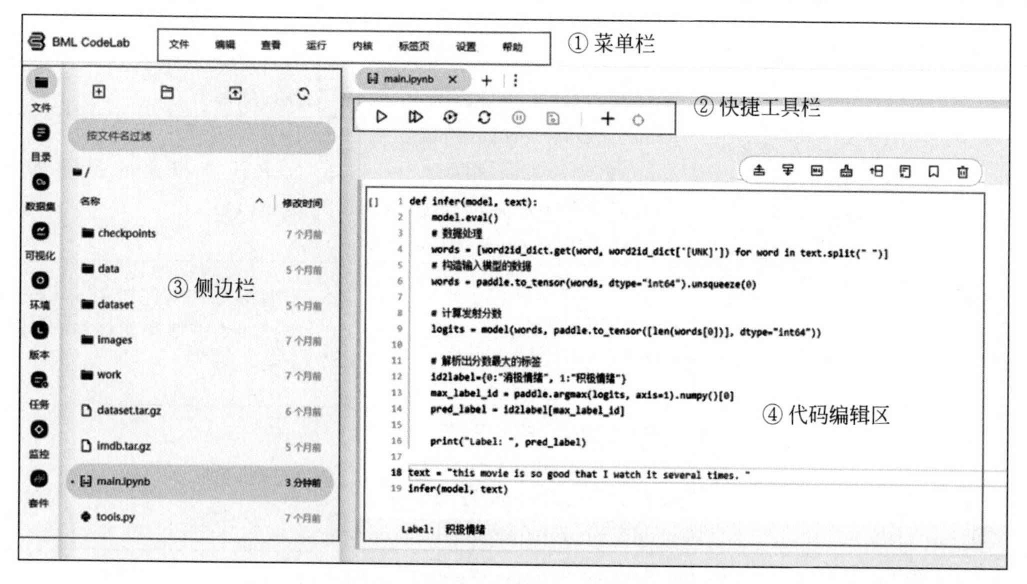

图 1-3　BML CodeLab 的页面布局

图 1-3 的 BML CodeLab 项目页面代码编辑区由代码编写单元(Code Cell)和文本编辑单元(Mark Cell)组成。在代码编写单元内输入 Python 代码或 Linux 命令,单击“运行”按钮,代码或命令在云端执行,并将结果直接显示在项目页面中。在文本编辑区输入 Markdown 格式的文本(如文字、图片、数学公式等),方便编写项目说明。

侧边栏:在侧边栏单击“套件”,即可下载最新版本的 PaddleNLP,下载后的文件自动保存到/home/aistudio 中。

1.3.3　本书使用的 API

本书使用的 API 和功能介绍见表 1-3。

表 1-3　本书使用的 API 和功能介绍

任务环节	API 目录和示例		功能介绍
数据处理	Dataset		加载数据
	AutoTokenizer		通过指定模型名称,加载不同模型 Tokenizer 的接口
	Paddlenlp. data	DataCollatorWithPadding	将同批数据处理成相同的长度,方便模型处理
		DataCollatorForSeq2Seq DataCollatorForTokenClassification	NLP 任务相关的数据处理 API
		paddlenlp. data. Pad paddlenlp. data. Tuple paddlenlp. data. Stack	数据处理相关 API

续表

<table>
<tr><th>任务环节</th><th colspan="2">API 目录和示例</th><th>功能介绍</th></tr>
<tr><td rowspan="4">模型构建</td><td rowspan="2">AutoModel</td><td>AutoModel</td><td>通过 AutoModel 加载不同的预训练模型</td></tr>
<tr><td>ErnieForQuestionAnswering
AutoModelForCausalLM
AutoModelForTokenClassification
AutoModelForSequenceClassification</td><td>NLP 任务相关的预训练模型 API</td></tr>
<tr><td rowspan="2">paddle. nn</td><td>paddle. nn. Transformer
paddle. nn. lstm
paddle. nn. GRU
paddle. nn. Embedding</td><td>模型相关 API，包括 Transformer 类预训练模型和循环神经网络模型</td></tr>
<tr><td>paddle. nn. functional. dropout
paddle. nn. functional. relu
paddle. nn. functional. sigmoid
paddle. nn. functional. label_smooth</td><td>激活函数相关 API</td></tr>
<tr><td rowspan="2">模型训练</td><td>paddle. optimizer</td><td>paddle. optimizer. Adam
paddle. optimizer. AdamW
paddle. optimizer. SGD</td><td>优化算法相关 API</td></tr>
<tr><td>paddle. optimizer. lr</td><td>paddle. optimizer. lr. NoamDecay</td><td>学习率衰减相关 API</td></tr>
<tr><td>模型配置</td><td>paddle. nn</td><td>paddle. nn. CrossEntropyLoss()
paddle. nn. BCELoss()
paddle. nn. MSELoss()
paddle. nn. functional. cross_entropy
paddle. nn. functional. mse_loss</td><td>损失函数相关 API</td></tr>
<tr><td>模型评估</td><td>paddle. metric</td><td>paddle. metric. Accuracy()
paddle. metric. Precision
paddle. metric. Recall</td><td>评价指标相关 API</td></tr>
</table>

1.3.4 本书使用的数据集

本书使用的数据集如下：

(1) icwb2 数据集：在第 7 章使用，用于中文分词任务。icwb2 数据集由台湾“中央研究院”、香港城市大学、北京大学和微软亚洲研究院共同建设，本书使用了北京大学提供的数据集，包含训练集 18 056 条(习惯上将“语句”表述为“条”)数据、验证集 1 000 条数据和测试集 1 945 条数据。

(2) IMDB 数据集：在 8.1 节和 8.2 节使用，用于情感分析任务。IMDB 是一份关于情感分析的二分类数据集，包含训练集和测试集各 25 000 条数据，每条数据都包含用户关于某一部电影的真实评价和对该电影的情感倾向。

(3) 百度自建的属性级情感分析数据集：在 8.3 节使用，用于属性级情感分析任务。包含训练集 800 条数据、验证集和测试集各 100 条数据，每条数据包括 3 项内容：原文本、属性文本和标签数据，其中属性文本由属性和观点词构成。

(4) CLUENER2020 数据集：在 9.1 节使用，用于命名实体识别任务。CLUENER2020 数据集是在清华大学开源的文本分类数据集 THUCTC 基础上，选取部分数据进行细粒度命名实体标注，包含数据集 10 748 条数据和验证集 1 343 条数据。

(5) 百度自建的信息抽取任务数据集：在 9.2 节使用，用于信息抽取任务。数据集共包含 52 条标注数据，其中训练集数据 20 条、验证集数据 16 条、测试集数据 16 条。每条数据都包含武器装备、国家、单位三种实体类型及产国、研发单位两种关系类型。

(6) LCQMC 数据集：在第 10 章使用，用于文本语义匹配任务。LCQMC 数据集是百度知道领域的中文问题匹配数据集，从百度知道不同领域的用户问题中抽取构建，包含训练集 238 766 条数据、验证集 4 401 条数据和测试集 4 401 条数据。

(7) LCSTS 数据集：在第 11 章使用，用于文本摘要任务。LCSTS 数据集的语料来源于新浪微博构建的大规模中文短文本摘要数据集，本实践选取了部分语料，包含训练集 8 000 条数据、验证集 800 条数据和测试集 100 条数据。

(8) CrossWOZ 数据集：在第 12 章使用，用于意图理解任务。CrossWOZ 数据集是清华大学计算机系和人工智能研究院 CoAI 小组共同构建的中文大规模跨领域任务导向对话数据集。本实践选取了其中关于向系统预订酒店、景点的对话数据，是一个 158 分类的多标签意图分类数据集，包括训练集 44 409 条数据、验证集 4 935 条数据和测试集 4 909 条数据。

(9) $\text{DuReader}_{\text{robust}}$ 数据集：在第 13 章使用，用于中文阅读理解任务。$\text{DuReader}_{\text{robust}}$ 是首个关注阅读理解模型鲁棒性的中文数据集，共 65 937 条数据，其中训练集 14 520 条数据、测试集 1 417 条数据和验证集 50 000 条数据。

(10) IWSLT 2015 数据集：在第 14 章使用，用于机器翻译任务。IWSLT 2015 数据集的语料来源于 TED 演讲。本实践使用英语和汉语互译的数据，包含训练集 2 000 个对话、200 000 个句子和 4 000 000 个标记，验证集和测试集都是 10～15 个对话、1 000～1 500 个句子和 20 000～30 000 个标记。

第2章

神经网络基础

2.1 概述

深度学习是一种基于神经网络的学习方法,它通过在时间或空间维度叠加神经网络的方式构建多层次的学习模型,以完成相应的应用任务。实践证明,以这种方式构建的深度学习模型具有很强的拟合能力,能够从海量的数据中自动学习知识,降低对人工提取的特征的依赖性,可以使完成的任务达到较好的性能。

本章介绍神经网络的基本概念和基础模型,包括目前在深度学习任务建模中广泛应用的前馈神经网络(FNN)、卷积神经网络(CNN)和循环神经网络(RNN)。在介绍前馈神经网络之前,首先介绍神经元、感知机和激活函数三个重要概念,之后给出最基本的前馈神经网络结构。接下来由卷积、池化等基础操作引出经典的卷积神经网络结构。循环神经网络是从最简单的循环网络结构,到长短时记忆模型(LSTM)、门控循环单元(GRU)依次展开的。

2.2 神经元与感知机

2.2.1 神经元

神经元(neuron)是生物神经系统的基本组成单元,负责接收和传输获取的信息。图2-1展现的是生物神经元的基本结构,主要包括:树突、轴突和细胞体。每个神经元包含多个树突和一条轴突,树突用来接收外部信息,轴突用来发送信息。当神经元接收到的外部信息积累超过一定的阈值时就会被激活,处于兴奋状态并产生电脉冲信号,该信号将通过轴突向后传递给相连接的神经元。也就是说,我们可以认为神经元只有两种状态:被激活时为"是"(可记作1),而未被激活时为"否"(记作0)。

1943年,神经科学家Warren McCulloch和数学家Walter Pitts根据生物神经元的工作特性,最早提出了人工神经元,称为MP模型,或MP神经元,开启了人工神经网络研究的序

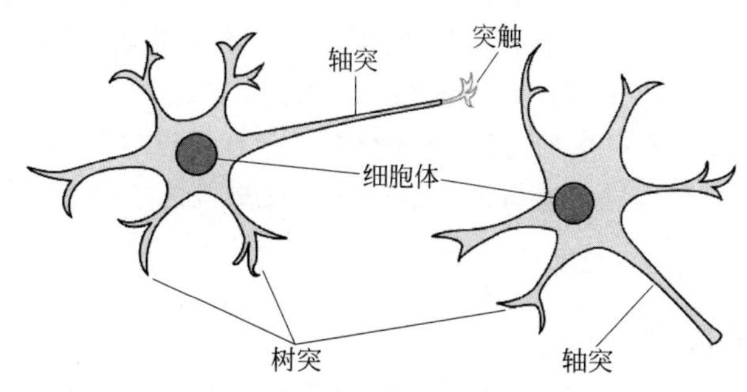

图 2-1　生物神经元的基本结构

幕。图 2-2 展示了人工神经元的网络结构。神经元接收的 N 个输入 $x_1, x_2, x_3, \cdots, x_N$ 类似于生物神经元的多个树突接收到的信息，加和操作相当于对外部信息的积累，达到一定阈值后，神经元将被激活。

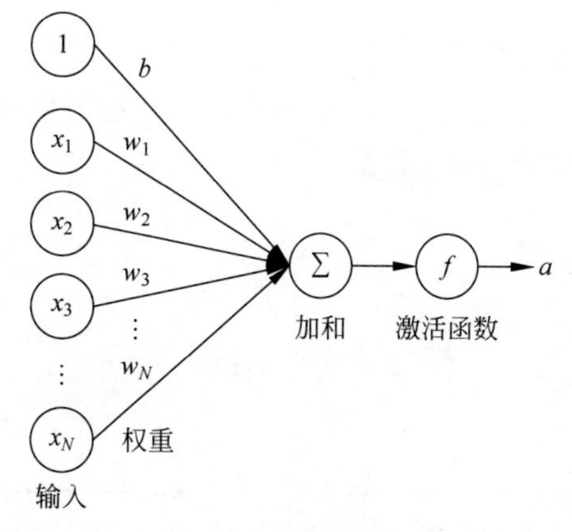

图 2-2　神经元结构

具体来讲，对于输入 $\boldsymbol{x}=[x_1, x_2, x_3, \cdots, x_N]$，神经元的计算方式为

$$z=\sum_{i=1}^{N} w_i x_i + b \tag{2-1}$$

$$a=f(z)=\begin{cases} z, & z \geqslant \theta \\ 0, & z < \theta \end{cases} \tag{2-2}$$

其中，w_i 为预先设定的连接权重，记作 $\boldsymbol{w}=\{w_1, w_2, \cdots, w_N\}$，用来表示其所对应的输入数据对输出结果的影响；$b$ 为偏置项。输入 $\boldsymbol{x}$ 经过加权之后与偏置项求和得到净活性值 z。z 的计算公式可以写成简化形式：

$$z=\boldsymbol{w}^{\mathrm{T}}\boldsymbol{x}+b \tag{2-3}$$

净活性值 z 经过一个非线性函数 $f(\cdot)$后，得到神经元的活性值 a。非线性函数 $f(\cdot)$ 称为激活函数(activation function)，在这里用来判定 z 是否超过阈值 θ。在最初的 MP 模型中，权重取值为 0 或 1，激活函数 $f(\cdot)$为 0 或 1 阶跃函数，而在现代神经元(深度学习)中要求激活函数是连续可导的函数。

2.2.2　感知机

人工神经元虽然可以很好地模拟生物神经元的工作方式，但是其权重值是预先设定的，这在一定程度上限制了神经元技术的发展，特别是在权重参数较多的时候。1957 年，Frank Rosenblatt 提出了感知机(perceptron)[①]的概念，感知机的结构与 MP 神经元的结构一样，其计算公式同式(2-2)，但区别在于，感知机的权重不是预先设定的，而是在模型训练过程中通过拟合数据自动学习的。这个能力极大地扩展了感知机的应用面，并为后续深度学习技术的发展奠定了基础。

2.2.3 常见的激活函数

如上文所述，在 MP 神经元和感知机中，激活函数采取的是阶跃函数。随着深度学习技术的发展，越来越多的激活函数被提出来，并应用于现代神经网络的学习过程中。激活函数一般为非线性的曲线函数，为神经网络引入非线性计算，从而增强网络的拟合或表达能力。下面介绍几种在深度学习中常用的激活函数。

1. Sigmoid 函数

英文单词 Sigmoid 的含义是“S 形的，S 状弯曲”。顾名思义，Sigmoid 函数的曲线是 S 形弯曲状。在神经网络中常用的 Sigmoid 函数有两个：逻辑斯谛(Logistic)函数和双曲正切(hyperbolic tangent，简写为 tanh)函数。

1) Logistic 函数

Logistic 函数的定义为

$$\sigma(x)=\frac{1}{1+\exp(-x)} \tag{2-4}$$

函数曲线如图 2-3 所示。

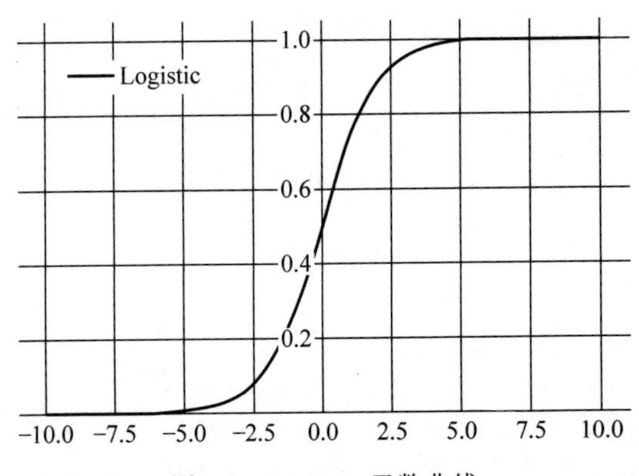

图 2-3 Logistic 函数曲线

从图 2-3 中可以看出，函数值域为(0,1)。输入值 x 越小，Logistic 函数的值越逼近于 0。随着输入值 x 的增大，函数值逐步逼近于 1。相比于感知机中的阶跃激活函数，Logistic 函数在整个曲线上连续可导。

Logistic 函数是一种两端饱和的函数，即曲线两端的斜率逐步接近于 0，这些区域也被称为饱和区。一旦数值落入饱和区，梯度就会接近于 0，这在网络训练过程中容易导致梯度消失问题。此外，Logistic 函数值恒大于 0，在多层神经网络中非零中心化的输出会使其后一层的

---

① 也称感知器。

神经元的输入发生偏置偏移(bias shift),并进一步使得梯度下降的收敛速度变慢。

虽然 Logistic 函数存在上述问题,但由于其本身的优良性质,仍然是神经网络中常用的激活函数。主要有如下优点:

(1) Logistic 函数将输入数值映射到值域(0,1),可用于简单的二分类任务,即 0 和 1 两个标签的分类任务,同时函数的输出值可以被视为一种概率;

(2) 用作一种门控机制,控制输入信息的输出量,比较经典的用法是在 LSTM 模型中控制信息的遗忘和更新。

2) tanh 函数

tanh 函数的定义为

$$\tanh(x)=\frac{\exp(x)-\exp(-x)}{\exp(x)+\exp(-x)}=2\sigma(2x)-1 \tag{2-5}$$

tanh 函数的图像如图 2-4 所示。

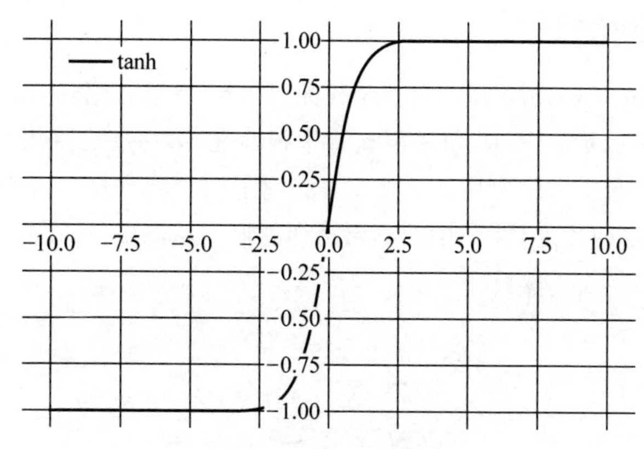

图 2-4　tanh 函数曲线

与 Logistic 函数不同的是,tanh 函数的曲线是零中心化的,值域范围是(−1,1),因此在模型训练时,其收敛速度比 Logistic 函数更快。

2. ReLU 函数

ReLU 函数的定义为

$$\mathrm{ReLU}(x)=\begin{cases}x, & x\geqslant 0\\ 0, & x<0\end{cases} \tag{2-6}$$

ReLU 函数的图像如图 2-5 所示。

ReLU 也是神经网络中比较常用的一个激活函数,属于左饱和函数。当 $x<0$ 时导数为 0,即原点左侧数值被抑制;当 $x\geqslant 0$ 时导数为 1。相比于 Sigmoid 函数和 tanh 函数的两端饱和性,ReLU 在一定程度上能够很好地缓解梯度消失的问题。另外,ReLU 函数计算简单,不涉及指数幂运算,可以加快网络计算效率。

ReLU 激活函数同样也有一些缺点,其一,ReLU 函数是非零中心化的,在训练过程中会一定程度地影响模型的收敛效率;其二,由于 ReLU 函数将小于 0 的数值强制设置为 0,如果在训练过程中某个 ReLU 神经元参数更新后,在所有训练数据上的输出值均为 0,那么该神经元的参数在后续的训练过程中参数的梯度将会是 0,永远不会被更新,这个现象被称为死亡 ReLU 现象。

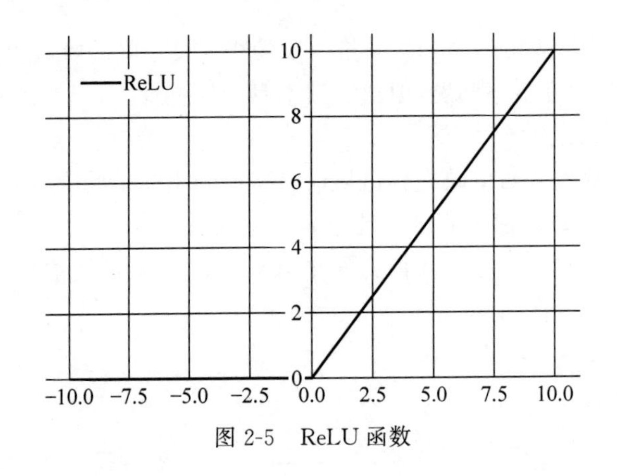

图 2-5 ReLU 函数

2.3 前馈神经网络

前馈神经网络(feedforward neural network,FNN)又称为全连接神经网络,由多层的神经元组成,如图 2-6 所示。其中,每一层有多个神经元,第一层为网络的输入层,最后一层为整个网络的输出层,中间层为隐含层。图 2-6 中展示了两个隐含层。在前馈神经网络中,信息将从输入层向输出层单向传递,前一层的输出将作为后一层的输入,最后计算到输出层结束。

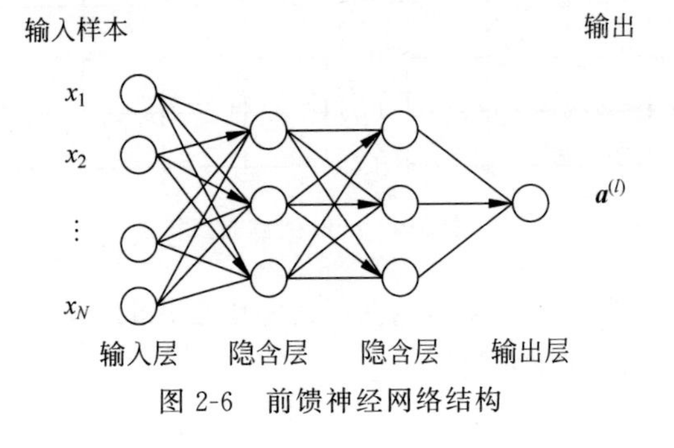

图 2-6 前馈神经网络结构

假设给定输入数据 $\boldsymbol{x}=[x_1,x_2,\cdots,x_N]$,该数据被输入前馈神经网络后,将逐步传递到各个隐含层进行计算,最后经过输出层得到最终的结果。不妨以第 $l(1\leqslant l\leqslant L)$个隐含层为例进行解释,假设第 $l-1$ 层的输出为 $\boldsymbol{a}^{(l-1)}$,其将输入到第 l 层进行如下计算:

$$\boldsymbol{z}^{(l)}=\boldsymbol{w}^{(l)}\boldsymbol{a}^{(l-1)}+\boldsymbol{b}^{(l)} \tag{2-7}$$

$$\boldsymbol{a}^{(l)}=f_l(\boldsymbol{z}^{(l)}) \tag{2-8}$$

其中,$\boldsymbol{z}^{(l)}$ 为第 l 层神经元的净活性值;$\boldsymbol{a}^{(l)}$ 为第 l 层神经元的输出值,且在输入层 $\boldsymbol{a}^0=\boldsymbol{x}$;$\boldsymbol{w}^{(l)}$ 和 $\boldsymbol{b}^{(l)}$ 分别为第 l 层的权重和偏置;f_l 为第 l 层神经元使用的激活函数。前馈神经网络通过逐层前向计算的方式最终获得输出值 $\boldsymbol{a}^{(l)}$。

2.4 卷积神经网络

在前馈神经网络中,相邻两层的神经元是两两连接的,即前一层的每个神经元与后一层的所有神经元进行连接。这样的网络结构在实际应用中会面临很多问题,以图像处理为例,

当输入一张图像时,前馈神经网络将面临如下两个问题:

- 模型参数过多,难以训练。假设一幅输入的彩色图像由 256×256×3① 个像素构成,隐含层的神经元数目为 128,那么该隐含层的网络将需要 $256\times256\times3\times128=3\times2^{23}$ 个权重参数,如此巨大的网络参数将会导致网络很难训练。
- 丢失图像中蕴含的空间信息。在一幅图像中空间上相邻的像素点之间往往具有比较强的相关性,例如对应的 RGB 值比较接近,每个像素点在各个 RGB 通道之间的数据也密切相关。如果直接使用前馈网络进行处理,需要将图像转化成一维向量,这将会导致空间信息(像素的坐标位置)丢失。

为了解决上述问题,人们通常采用卷积神经网络(convolution neural network,CNN)的方法进行图像处理,利用卷积(convolution)操作对输入的图像进行特征提取。卷积计算是在像素点的空间邻域内进行的,可以利用输入图像的空间信息,而且由于卷积具有局部连接和权重共享等特性,因此卷积神经网络参数的数量一般远小于前馈神经网络。

2.4.1　卷积

卷积操作是神经网络中一种重要的计算方式,尤其在计算机视觉、图像和视频处理领域应用广泛。卷积有多种类型,如一维卷积、二维卷积和三维卷积等。

1. 一维卷积与滤波器

一维卷积是最简单的一种卷积,通常用于信号处理,计算信号的延迟积累。在信号传输过程中通常会出现信号衰减现象,假设信号的衰减率为 w_k,那么,一个信号发生器在第 t 时刻产生的信号 x_t 经衰减后变为 $w_k x_t$。这样,经过 $k-1$ 次发射之后的 $t+\Delta$ 时刻接收到的信号 $y_{t+\Delta}$ 应该为最初 t 时刻产生的信号与之后多次衰减后信号的累加,即

$$y_{t+\Delta}=\sum_{k=1}^{K}w_k x_{t-k+1} \tag{2-9}$$

其中,K 为到 $t+\Delta$ 时发射的次数。

我们通常将衰减率 w_K 称作卷积核(convolution kernel),或称滤波器(filter),K 为滤波器的长度,或称卷积核的尺度大小。

2. 二维卷积

在图像处理领域,由于图像是二维结构,所以需要将卷积计算扩展为二维,常见的卷积核尺寸有 3×3、5×5 等。

假设一幅图像 $\boldsymbol{X}\in\mathbb{M}\times\mathbb{N}$ 和一个卷积核 $\boldsymbol{W}\in\mathbb{U}\times\mathbb{V}$,则卷积计算方式为

$$y_{ij}=\sum_{u=1}^{U}\sum_{v=1}^{V}w_{uv}x_{i+u-1,j+v-1} \tag{2-10}$$

图 2-7 展示了一个 3×3 尺寸的图像和 2×2 大小的卷积核的卷积计算过程。

假设 3×3 图像的像素自左到右编号依次记为 0,1,2,自上而下的编号依次为 0,1,2,那

---

① 一幅图像通常用图像的高度、宽度和颜色通道数表示。该式表示图像的高度和宽度均为 256 个像素,"3"表示 RGB 三个颜色通道。

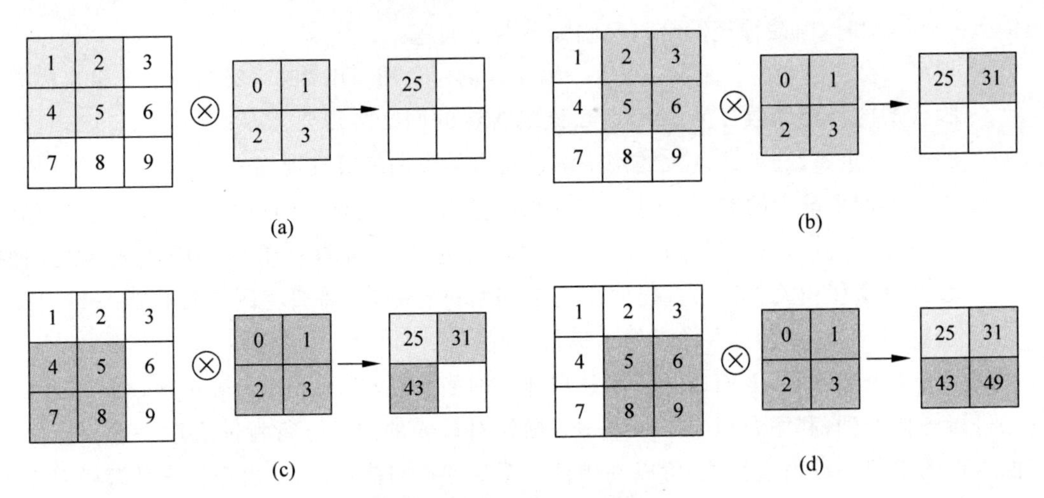

图 2-7　卷积计算(见文前彩图)

(a) 0×1+1×2+2×4+3×5=25；(b) 0×2+1×3+2×5+3×6=31；

(c) 0×4+1×5+2×7+3×8=43；(d) 0×5+1×6+2×8+3×9=49

么左上角的像素坐标为(0,0)，右下角的方格坐标为(2,2)，其余的像素坐标依次类推。对于2×2的卷积核采用同样的编号。在图2-7(a)中，卷积核与图像在蓝色区域(0,0)～(1,1)的位置对齐，该区域的像素数值与卷积核的权重进行加权求和计算，得到数值25，置于结果矩阵的(0,0)位置。在图2-7(b)中，卷积核向右滑动，与图像区域(0,1)～(1,2)的位置对齐，通过卷积计算得到数值31，置于结果矩阵的(0,1)。采用类似的方式，图2-7(c)和图2-7(d)分别得到的卷积计算结果为43和49，依次被置于(1,0)和(1,1)位置。

通过上述例子可以看出，通过卷积的操作一幅原来为3×3的图像被转变为2×2的图像，转变后的图像通常被称为特征图。

需要说明的是，为了便于理解，在图2-7的卷积计算中并没有引入偏置。在实际应用中，有时为了更好地拟合数据，需要在卷积操作时设置偏置。假设将偏置设为1，则图2-7(a)中的卷积计算为

$$0\times1+1\times2+2\times4+3\times5+1=26$$

图2-7中其他情况的计算方式类似，这里不再赘述。

3. 步长

在上文的例子中，我们通过向右或向下滑动1个像素的位置进行卷积计算，这里滑动的像素个数其实就是步长(stride)。实际上，可以将步长设置为大于1的数值，这样能够在卷积神经网络计算中缩减特征图的尺寸，有效减少网络的计算量。

图2-8展示了当步长为2时卷积的计算过程。图像尺寸为4×4，步长为2，即每次向右或向下滑动2个位置，最终得到的特征图大小为2×2。

4. 填充

在图2-7所示的例子中，输入图像的尺寸是3×3，输出图像的尺寸是2×2。如果对输出的2×2图像再做一次卷积计算，图像的尺寸将变成1×1。也就是说，每一次卷积计算，都是输出图像的尺寸会减小。为了解决这个问题，人们提出了填充(padding)技术。

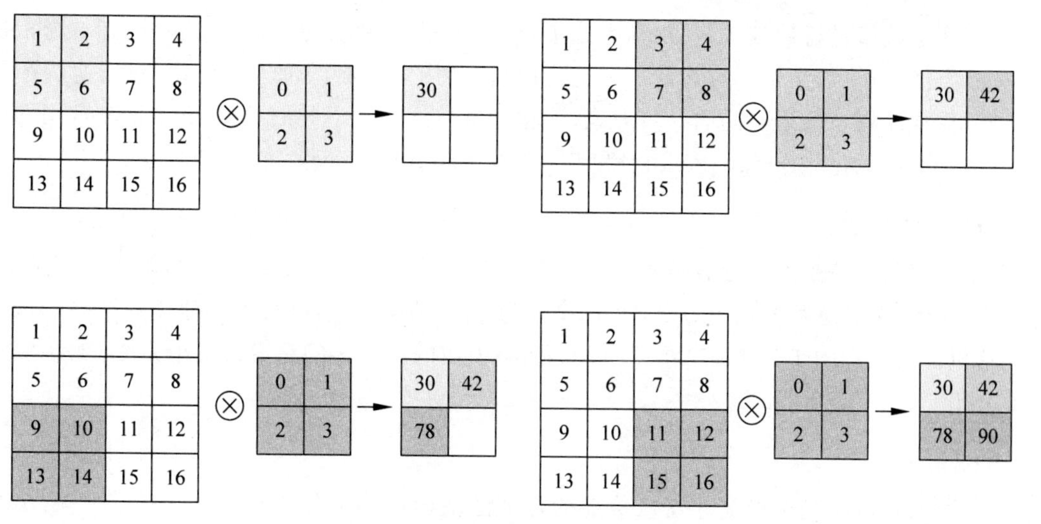

图 2-8 步长为 2 的卷积计算

具体地讲，填充是指通过在输入图像的边缘位置补充"0"像素值，使得输入图像的边缘像素也可以作为中心点参与卷积计算。如图 2-9 所示，在原始 3×3 的图像上、下、左、右四个方向进行填充"0"之后，图像的尺寸变为 5×5。如果将步长设置为 1，利用 3×3 的卷积核进行计算之后可以获得尺寸仍然为 3×3 的特征图，与原始输入的图像尺寸相同。

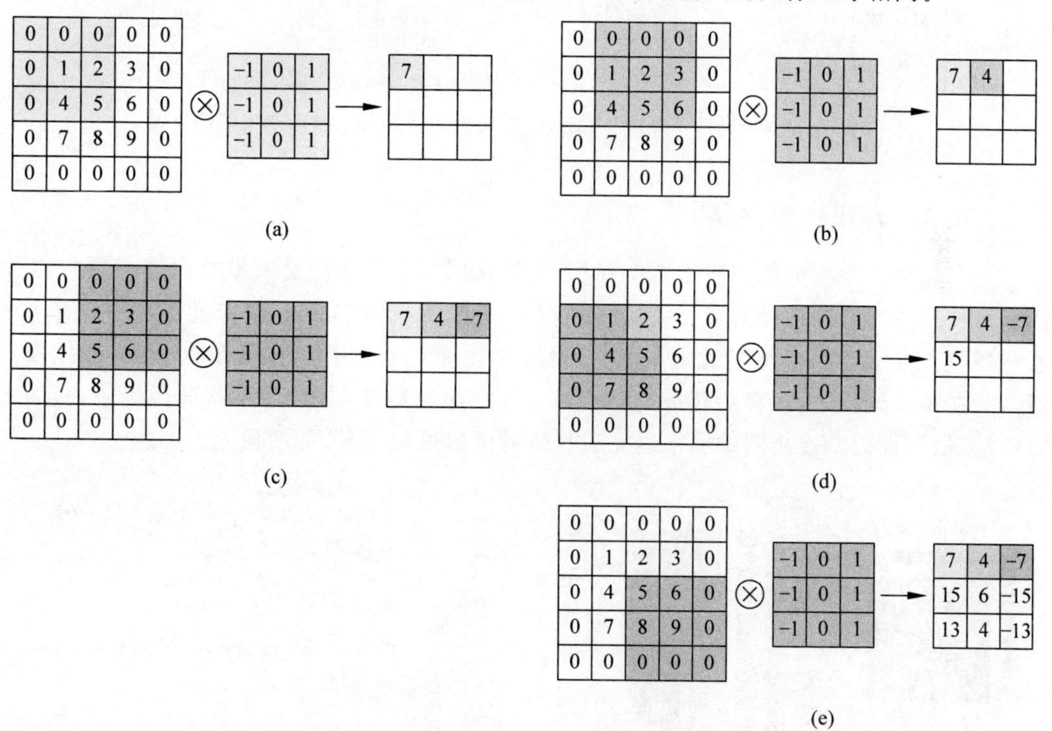

图 2-9 填充后步长为 1 的卷积计算

2.4.2 池化

在上面介绍的卷积操作中，通过使用卷积核在图像上进行滑动，每次滑动将卷积核和对应的图像块数值进行加权求和，从而得到了卷积后的特征图。池化(pooling)操作与卷积操作具有类似的作用，它是通过设定一个池化窗口，利用窗口在图像上的滑动，对选定的图像块进行像素计算。根据不同的计算方式，池化方法被划分成不同的类型，其中比较常用的池化方法有平均池化(average pooling)和最大池化(max pooling)。

1. 平均池化

平均池化方法是通过计算池化窗口覆盖的特征图块内所有数值的均值，输出计算结果。图 2-10 展示的是使用池化窗口 2×2 对尺寸为 4×4 的特征图进行平均池化的结果。请注意，这里每次移动的步长为 2。在卷积神经网络中用的比较多的是窗口大小为 2×2、步幅为 2 的池化。

2. 最大池化

最大池化方法是选择池化窗口覆盖的特征图块内的最大值进行输出。图 2-11 给出的是使用池化窗口 2×2 对尺寸为 4×4 的特征图进行最大池化操作的结果。请注意，这里每次移动的步长同样为 2。

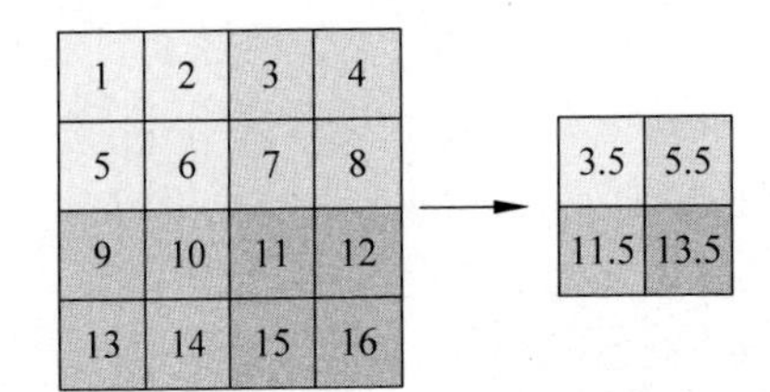

图 2-10　平均池化计算示例

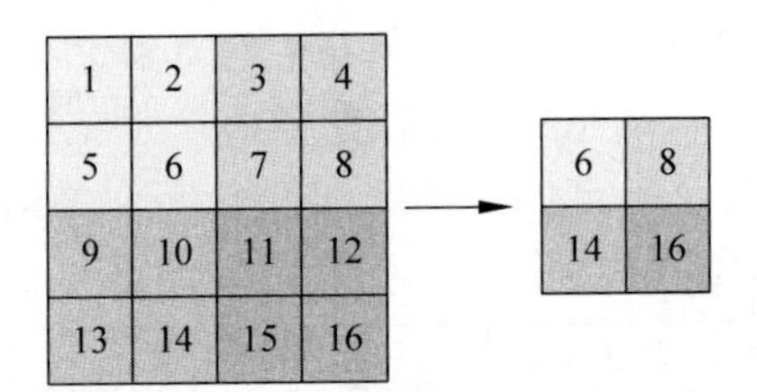

图 2-11　最大池化操作示例

2.4.3　卷积神经网络

一个完整的卷积神经网络通常由卷积层、池化层和全连接层交叉堆叠而成。图 2-12 给出了一种典型的卷积神经网络，共包含 3 个卷积块和 1 个全连接层，每个卷积块均包含 1 个卷积层、1 个激活层和 1 个池化层。其中，激活层通常使用 ReLU 激活函数。输入图像在经过多个卷积块处理之后，将会获得能够较好表达图像的特征图，然后将其进行拉伸，变为一维向量，最后作为全连接层的输入以完成具体的图像处理任务，如图像分类等。

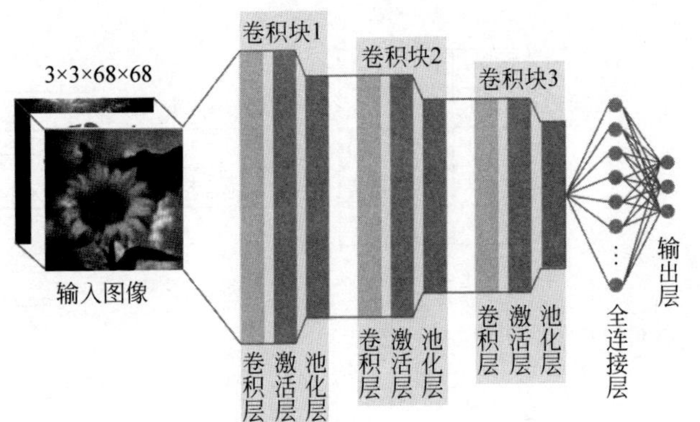

图 2-12　典型的卷积神经网络示例(见文前彩图)

根据前面的介绍我们不难理解经过卷积和池化后的特征图逐渐变小，这就意味着计算规模逐渐变小。所以图 2-12 给出的示例也反映了这种不断缩小的过程。

关于图像经卷积和池化后的大小变化可以按如下公式进行计算：

$$H_{\text{out}} = \frac{H_{\text{in}} + 2p_{\text{h}} - k_{\text{h}}}{s_{\text{h}}} + 1 \tag{2-11}$$

$$W_{\text{out}} = \frac{W_{\text{in}} + 2p_{\text{w}} - k_{\text{w}}}{s_{\text{w}}} + 1 \tag{2-12}$$

其中，H 和 W 分别表示输入图像或特征图的高和宽；p_{h} 和 p_{w} 分别表示对图像在高和宽上填充的行数和列数；s_{h} 和 s_{w} 分别表示对图像高和宽进行滑动的步长；k_{h} 在卷积操作中代表卷积核的高，在池化操作中代表池化窗口的高；k_{w} 在卷积操作中代表卷积核的宽，在池化操作中代表池化窗口的宽。

在图 2-12 中，假设输入一张形状为 68×68 的图像(暂不考虑 RGB)，在卷积操作中，使用 5×5 的卷积核，步长为 1，不填充；在池化操作中，池化窗口的形状设为 2×2，步长为 2，不填充。那么，根据式(2-11)和式(2-12)可以得到第一个卷积块中卷积后的特征图形状为 64×64：

$$H_{\text{out}} = \frac{68 + 2 \times 0 - 5}{1} + 1 = 64$$

$$W_{\text{out}} = \frac{68 + 2 \times 0 - 5}{1} + 1 = 64$$

由于激活层并不改变图像的尺寸，因此特征图形状仍然为 64×64。接下来，特征图将经过池化层，其形状将进一步缩减为 32×32：

$$H_{\text{out}} = \frac{64 + 2 \times 0 - 2}{2} + 1 = 32$$

$$W_{\text{out}} = \frac{64 + 2 \times 0 - 2}{2} + 1 = 32$$

后续的卷积块可按同样的方式进行特征图形状计算。从图 2-12 中可以看出，最后一个卷积块输出的特征图形状为 5×5。之后可以将每张图像的特征图拉伸为一维，输入全连接层进一步处理。

这里需要注意的是，在实际建模过程中，可以叠加更多的卷积块和全连接层，构造更深的卷积神经网络，以进一步提升模型的学习能力。

2.5　循环神经网络

在自然语言中，语音和文本句子都可以看作时序信号，字符(文字)之间存在时序关系，顺序的调换有可能直接改变句子的语义。请看下面的例子：

(1) 小明送给了小红一把口琴作为生日礼物。

(2) 小红送给了小明一把口琴作为生日礼物。

在上面的例子中，名字顺序的调换导致了实施者和受事者关系的转变，句子前后的意思完全不同了。那么如何对这种带有时序关系的数据进行建模呢？近年来循环神经网络得到了广泛应用。以下介绍简单循环神经网络、长短时记忆网络(long-short term memory,

LSTM)和门控循环单元(gated recurrent unit,GRU)。

2.5.1 简单循环神经网络

1. RNN 工作原理

RNN 是一个非常经典的用于序列处理任务的模型,可以对自然语言句子或其他时序信号进行建模。在 RNN 中,处理单元(我们通常称其为 RNN 单元(RNN cell))按照时间顺序展开,在每一个时刻 t 同时接收当前的输入 $\boldsymbol{x}_t$ 和上一个时刻的输出 $\boldsymbol{h}_{t-1}$,计算后得出当前时刻的输出 $\boldsymbol{h}_t$,送入下一个时刻的 RNN 单元。

如图 2-13 所示,假设有这样一句话:"我爱人工智能",经词语切分之后变成"我/爱/人工/智能"这 4 个单词,RNN 根据这 4 个词的时序关系(从左到右的书写顺序)依次进行处理。在第 1 个时刻处理单词"我",那么,对"我"和初始的 $\boldsymbol{h}_0$ 同时进行计算后产生的输出是 $\boldsymbol{h}_1$,进入下一时刻。第 2 个时刻同时将 $\boldsymbol{h}_1$ 和单词"爱"作为输入,计算后产生的输出 $\boldsymbol{h}_2$ 送入下一个 RNN 单元,依次类推,直到处理完最后一个单词为止。

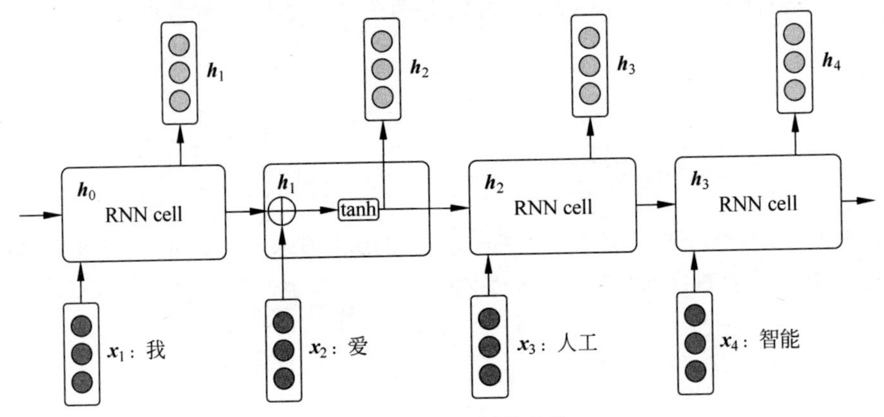

图 2-13 RNN 网络结构

通过例子可以看出,RNN 从左到右逐词"阅读"一个句子时,不断调用一个相同的 RNN 单元处理时序信息,每"阅读"一个词汇,RNN 总是将当前时刻 t 的词汇 $\boldsymbol{x}_t$ 与模型内部记忆的状态向量 $\boldsymbol{h}_{t-1}$ 融合起来,形成一个带有最新记忆的状态向量 $\boldsymbol{h}_t$。当 RNN 读完最后一个单词时,那么 RNN 就已经读完了整个句子。一般地,可以认为最后一个单词输出的状态向量能够表示整个句子的语义信息,因为它"积累"了前面所有词汇的表示信息,可以看作整个句子的语义向量。

2. 从公式角度理解 RNN

假设向量 $\boldsymbol{x}_t \in \mathbb{R}^M$ 是在 t 时刻的网络输入,$\boldsymbol{h}_{t-1} \in \mathbb{R}^D$ 为 $t-1$ 时刻的输出值,那么,当前时刻的输出 $\boldsymbol{h}_t$ 可以简单地表示为

$$\boldsymbol{h}_t = f(\boldsymbol{W}\boldsymbol{x}_t + \boldsymbol{V}\boldsymbol{h}_{t-1} + \boldsymbol{b}) \tag{2-13}$$

其中,$\boldsymbol{W} \in \mathbb{R}^{D \times M}$ 为当前时刻状态输入的权重矩阵,$\boldsymbol{V} \in \mathbb{R}^{D \times D}$ 是从上一时刻状态到当前时刻状态的权重矩阵,$\boldsymbol{b}$ 为偏置。那么在时刻 t,RNN 单元对两个输入 $\boldsymbol{x}_t$ 和 $\boldsymbol{h}_{t-1}$ 进行线性变换后,将结果使用 f 函数进行处理,得到当前时刻 t 的输出 $\boldsymbol{h}_t$。通常 f 采用 tanh 函数。

tanh 函数是一个值域为(−1,1)的函数,可以使 $\boldsymbol{h}$ 值长期维持在一个固定的数值范围

内，防止因多次迭代更新导致的数值爆炸，同时，tanh 的导数是一个平滑的函数，使神经网络的训练变得更加简单。

RNN 看起来像是一个完美的时序数据处理模型，但是在真实的任务训练过程中，存在一个明显的缺陷，那就是当阅读很长的序列时，网络内部的信息会逐渐变得越来越复杂，以至于超过网络的记忆能力，使得最终的输出信息变得混乱无用。例如下面这句话：

我觉得这家餐馆的菜品很不错，烤鸭非常正宗，包子也不错，酱牛肉很有嚼劲，但是服务员态度太恶劣了，我们在门口等了 50 分钟排位，好不容易排到位置了，桌子也半天没人打扫，整个环境非常吵闹，孩子都被吓哭了，下次不会带朋友来。

显然这是个比较长的文本序列，当 RNN 读到这句话时，有可能在前半句时还能准确地计算这句话的向量表示（我们暂且将其看作"语义表示"），但是"阅读"到后半句时可能就完全混乱了，无法准确地计算这句话的语义表示，即不能保持长期信息之间的依赖性。

因此，针对这一问题人们提出了很多基于 RNN 的改进模型，LSTM 就是其中的一个经典模型。

2.5.2　长短时记忆网络

1. LSTM 工作原理

LSTM 是循环神经网络的一种，它为了解决 RNN 自身的缺陷，引入了门控机制，通过设置三个门（gate）：输入门、遗忘门和输出门来控制 LSTM 单元需要记忆哪些信息和遗忘哪些信息，从而保持更长的信息依赖，更加准确地表达整个句子语义。同 RNN 一样，LSTM 处理单元（LSTM cell）按照时间先后依次处理时序数据，如图 2-14 所示。

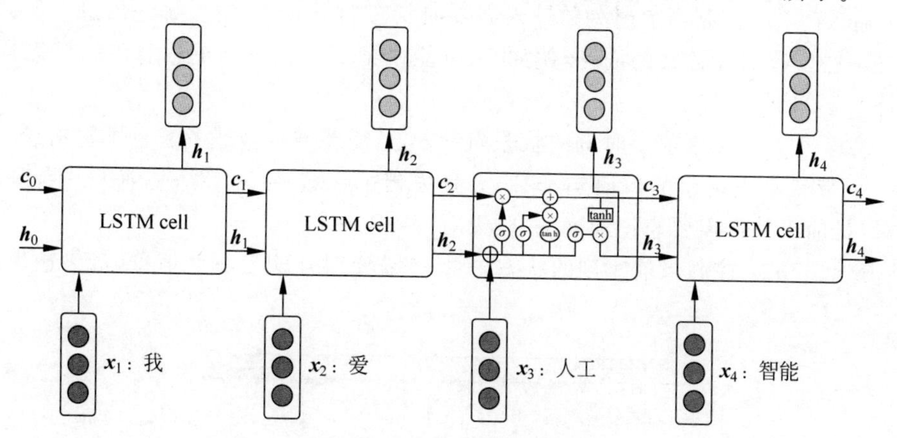

图 2-14　LSTM 网络结构

在图 2-14 中我们看到，LSTM 单元在每个时刻 t 接收 3 种数据：当前时刻的单词 $\boldsymbol{x}_t$（词向量）、上一个时刻的状态向量 $\boldsymbol{c}_{t-1}$ 和上一个时刻的隐状态向量 $\boldsymbol{h}_{t-1}$；t 时刻 LSTM 单元的输出是状态向量 $\boldsymbol{c}_t$ 和隐状态向量 $\boldsymbol{h}_t$。

表 2-1 展示了 LSTM 处理"我爱人工智能"这句话时每一时刻的输入和输出情况。我们可以看到，在第 1 个时刻模型的输入是：单词"我"的词向量、初始的状态向量 $\boldsymbol{c}_0$ 和初始的隐状态向量 $\boldsymbol{h}_0$。模型的输出是：状态向量 $\boldsymbol{c}_1$ 和隐状态向量 $\boldsymbol{h}_1$；在第 2 个时刻，模型的输入是单词"爱"的词向量、第 1 个时刻的状态向量 $\boldsymbol{c}_1$ 和隐状态向量 $\boldsymbol{h}_1$，模型的输出是状

态向量 c_2 和隐状态向量 h_2，后续的时刻依次类推。

表 2-1　LSTM 数据处理样例表

		时刻 1	时刻 2	时刻 3	时刻 4
输入		x_1：我	x_2：爱	x_3：人工	x_4：智能
		c_0	c_1	c_2	c_3
		h_0	h_1	h_2	h_3
输出		c_1	c_2	c_3	c_4
		h_1	h_2	h_3	h_4

c_i：状态向量；h_i：隐状态向量。

这里需要注意的是，在 LSTM 中虽然有两个状态向量 c_t 和 h_t，但一般来讲，我们会将 c_t 视为能够代表阅读到当前 LSTM 单元信息的状态，而 h_t 是当前 LSTM 单元对外的输出状态，它是实际的工作状态向量，即一般会利用 h_t 来做一些具体的任务。

2．从公式的角度理解 LSTM

首先分析一下 LSTM 单元内部的计算逻辑，看其是如何保持数据长期依赖的。

图 2-15 给出了 LSTM 单元的内部结构，里面包含了如下组件：

（1）状态向量 c_t：它控制着整个 LSTM 单元的状态或者记忆。它会根据每个时刻的输入进行更新，从而实时保持 LSTM 单元的记忆。

（2）隐状态向量 h_t：它是当前 LSTM 单元对外的输出状态，它是实际的工作状态向量。一般会利用 h_t 来做一些具体任务。

（3）输入门 i_t：控制当前时刻的输入需要向状态向量 c_t 中输入哪些信息。例如，当输入信息是一些没有实际含义的词时，如“的”，可能模型不会让这样的信息流入状态向量中，从而保持模型的语义表达。

（4）遗忘门 f_t：控制前一时刻的状态向量 c_{t-1} 需要被屏蔽或者遗忘哪些信息。例如，输入为一个带有修正现象的口语句子“昨天我去爬了长城，哦，不对，是前天。”当模型处理“哦，不对，是前天”时，需要忘记前面的“昨天”。

（5）输出门 o_t：控制当前时刻的状态向量 c_t 需要对外输出哪些信息，最终输出的信息为 h_t。

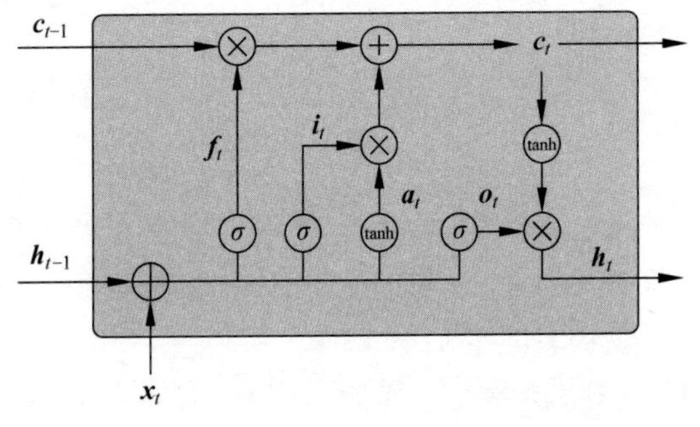

图 2-15　LSTM 单元内部结构

在 t 时刻三个门的计算公式为

$$\boldsymbol{i}_t = \text{Sigmoid}(\boldsymbol{W}_i\boldsymbol{x}_t + \boldsymbol{U}_i\boldsymbol{h}_{t-1} + \boldsymbol{b}_i) \tag{2-14}$$

$$\boldsymbol{f}_t = \text{Sigmoid}(\boldsymbol{W}_f\boldsymbol{x}_t + \boldsymbol{U}_f\boldsymbol{h}_{t-1} + \boldsymbol{b}_f) \tag{2-15}$$

$$\boldsymbol{o}_t = \text{Sigmoid}(\boldsymbol{W}_o\boldsymbol{x}_t + \boldsymbol{U}_o\boldsymbol{h}_{t-1} + \boldsymbol{b}_o) \tag{2-16}$$

在计算三个门的数值时，使用 t 时刻的输入数据 $\boldsymbol{x}_t$ 和 $\boldsymbol{h}_{t-1}$ 进行线性变换后，将结果传递给 Sigmoid 函数，因为 Sigmoid 函数的值域为(0,1)，它能够将数据映射到该固定区间，从而可以控制信息的流动。

t 时刻 LSTM 单元的候选状态信息计算公式为

$$\boldsymbol{a}_t = \tanh(\boldsymbol{W}_a\boldsymbol{x}_t + \boldsymbol{U}_a\boldsymbol{h}_{t-1} + \boldsymbol{b}_a) \tag{2-17}$$

计算 $\boldsymbol{a}_t$ 时同样对输入数据 $\boldsymbol{x}_t$ 和 $\boldsymbol{h}_{t-1}$ 进行线性变换，然后将变换结果传递给 tanh 函数，最终的结果即为需要向当前 LSTM 单元的状态向量 $\boldsymbol{c}_t$ 中输入的信息。

有了以上组件后，就可以更新当前时刻 t 的 LSTM 单元状态向量 $\boldsymbol{c}_t$，计算方法为

$$\boldsymbol{c}_t = \boldsymbol{f}_t \cdot \boldsymbol{c}_{t-1} + \boldsymbol{i}_t \cdot \boldsymbol{a}_t \tag{2-18}$$

显然，LSTM 单元状态 $\boldsymbol{c}_t$ 的更新是对上一个时刻的状态 $\boldsymbol{c}_{t-1}$ 进行有选择的遗忘，对当前时刻的候选状态信息 $\boldsymbol{a}_t$ 有选择地输入，最后将两者的结果进行相加。这意味着向当前 LSTM 单元既融入了以前的状态信息 $\boldsymbol{c}_{t-1}$，同时又输入了当前最新的信息 $\boldsymbol{a}_t$。计算出当前时刻的状态向量 $\boldsymbol{c}_t$ 以后，就可以根据该状态向量对外进行输出，计算方法为

$$\boldsymbol{h}_t = \boldsymbol{o}_t \cdot \tanh(\boldsymbol{c}_t) \tag{2-19}$$

即通过输出门对当前的状态信息 $\boldsymbol{c}_t$ 进行有选择的输出。

2.5.3 门控循环单元

1. GRU 工作原理

GRU 是另一种经典的循环神经网络。与 LSTM 相比，GRU 在模型复杂度上进行了一定程度的优化，因此模型的速度更快，同时能够取得与 LSTM 模型性能相当的效果。

根据前面的介绍，在 LSTM 模型中，输入门、输出门和遗忘门控制信息的输入和过滤，同时相邻时刻之间通过状态向量 $\boldsymbol{c}$ 和隐状态向量 $\boldsymbol{h}$ 进行信息的传递。而在 GRU 模型的结构中只包含两个门：重置门和更新门，同时相邻时刻之间的 GRU 单元(GRU cell)只通过隐藏状态进行信息的传递，如图 2-16 所示。

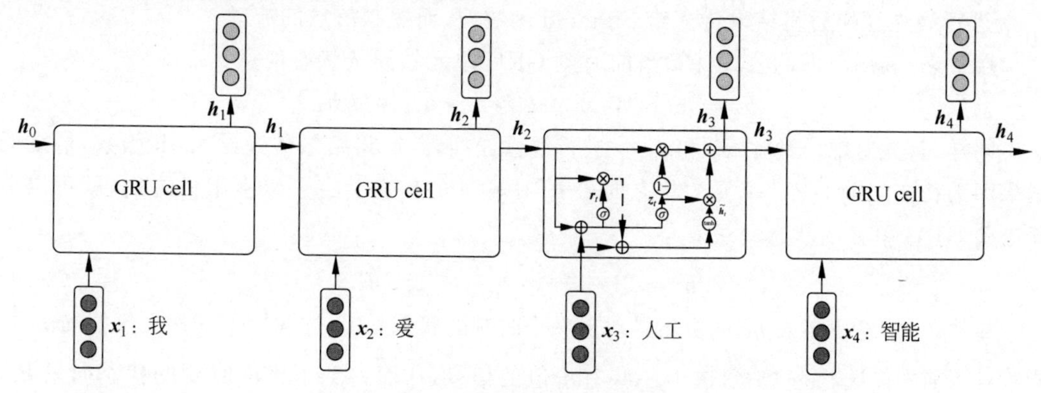

图 2-16 GRU 网络结构

在时刻 t，GRU 单元的输入有两种信息：单词 $\boldsymbol{x}_t$（词向量）和上一个时刻的隐状态向量 $\boldsymbol{h}_{t-1}$，GRU 单元的输出是当前时刻 t 的隐状态向量 $\boldsymbol{h}_t$。例如，在处理句子“我爱人工智能”时，第 2 个时刻的输入是第 2 个单词“爱”和第一个时刻的隐状态向量 $\boldsymbol{h}_1$，经过 GRU 单元内部计算后，输出隐状态 $\boldsymbol{h}_2$。

2. 从公式角度剖析 GRU

图 2-17 展示了 GRU 单元的内部结构。

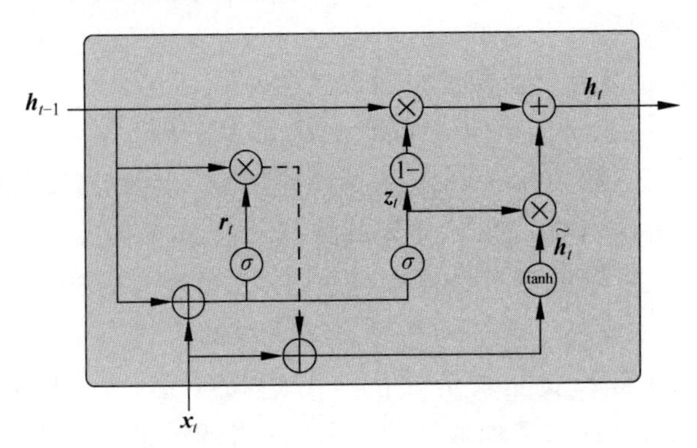

图 2-17　GRU 单元内部结构

从图 2-17 可以看出，GRU 单元内部包含如下组件：

(1) 隐状态向量 $\boldsymbol{h}_t$：它是当前 GRU 单元的状态向量，同时也是实际的工作状态向量。一般会利用 $\boldsymbol{h}_t$ 做具体任务。

(2) 重置门 $\boldsymbol{r}_t$：控制前一时刻的状态向量 $\boldsymbol{h}_{t-1}$ 如何流入当前时刻的候选状态向量。

(3) 更新门 $\boldsymbol{z}_t$：控制前一时刻的状态向量 $\boldsymbol{h}_{t-1}$ 需要被屏蔽或遗忘哪些信息。例如，对于口语句子“昨天我去爬了长城，哦，不对，是前天。”当模型处理“哦，不对，是前天”时，需要更新前面的“昨天”。

在 t 时刻重置门和更新门的计算公式为

$$\boldsymbol{r}_t = \text{Sigmoid}(\boldsymbol{W}_r\boldsymbol{x}_t + \boldsymbol{U}_r\boldsymbol{h}_{t-1} + \boldsymbol{b}_r) \tag{2-20}$$

$$\boldsymbol{z}_t = \text{Sigmoid}(\boldsymbol{W}_z\boldsymbol{x}_t + \boldsymbol{U}_z\boldsymbol{h}_{t-1} + \boldsymbol{b}_z) \tag{2-21}$$

重置门和更新门的计算过程与 LSTM 中的门计算方式一样，均使用输入数据 $\boldsymbol{x}_t$ 和 $\boldsymbol{h}_{t-1}$ 进行线性变换后将结果传递给 Sigmoid 函数，从而控制信息的流动。

接下来，利用下面的公式计算当前时刻 GRU 单元的候选状态信息：

$$\tilde{\boldsymbol{h}}_t = \tanh[\boldsymbol{W}_h\boldsymbol{x}_t + \boldsymbol{U}_h(\boldsymbol{r}_t \cdot \boldsymbol{h}_{t-1}) + \boldsymbol{b}_h] \tag{2-22}$$

同样，首先对输入数据 $\boldsymbol{x}_t$ 和 $\boldsymbol{h}_{t-1}$ 进行线性变换，然后将结果传递给 tanh 函数，最终的结果即为待向当前 GRU 单元的状态向量 $\boldsymbol{h}_t$ 中输入的信息。有了以上组件之后，就可以更新当前 GRU 单元的状态向量 $\boldsymbol{h}_t$：

$$\boldsymbol{h}_t = (1 - \boldsymbol{z}_t) \cdot \boldsymbol{h}_{t-1} + \boldsymbol{z}_t \cdot \tilde{\boldsymbol{h}}_t \tag{2-23}$$

显然，GRU 单元状态 $\boldsymbol{h}_t$ 的更新是对上一个时刻的状态 $\boldsymbol{h}_{t-1}$ 过滤掉了一些无价值的信息，同时对当前的候选状态 $\tilde{\boldsymbol{h}}_t$ 筛选出一些有价值的信息，从而得到了当前时刻的状态向量 $\boldsymbol{h}_t$。计算出 $\boldsymbol{h}_t$ 之后，便可以根据 $\boldsymbol{h}_t$ 对实际任务进行建模。

2.5.4 循环神经网络拓展知识

1. 堆叠循环神经网络

堆叠循环神经网络(stacked recurrent neural network,SRNN)是将单层的循环神经网络进行堆叠之后形成的更加深层的网络。图 2-18 是堆叠了 3 层的循环神经网络,每层循环神经网络的输入是下一层循环神经网络的输出和同层前一个时刻循环神经元的输出。对于最上一层循环神经网络,其输出将作为最终的堆叠循环神经网络的输出。

假设图 2-18 中采用的是简单循环神经网络,我们不妨以第 2 个时刻为例看其工作方式。从第 1 层到最后一层的循环神经网络,其计算方式为

$$\boldsymbol{h}_2^{(1)}=f(\boldsymbol{W}^{(1)}\boldsymbol{x}_2+\boldsymbol{U}^{(1)}\boldsymbol{h}_1^{(1)}+\boldsymbol{b}^{(1)}) \tag{2-24}$$

$$\boldsymbol{h}_2^{(2)}=f(\boldsymbol{W}^{(2)}\boldsymbol{h}_2^{(1)}+\boldsymbol{U}^{(2)}\boldsymbol{h}_1^{(2)}+\boldsymbol{b}^{(2)}) \tag{2-25}$$

$$\boldsymbol{h}_2^{(3)}=f(\boldsymbol{W}^{(3)}\boldsymbol{h}_2^{(2)}+\boldsymbol{U}^{(3)}\boldsymbol{h}_1^{(3)}+\boldsymbol{b}^{(3)}) \tag{2-26}$$

其中,$f(\cdot)$为激活函数;$\boldsymbol{h}_j^{(i)}$ 表示第 i 层的循环神经网络第 j 个时刻的输出向量;$\boldsymbol{W}^{(i)}$、$\boldsymbol{U}^{(i)}$和 $\boldsymbol{b}^{(i)}$分别表示第 i 层循环神经网络的权重和偏置。通过逐层计算,便可以获得最终的堆叠循环神经网络的输出 $\boldsymbol{y}_2=\boldsymbol{h}_2^{(3)}$。其他时刻的计算方式类似,这里不再赘述。

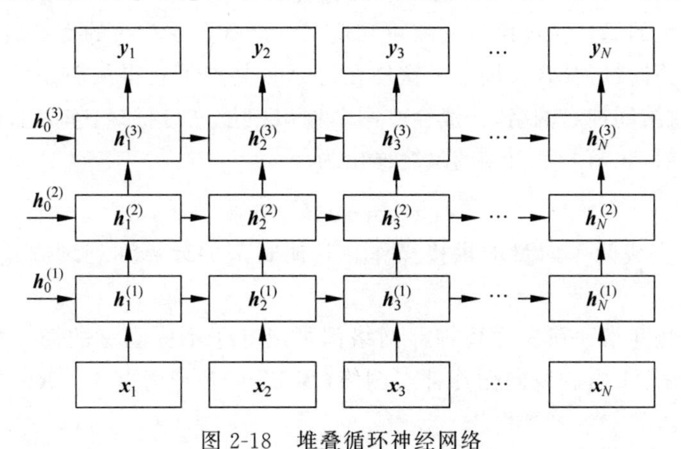

图 2-18 堆叠循环神经网络

2. 双向循环神经网络

前面介绍的循环神经网络是一种从左到右、依次处理时序信息的网络,但在实际情况下,有时候循环神经网络在某个时刻的输出不仅仅与过去的信息有关,同时还与未来的信息有关。为此,人们提出了双向循环神经网络(bidirectional recurrent neural network,BRNN)。图 2-19 给出了双向循环神经网络的结构示意图。

从图 2-19 我们可以看出,双向循环神经网络将时序信息分别从前向后(从左到右)和从后向前(从右向左)两个方向进行传递,因此每个时刻对应着 2 个输出的隐状态向量。BRNN 将这两个向量进行拼接(concat),对应地输出 y。这样的双向结构能够让每个时刻输出的向量既包含了左边序列的信息,又包含了右边序列的信息。与单向 LSTM 比较,BRNN 可以获取更加全面的语义信息。

下面以第 2 个时刻为例介绍双向循环神经网络的工作方式。从前向后和从后向前的计

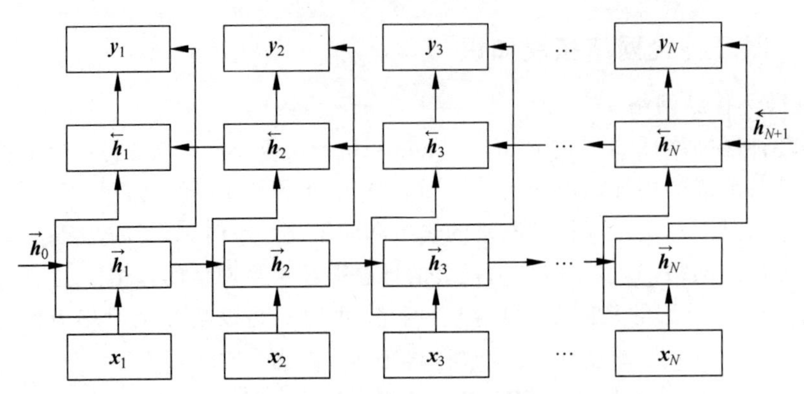

图 2-19　双向循环神经网络

算公式分别为

$$\overrightarrow{\boldsymbol{h}}_2 = f(\overrightarrow{\boldsymbol{W}}\boldsymbol{x}_2 + \overrightarrow{\boldsymbol{U}}\overrightarrow{\boldsymbol{h}}_1 + \overrightarrow{\boldsymbol{b}}) \tag{2-27}$$

$$\overleftarrow{\boldsymbol{h}}_2 = f(\overleftarrow{\boldsymbol{W}}\boldsymbol{x}_2 + \overleftarrow{\boldsymbol{U}}\overleftarrow{\boldsymbol{h}}_3 + \overleftarrow{\boldsymbol{b}}) \tag{2-28}$$

其中，f 为激活函数；$\overrightarrow{\boldsymbol{h}}_i$ 表示 x 从前向后的循环神经网络在第 i 个时刻的输出；$\overrightarrow{\boldsymbol{W}}$，$\overrightarrow{\boldsymbol{U}}$，$\overrightarrow{\boldsymbol{b}}$ 分别表示从前向后的循环神经网络的权重和偏置。带有向左箭头的变量表示从后向前的循环神经网络的相关向量，其含义同上。这样在每个时刻均可获得从前向后和从后向前的输出向量，对于双向循环神经网络，一般会将两个输出向量进行拼接，作为双向循环神经网络的最终输出。例如，在第 2 个时刻的最终输出为

$$\boldsymbol{y}_2 = \text{concat}(\overrightarrow{\boldsymbol{h}}_2, \overleftarrow{\boldsymbol{h}}_2) \tag{2-29}$$

函数 concat 完成两个向量的拼接操作。其他时刻的计算和处理方式类似，这里不再赘述。

堆叠循环神经网络和双向循环神经网络都可以基于不同类型的循环神经网络进行构造，例如，基于 LSTM 构造双向循环神经网络（Bi-LSTM）或者基于 GRU 构造双向循环神经网络（Bi-GRU）。

关于神经网络基础理论部分的详细介绍，读者可参阅（邱锡鹏，2020）和（赵申剑等，2017）第 2 部分“深度网络：现代实践”。

第3章 分布式表示

文本表示是自然语言处理的基础。为了让机器学习算法能够处理文本数据，将文本有效地表示成适当的可计算形式尤为重要。基于统计学习的方法采用独热(one-hot)表示，忽略了单词之间的语义关系，近年来提出的分布式表示方法将文本数据映射为低维稠密向量，显著提升了自然语言处理任务的效果，已经成为当前广泛使用的文本表示方法。

本章介绍词的分布式表示方法，并在此基础上介绍短语的分布式表示和句子的分布式表示方法。

3.1 词的分布式表示

词是具有独立含义的最小的语言单位，是短语、句子和文档的基本组成单元。词的表示主要有两种方式：独热表示或独热编码(one-hot encoding)和分布式表示，见表3-1。

表3-1 词的表示方法

词	独热表示	分布式表示
A	[1 0 0 0 0 0 0 0]	[0.34 0.5]
B	[0 0 0 1 0 0 0 0]	[0.7 0.9]

独热表示是一种离散表示方法，当前词在词表中位置对应的那一维为1，而其他维度上的值均为0。在这种表示方法中，任意两个词向量之间的欧氏距离相等，且在一个表示空间中，任意两个向量都是正交的，因此无法准确地捕捉到词与词之间的语义信息，而且当词典很大时，每个词的独热表示向量维度很高，为后续计算带来了麻烦。

分布式语义表示假设词的含义可由其上下文分布表示。如果掌握了一个词的上下文信息，那么就掌握了该词的语义。基于这个假设，在分布式表示中词被表示成低维且稠密的实数向量，每个词都可以由空间中的某个点表示，语义相近的词在实数向量空间中也临近。词嵌入(word embedding)是一种典型的分布式表示方法，图3-1是二维表示的示意图。

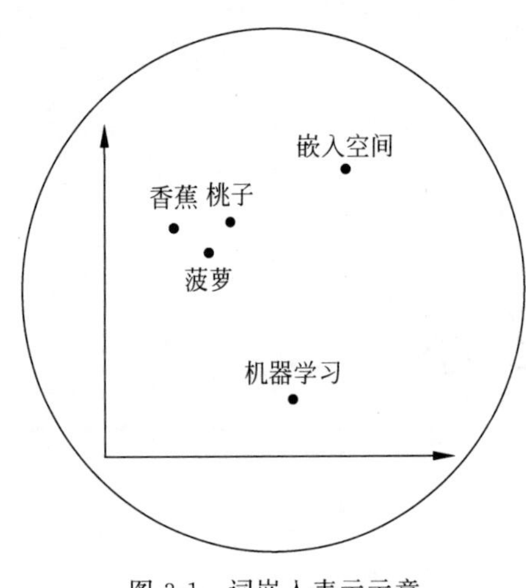

图 3-1 词嵌入表示示意

在图 3-1 中，三个词汇“香蕉、菠萝、桃子”都是水果，语义相似，通常使用的语境一样，因此，其向量之间的距离也比较接近。而词汇“机器学习”和“嵌入空间”所表达的语义存在较远的距离，与水果类词汇的含义也有明显的差异，因此在图中的位置相对分散。

根据词是否会根据上下文自动调整语义信息，词的分布式表示可以分为静态词向量和动态词向量两类。静态词向量是指词的分布式表示是固定的，不会随着其上下文的变化而变化，因此无法表达一词多义的情况。动态词向量可以根据词的上下文变化动态地调整词的分布式表示，因此能够准确表示一词多义的情况。例如，在下面两个句子中，“苹果”的含义是完全不同的：

这个苹果真甜。

今年的苹果发布会将在 9 月 16 日举办。

如果使用静态词向量表示，“苹果”只有一种表示，无法准确地表达不同情境下的语义信息，而动态向量可以。

3.1.1 静态词向量

常用的静态词向量算法有 Word2Vec、GloVe、FastText 等。Word2Vec 是托马斯·米科洛夫(Tomas Mikolov)等在 2013 年提出的，包含 Skip-gram 和 CBOW 两个模型(Mikolov et al.，2013a，b)。其实现方法是通过滑窗内的局部语料进行无监督学习。Word2Vec 模型可以保留词之间的线性关系，语义相近的词由 Word2Vec 模型得到的词向量也相近，向量运算在一定程度上反映了词汇之间的语义关系。例如，$E(\text{King})-E(\text{Man})+E(\text{Woman})\approx E(\text{Queen})$，这里的 E 指通过 Word2Vec 得到的词嵌入向量。

GloVe 是斯坦福大学在 2014 年提出的，该方法使用了词与词之间的共现(co-occurrence)信息，用全局语料进行训练(Pennington et al.，2014)。由于采用了综合全局和局部的上下文信息，因此与 Word2Vec 相比，GloVe 在词向量学习的效果更优。

FastText 是 Facebook 在 2017 年开源的词向量计算和文本分类工具，其模型结构与 Word2Vec 相似，其浅层网络的效果可与深层网络媲美，而且训练和推理速度更快(Joulin et al.，2017)。

1. Skip-gram 模型

给定一段文本序列 $\boldsymbol{w}=\{w_0,w_1,w_2,\cdots,w_i\}$，将文本中的每个词依次作为中心词，假设 t 时刻的中心词为 w_t，那么，对一定窗口范围内的上下文 $\boldsymbol{C}$ 出现的概率进行预测，通过目标函数优化 w_t 的向量表示以确保 $\boldsymbol{C}$ 的概率最大，最终学习到 w_t 的向量表示。例如，假设窗口大小为 5，那么当前词 w_t 的左右两边各两个词为上下文，即 $\boldsymbol{C}=\{w_{t-2},w_{t-1},w_{t+1},w_{t+2}\}$。

如图 3-2 所示，Skip-gram 模型的网络结构是一个包含输入层、隐含层和输出层的前馈神经网络，其中线性层没有偏置项。

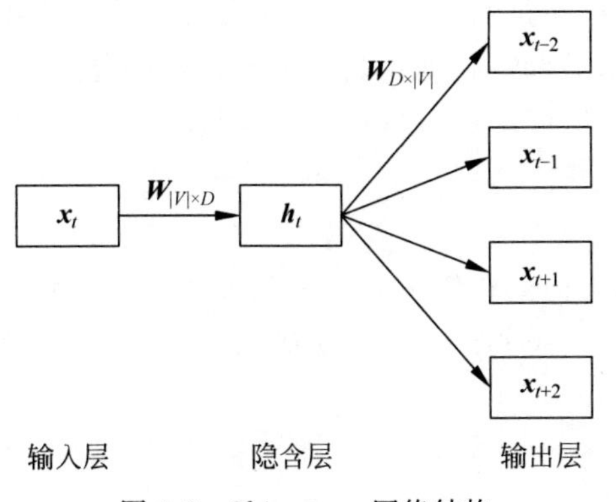

图 3-2　Skip-gram 网络结构

输入层：模型的输入为中心词 w_t 的独热表示 $\boldsymbol{x}_t \in \mathbb{R}^{|V|}$，$|V|$ 为词表长度。

隐含层：输入词的独热编码与权重矩阵 $\boldsymbol{W}_{|V|\times D}$ 相乘得到隐含层的嵌入词向量 $\boldsymbol{h}_t \in \mathbb{R}^D$，$D$ 为词向量维度。

输出层：嵌入词向量与权重矩阵 $\boldsymbol{W}_{D\times|V|}$ 相乘得到输出向量，输出向量中每一维的数值表示对应单词出现的分数。使用 softmax 函数，对这些分数进行归一化处理，即可得到中心词预测的上下文概率。

在模型训练过程中，每个上下文词 w_i 都和中心词 w_t 形成一个训练样本(w_t, w_i)。并将训练样本以批（batch）的形式输入模型进行训练，训练的参数为权重矩阵 $\boldsymbol{W}_{|V|\times D}$ 和 $\boldsymbol{W}_{D\times|V|}$，损失函数为交叉熵损失。模型训练结束后，便可从矩阵 $\boldsymbol{W}_{|V|\times D}$ 中得到词表中每个词的向量，该矩阵中的每个行向量就是对应词的词向量。

2. CBOW 模型

CBOW 的模型结构与 Skip-gram 类似，都包含输入层、隐含层和输出层。二者主要差别在于 CBOW 根据指定范围（窗口）内上下文中的单词预测中心词出现的概率。CBOW 模型的结构如图 3-3 所示。$\boldsymbol{x}_b$ 是中心词 w_t 的上下文词向量求和的结果，输出是预测中心词 w_t 的概率。

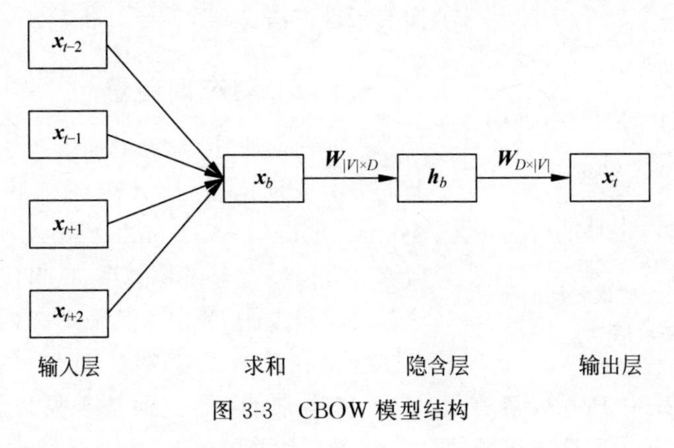

图 3-3　CBOW 模型结构

实验证明，Skip-gram 模型在句法分析任务上的效果比 CBOW 稍差，但是在语义分析任务上比 CBOW 模型要好，CBOW 模型的训练速度快于 Skip-gram。

无论是 Skip-gram 模型还是 CBOW 模型，输出层都是一个维数为词表长度的向量，当词表较大时，对高维向量进行归一化计算是一个极其消耗资源的事情，对计算效率有很大的影响。以下介绍两种近似的计算方法以解决这一问题：负采样和层次 softmax(hierarchical softmax)。

(1) 负采样

从词典中选取正样本对应的负样本的过程称为负采样。在训练过程中，每次给定两个词，判断这两个词是不是一对中心词和上下文词，如果是，则是正样本，否则为负样本。该问题可以被简化为二分类问题。

以 Skip-gram 模型为例，中心词 w_t 的上下文词 $w_{t-2}, w_{t-1}, w_{t+1}, w_{t+2}$ 为正样本 w_b，负采样过程为任意 w_b 从词表中选择 N 个负样本 $w'_1, w'_2, \cdots, w'_N$ 参与训练。负采样方法仅通过正样本和负样本更新权重，进而极大地减少了计算量，提升了训练效率。

(2) 层次 softmax

层次 softmax 使用二叉树实现，树中每个叶子节点都代表词汇表中的一个词，即为一个向量，每个非叶子节点也为一个向量，高频词到根节点的距离要小于低频词到根节点的距离。在从根节点到每个词的路径中，每个非叶子节点要么选择左侧子节点，要么选择右侧的子节点，根据 Sigmoid 函数求得的概率进行判断。层次 softmax 的计算公式为

$$P(w|w_I) = \prod_{j=1}^{L(w)-1} \sigma([[n(w,j+1) = ch(n(w,j))]] . v'^{\mathrm{T}}_{n(w,j)} v_{w_I}) \tag{3-1}$$

其中，$n(w,j)$是从根节点到词 w 的路径中第 j 个节点，$L(w)$为路径的长度，$ch(n)$是节点 n 的任意确定的子节点。如果 x 为真，$[[x]]$为 1，否则为 −1。σ 为 Sigmoid 函数。

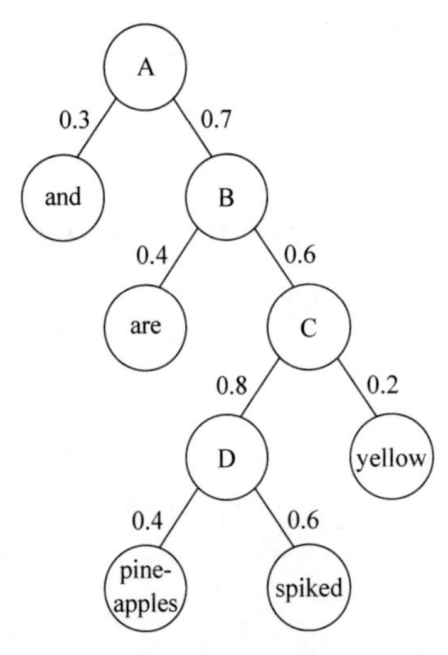

图 3-4 基于二叉树预测词向量概率示例

假设词典中只有 5 个词，包括 pineapples，are，spiked，and 和 yellow，图 3-4 是根据每个词的频率构建的二叉树示例。根据图中的概率，最终预测单词“spiked”的概率为 0.7×0.6×0.8×0.6=0.2016。

在一些开源的 Word2Vec 实现代码中，默认采用负采样的优化策略。本书后续章节将具体介绍负采样的实现方法。

3.1.2 动态词向量

正如前面所述，动态词向量能够根据单词所在的上下文生成词向量，因此也叫上下文相关的词向量(contextualized word embedding)。动态词向量与预训练语言模型有着密切关系，这里仅介绍其中的一种动态词向量方法 ELMo，其他动态词向量与预训练语言模型将在第 6 章介绍。ELMo(embeddings from language models)是由 Peters 等在 2018 年提出来的，是一种基于循环神经网络的模型(Peters et al., 2018)。ELMo 模型的训练任务是计算文本序列的概率，词表示是整个输入

语句的函数。与 Word2Vec 不同,ELMo 的向量表示是多层次的,模型结构如图 3-5 所示。

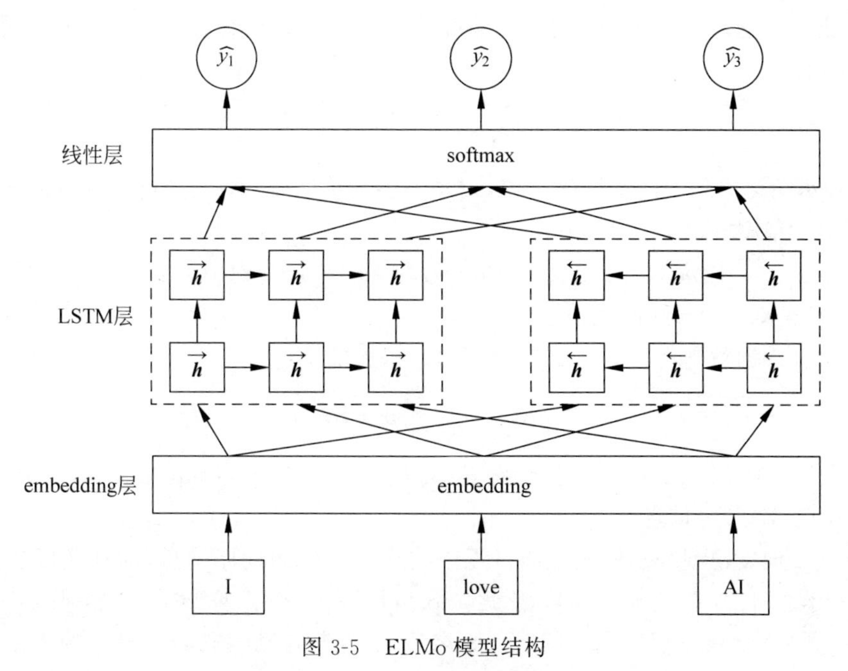

图 3-5 ELMo 模型结构

训练 ELMo 模型需利用大量语料进行半监督学习,网络训练完成之后,输入一个新句子时,句子中的每个单词都能得到对应的三个层面的嵌入表示(embedding),对应单词上下文特征。

- **embedding 层**:获取单词自身的特征,将输入的字(字母)转为没有上下文信息的向量表示。
- **LSTM 层**:由两个不同方向的 LSTM 模块组成,每层都会产生两个方向的向量,分别对应词的上下文特征。
- **softmax 层**:计算对应的下一个词的概率。

在 ELMo 中,对于每个输入的词,一个 L 层的双向语言模型(biLM)能够计算出 $2L+1$ 个表示,即每层的 LSTM 模型生成两个方向的表示,再加上 embedding 层得到的表示。对于下游任务模型,ELMo 将得到的所有表示通过线性组合的方式整合成一个向量。

ELMo 模型得到的每个词的向量表示都与词所在的语句相关。与静态词向量训练相比,动态词向量需要执行一次完整的计算过程(前向计算和反向计算)才能获得。实验表明,ELMo 当时在多个 NLP 任务中都得到了不错的效果,包括问答系统、情感分析等。

3.2 短语的分布式表示

自然语言处理中所说的短语一般指连续的词串,并非只是语言学意义上的名词短语、动词短语和介词短语等。短语的分布式表示学习方法分为两种:一种方法视短语为不可分割的独立的语义单元,然后基于分布式假说学习短语的语义向量表示;另一种方法认为短语的语义是由词组合而成的,要学习短语的分布式表示关键是学习词和词之间的语义组合方式。

词袋模型(bag of words,BOW)是最简单的文本表示方法,其基本思路是将文本看成对应的词的集合。这种方法也被用于表示短语,常用的语义组合方式是对词向量求平均,如式(3-2)所示：

$$ph_N=\frac{1}{N}\sum_{k=1}^{N}\boldsymbol{x}(w_k) \tag{3-2}$$

其中,N 表示短语中句子的单词的个数,$\boldsymbol{x}(w_k)$表示单词 w_k 的词向量。或对词向量的每一个维度取最大值,如式(3-3)所示：

$$ph_N=\max_{k=1}^{d}(\boldsymbol{x}(w_1)_k,\boldsymbol{x}(w_2)_k,\cdots,\boldsymbol{x}(w_N)_k) \tag{3-3}$$

其中,$\boldsymbol{x}(w_1)_k$ 表示 $\boldsymbol{x}(w_1)$向量的第 k 个元素。

有时也在词向量平均的基础上再添加词的权重信息：

$$ph_N=\frac{1}{N}\sum_{k=1}^{N}v_k\boldsymbol{x}(w_k) \tag{3-4}$$

其中,v_k 可以是词 w_k 对应的词频-逆文档频率(term frequency-inverse document frequency,TF-IDF)等信息。

由于基于词袋模型表示的短语向量无法捕获短语中的词序信息,而在实际应用中词序不同的短语往往语义完全不同,因此,Socher 等提出了递归自动编码器(recursive autoencoder,RAE)用于解决词序问题。顾名思义,递归自动编码器以递归的方式自底向上不断合并两个子节点的向量表示,直至获得短语的最终向量表示(Socher et al., 2011)。虽然 RAE 可以解决词序问题,但是其语义信息获取较难,为此,Zhang 等面向机器翻译提出了一种双语约束的短语表示方法(BRAE)。该方法的基本假设是：两个互为翻译的短语具有相同的语义,那么它们应该共享相同的向量表示。基于这个假设,可以采用协同训练(co-training)的方法同时学习两种语言的短语向量表示,从而使短语获得更为丰富的语义信息(Zhang et al., 2014)。

3.3 句子的分布式表示

对于句子级的文本分类、情感分析等自然语言处理任务,词和短语的表示粒度太小,需要句子的分布式表示向量。句子的表示方法有两大类：一类是通用的,另一类是任务相关的。通用的句子表示几乎都是以无监督学习方法为基本思想设计基于神经网络的模型,在大规模语料上进行训练。具体实现方法包括基于词袋模型的分布式表示和 Skip-Thought 模型等。任务相关的句子表示以具体任务的性能指标作为优化目标,如在情感分类任务中,句子的向量表示最终输入分类模型中预测该句子表达的感情类别。具体方法包括基于递归神经网络(recursive neural network)、卷积神经网络、循环神经网络、注意力模型和预训练语言模型等实现的句子向量表示方法。

3.3.1 基于循环神经网络的表示方法

在句子的向量表示中,词的顺序对最终的语义表达很重要。如在下面的两个句子中,用词完全相同,但是语义却完全相反。

这次羽毛球比赛我战胜了他。

这次羽毛球比赛他战胜了我。

在第 2 章中详细介绍了循环神经网络，使用该网络建模时序信息时，每个时序单元接收上一个时序单元的输出和本时刻的输入生成本时刻的输出。最后一个时序单元获取了本序列前面所有单元的信息，因此该单元的输出可被看作整个句子的向量表示，如图 3-6(a)所示。此外，也可以对每个时刻的输出取平均作为整个句子的词向量，如图 3-6(b)所示。

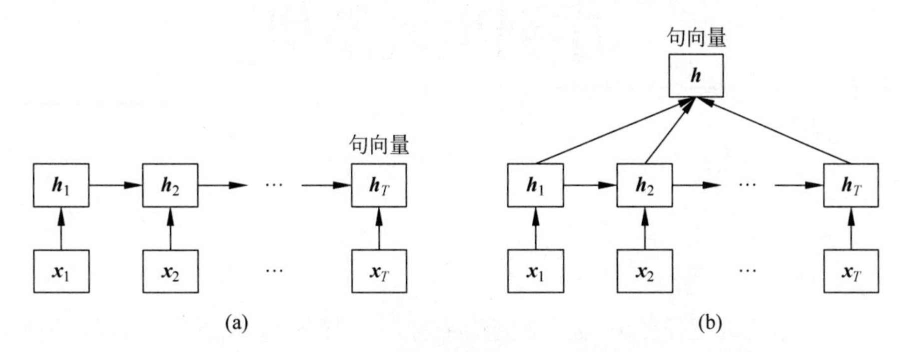

图 3-6　循环神经网络表示句向量

(a) 正常模式；(b) 按时间进行平均采样模式

3.3.2　基于预训练语言模型的表示方法

预训练语言模型(pre-trained language model)是指在大规模语言数据集上训练得到的初始的语言模型，该模型记录了从大规模数据集上学习到的通用的语法和语义知识。在下游任务中，基于该初始模型进行迁移学习，将从开放领域学到的知识迁移到下游任务中，微调后得到任务相关的具体模型。2018 年 Google 公司率先提出了用于自然语言处理的预训练模型 BERT(bidirectional encoder representation from transformers)(Devlin et al., 2019)，随后，一系列预训练语言模型被相继提出，并得到广泛应用，如 GPT(generative pre-training)系列模型(Radford et al., 2018,2019; Brown et al., 2020)、RoBERTa(Liu et al., 2019)、XLNet(Zhang et al., 2019)、Albert(Lan et al., 2020)、ERNIE(Sun et al., 2019)等。

基于 BERT 表示句子时，首先在输入句子前插入一个特殊的词“[CLS]”，“[CLS]”并无具体的语义信息，其作用是融合句子中其他单词的语义信息。“[CLS]”对应的输出向量通常会作为整个输入句子的语义表示，即句向量，并用在后续的下游任务中，如文本分类和情感分析等。

对于 BERT 和其他预训练语言模型将在第 6 章进一步介绍，这里不再多述。对于更多其他句子表示方法和文档表示方法本书不再逐一介绍，需要了解的读者可参阅(宗成庆等，2022)等文献。

关于文本表示方法的详细介绍，可参阅(宗成庆等，2022)第 3 章和其他相关论文。

第 4 章

序列生成模型

在很多自然语言处理任务中，输入和输出都是一个序列，如机器翻译、自动摘要和问答系统等。完成这些任务不仅需要对输入序列进行编码表示，而且需要对输入表示进行解码，完成输出序列的生成，即建模输入序列和输出序列之间的转换关系，这种模型就是我们通常所说的序列到序列（sequence to sequence，Seq2Seq）的转换生成模型，简称序列生成模型。以机器翻译为例，假设输入是一个长度为 M 的词序列 $\boldsymbol{x}=[x_1,x_2,\cdots,x_M]$，输出是 $\boldsymbol{x}$ 对应的一个长度为 N 的译文序列 $\boldsymbol{y}=[y_1,y_2,\cdots,y_N]$。$N$ 和 M 不一定相等。那么，Seq2Seq 建模的关键在于学习到输入序列和输出序列之间的映射关系，即

$$\boldsymbol{y}=f(\boldsymbol{x}) \tag{4-1}$$

Seq2Seq 模型的网络结构如图 4-1 所示，是一种编码器-解码器（encoder-decoder）结构。编码器负责处理输入的序列信息，对其进行编码表示，然后将编码向量传递给解码器，解码器对编码向量进行解码，完成输出序列的生成。

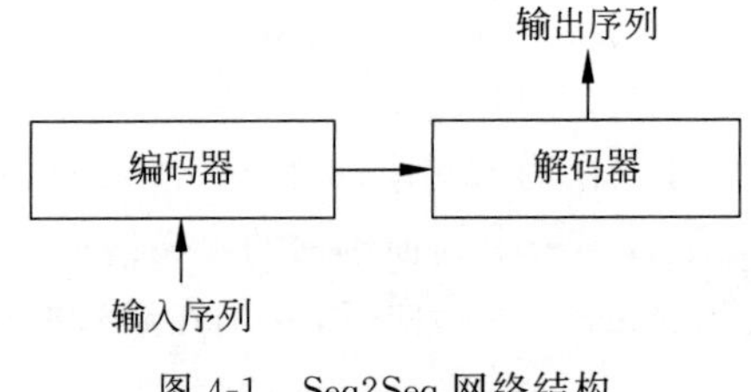

图 4-1　Seq2Seq 网络结构

目前常见的 Seq2Seq 模型主要包括基于循环神经网络的 Seq2Seq 模型和基于 Transformer 的 Seq2Seq 模型两种。

4.1　基于循环神经网络的 Seq2Seq 模型

第 2 章介绍了经典的用于序列处理任务的循环神经网络（RNN）和其变体长短时记忆网络（LSTM）。下面介绍如何基于循环神经网络实现 Seq2Seq 模型，并通过引入注意力机制，缓解循环神经网络存在的长距离依赖问题。

4.1.1　基于 RNN 的 Seq2Seq 模型原理

以机器翻译为例，基于循环神经网络的 Seq2Seq 模型的工作原理如图 4-2 所示，模型的输入序列为源语言句子“Deep Learning”，输出序列为目标语言句子“深度学习”。

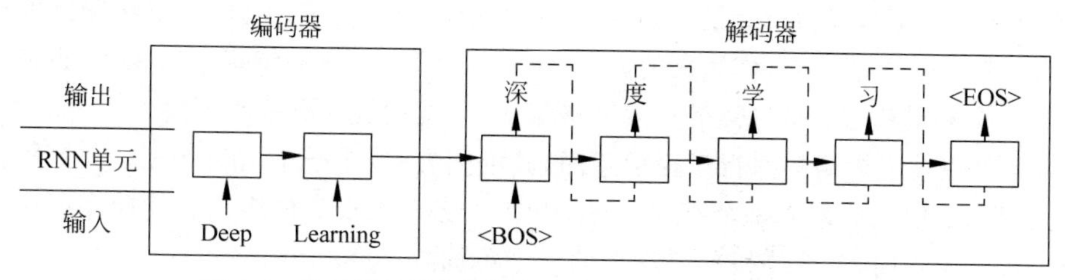

图 4-2　基于循环神经网络的 Seq2Seq 机器翻译工作原理

模型的执行过程主要有两步：

第 1 步：编码器对输入序列进行编码。编码器从左到右依次处理输入的文本序列，使用 RNN 最后时刻的隐状态向量作为输入序列的编码向量 $\boldsymbol{h}_M^e$，其中 M 指最后时刻。编码器由多个 RNN 单元组成，可以是 LSTM 或 GRU。

第 2 步：解码器基于向量 $\boldsymbol{h}_M^e$ 生成目标语言句子。解码器也由多个 RNN 单元组成，解码过程是从前往后逐词或者逐字进行的，即在生成前一个单词或者字符之后，再生成下一个单词或者字符。目标语言句子中有两个特殊字符< BOS >和< EOS >，分别代表解码序列的起始符号和终止符号。在图 4-2 给出的例子中，如果以字符(汉字)为单位，第 1 个时刻解码器会根据< BOS >符号和语义向量生成译文序列的第 1 个汉字“深”，然后将“深”传给第 2 个时刻作为输入，解码出第 2 个汉字“度”，依次类推。当解码到字符< EOS >或预先设定的最大长度时，解码过程终止，最终得到 Seq2Seq 模型的输出序列。

4.1.2　解码策略

模型在测试阶段是如何解码出第 t 个时刻的单词的呢？一般来说，最常使用的解码方式有两种：贪心解码策略和束搜索(beam search)策略。

1. 贪心解码策略

假设在解码器的第 t 个时刻，循环神经网络的输出向量为 $\boldsymbol{h}_t \in \mathbb{R}^D$，其中 D 为向量维度。通过线性层映射，得到相应的单词概率，即

$$p_t = \text{softmax}(\boldsymbol{W}\boldsymbol{h}_t + \boldsymbol{b}) \tag{4-2}$$

其中，$\boldsymbol{W} \in \mathbb{R}^{V \times D}$ 和 $\boldsymbol{b}$ 为可学习的参数，V 为词汇表中词的数量。

贪心解码策略的计算方式比较简单，在每个时刻 t，选择概率值最大的预测单词，公式为

$$\boldsymbol{y}_t = \text{argmax}(p_t) \tag{4-3}$$

可以看出，贪心解码策略是深度优先搜索，只解码出一条“最优”路径。

2. 束搜索策略

由于贪心解码策略只考虑了当前时刻的最优，而忽略了第 $t-1$ 个时刻解码的单词与第 t 个时刻解码的单词之间的关系，因此最终得到的解码序列不一定是全局最优解。为此，人

们提出了穷举搜索的策略，即在每个解码的时刻将所有可能的预测候选逐一列出，然后选出概率最大的作为下一时刻继续解码的基础，直到最终解码结束。这种解码方式虽然可以保证最终获得全局最优解的输出序列，但扩展的路径数量庞大，搜索效率低。

束搜索策略采用一种折中的方案，并不是在每一个时刻只选择概率值最大的一个候选单词(或字符)，也不是保留所有的候选，而是保留最可能的前 K 个候选，仅在保留的候选中依次扩展，其中 K 为超参数，称为束的大小(beam size)。与贪心搜索策略相比，束搜索策略更容易找到全局最优解；而与穷举搜索策略相比，束搜索的计算效率更高。

图 4-3 是束搜索策略的执行过程示意图，其中词表 $V=[w_1,w_2,w_3,w_4]$，束大小为 2，实心箭头显示的解码序列为每个时刻 t 解码出的 2 条分数最高的序列。其计算过程为：

第 1 步：$t=1$ 时刻，选择概率值最大的两个单词$[w_1]$和$[w_3]$。

第 2 步：$t=2$ 时刻，从候选输出中选择最大的 2 条可能序列$[w_1,w_2]$和$[w_3,w_4]$。

第 3 步：$t=3$ 时刻，从候选输出中选择最大的 2 条可能序列$[w_1,w_2,w_3]$和$[w_3,w_4,w_2]$。

第 4 步：依次类推，直到解码终止。在解码完成后，选择概率最大的一个序列作为最终输出。

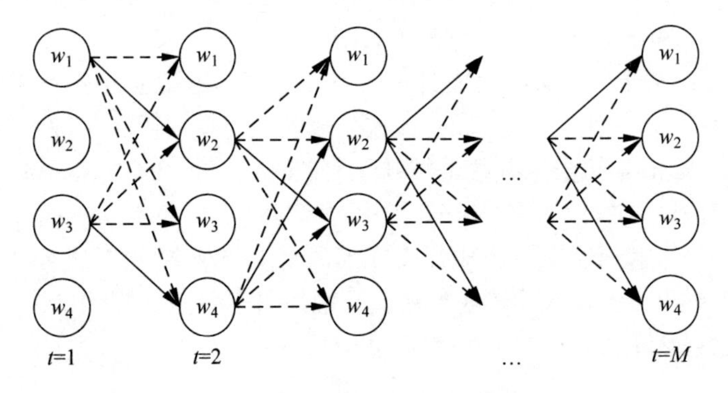

图 4-3 束搜索的计算过程示意图

4.2 融合注意力机制的 Seq2Seq 模型

在序列生成任务中，不同时刻所需要的信息往往各不相同，注意力机制(attention mechanism)可以让模型在处理数据时将注意力集中到更重要的信息上，从而提升计算效率。注意力机制可以单独使用，也可以作为一个组件和其他网络结合使用。

以机器翻译为例，图 4-4 展示了融合注意力机制的 Seq2Seq 模型的工作原理。

具体执行过程如下：

第 1 步：将解码器当前时刻的输出向量 $\boldsymbol{q}_i\,(i=2)$和编码器的输出向量 $\boldsymbol{h}=[\boldsymbol{h}_1,\boldsymbol{h}_2,\cdots,\boldsymbol{h}_M]\,(M=4)$进行注意力计算，得到在当前时刻的注意力分布，用 α_{ij} 表示。α_{ij} 是一个归一化的数值，表示在解码第 i 个时刻时，输出向量 $\boldsymbol{h}_j$ 的重要程度。注意力计算公式为

$$\alpha_{ij}=\frac{\exp(s(\boldsymbol{q}_i,\boldsymbol{h}_j))}{\sum_{k=1}^{M}\exp(s(\boldsymbol{q}_i,\boldsymbol{h}_k))} \tag{4-4}$$

其中，$s(\boldsymbol{q}_i,\boldsymbol{h}_j)$为注意力打分函数，分值越高，表示向量 $\boldsymbol{q}_i$ 和 $\boldsymbol{h}_j$ 的相关度越高，计算方法为

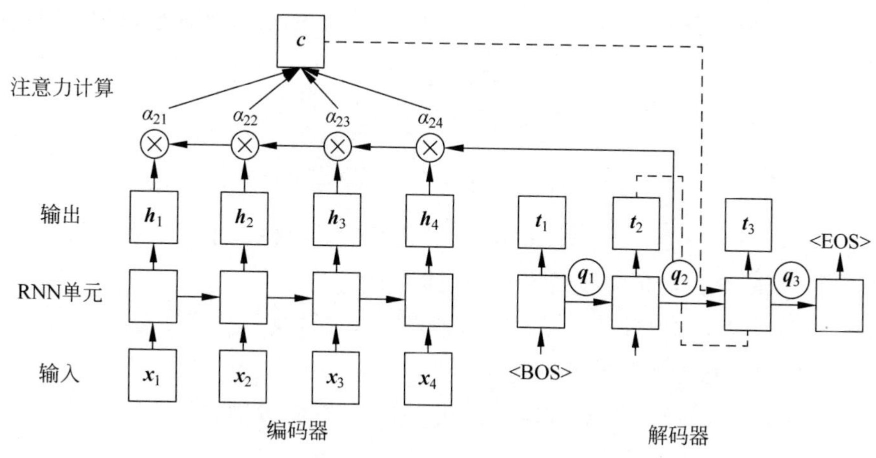

图 4-4 融合注意力机制的 Seq2Seq 模型的工作原理

$$s(\boldsymbol{h},\boldsymbol{q})=\boldsymbol{v}^{\mathrm{T}}\tanh(\boldsymbol{W}\boldsymbol{h}+\boldsymbol{U}\boldsymbol{q}) \tag{4-5}$$

其中,$\boldsymbol{v}$、$\boldsymbol{W}$ 和 $\boldsymbol{U}$ 为可学习的参数,$\boldsymbol{v}$ 为向量,$\boldsymbol{W}$ 和 $\boldsymbol{U}$ 为矩阵。

第 2 步：通过加权求和获得当前 i 时刻的注意力向量 $\boldsymbol{c}_i$,计算公式为

$$\boldsymbol{c}_i=\sum_{j=1}^{M}\alpha_{ij}\cdot\boldsymbol{h}_j \tag{4-6}$$

第 3 步：将 $\boldsymbol{c}_i$ 和上一时刻解码器输出的向量进行拼接,作为当前时刻解码器 RNN 单元的输入。后续时刻按照上述步骤依次进行,直到解码完成。

4.3 基于 Transformer 的 Seq2Seq 模型

循环神经网络是一种串行建模方式,即下一个时刻 t 的单元状态依赖于前一时刻 $t-1$ 时单元状态的输入,这种设计在实际应用中存在两个瓶颈问题：

(1) 计算过程难以并行。当模型较大时,无法应用并行计算技术加快训练速度。

(2) 当序列较长时,存在长距离依赖的问题(梯度爆炸或梯度消失)。理论上循环神经网络可以建立长时间间隔的状态之间的依赖关系,但由于长距离依赖问题,对于序列前边重要的信息,在序列后续的计算过程中可能会丢失。

基于上述问题,Vaswani 等于 2017 年提出了 Transformer 模型,并成功应用于机器翻译任务中,在译文质量和计算效率上均取得了显著提升(Vaswani et al., 2017)。Transformer 模型的成功在很大程度上归功于其核心组件：自注意力模型(self-attention model)。由于自注意力模型的引入,Transformer 不仅摆脱了循环神经网络中串行计算的问题,而且能够在任意时刻只关注输入序列中对当前计算最重要的信息,从而缓解了循环神经网络在建模长时间间隔时的长距离依赖问题。

4.3.1 自注意力模型

自注意力模型(self-attention model)采用查询-键-值(query-key-value,QKV)的模式。假设输入序列为 $\boldsymbol{X}=[\boldsymbol{x}_1,\boldsymbol{x}_2,\cdots,\boldsymbol{x}_L]\in\mathbb{R}^{L\times D}$,经过线性变换得到 $\boldsymbol{x}_i$ 对应的查询向量 $\boldsymbol{q}_i\in\mathbb{R}^{D_k}$、

键向量 $\boldsymbol{k}_i \in \mathbb{R}^{D_k}$ 和值向量 $\boldsymbol{v}_i \in \mathbb{R}^{D_v}$。对于整个输入序列 $\boldsymbol{X}$，线性变换的过程可以简写为

$$\boldsymbol{Q} = \boldsymbol{X}\boldsymbol{W}^Q \in \mathbb{R}^{L\times D_k} \tag{4-7}$$

$$\boldsymbol{K} = \boldsymbol{X}\boldsymbol{W}^K \in \mathbb{R}^{L\times D_k} \tag{4-8}$$

$$\boldsymbol{V} = \boldsymbol{X}\boldsymbol{W}^V \in \mathbb{R}^{L\times D_v} \tag{4-9}$$

其中，$\boldsymbol{W}^Q \in \mathbb{R}^{D\times D_k}$，$\boldsymbol{W}^K \in \mathbb{R}^{D\times D_k}$，$\boldsymbol{W}^V \in \mathbb{R}^{D\times D_k}$ 是可学习的映射矩阵。在默认情况下，可以设置映射后的 $\boldsymbol{Q}$、$\boldsymbol{K}$、$\boldsymbol{V}$ 的特征向量维度相同，都为 D。

自注意力模型的工作原理如图 4-5 所示。当输入为["我"，"爱"，"深度"，"学习"]时，在"爱"这个位置的自注意力计算过程主要分为如下 3 个步骤：

第 1 步：对于输入向量$[\boldsymbol{x}_1, \boldsymbol{x}_2, \boldsymbol{x}_3, \boldsymbol{x}_4]$进行线性变换，分别获得查询向量 $\boldsymbol{Q}$、键向量 $\boldsymbol{K}$ 和值向量 $\boldsymbol{V}$。

第 2 步：将 $\boldsymbol{q}_2$ 分别与$[\boldsymbol{k}_1, \boldsymbol{k}_2, \boldsymbol{k}_3, \boldsymbol{k}_4]$进行点积计算除以 $\sqrt{D}$，得出其他单词对于"爱"的注意力分数。这些分数经过 softmax 函数归一化之后，得到其他单词在当前单词位置的注意力分布，即$[\hat{\alpha}_{2,1}, \hat{\alpha}_{2,2}, \hat{\alpha}_{2,3}, \hat{\alpha}_{2,4}]$。

第 3 步：通过加权求和，计算出当前位置"爱"的输出向量。计算公式为

$$\boldsymbol{z}_2 = \sum_{j=1}^{4} \hat{\alpha}_{2,j} \boldsymbol{v}_j \tag{4-10}$$

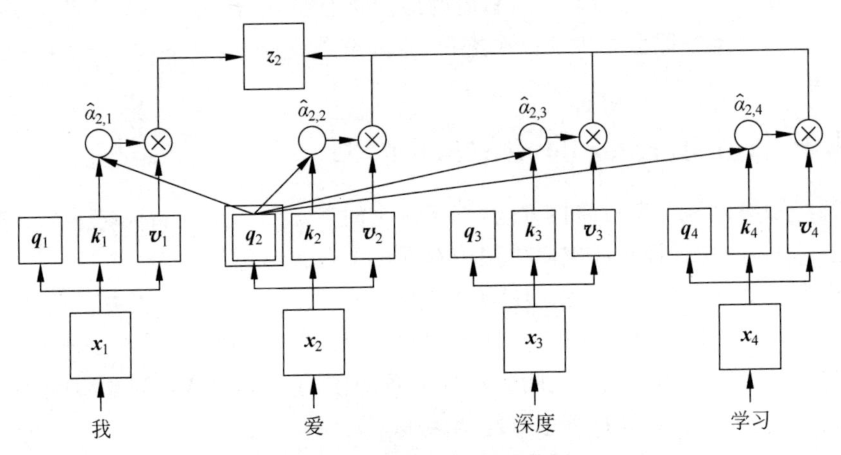

图 4-5　自注意力模型结构图

同理，可以获得其他位置的输出向量 $\boldsymbol{z}_1, \boldsymbol{z}_3, \boldsymbol{z}_4$。为了加快计算效率，在实际应用时，可以使用矩阵计算的方式计算出所有位置的自注意力输出向量，即

$$\boldsymbol{Z} = \text{attention}(\boldsymbol{Q}, \boldsymbol{K}, \boldsymbol{V}) = \text{softmax}\left(\frac{\boldsymbol{Q}\boldsymbol{K}^{\mathrm{T}}}{\sqrt{D}}\right)\boldsymbol{V} \tag{4-11}$$

其中，$\boldsymbol{Z} \in \mathbb{R}^{L\times D_v}$。在自注意力计算过程中，为了防止注意力分布具有较大的方差，导致 softmax 的梯度比较小，不利于模型的收敛，因此自注意力机制在计算过程中除以一个 $\sqrt{D}$。可以看出，自注意力能够有效关注到模型中的重要信息，缓解了循环神经网络串行计算带来的问题。

4.3.2 Transformer 的网络结构

Transformer 网络由编码器和解码器两部分构成，编码层和解码层都是由 N 层网络堆叠而成的，如图 4-6 所示。这种多层的结构能够增强 Transformer 对语义特征的提取能力，从而更好地建模自然语言处理任务。

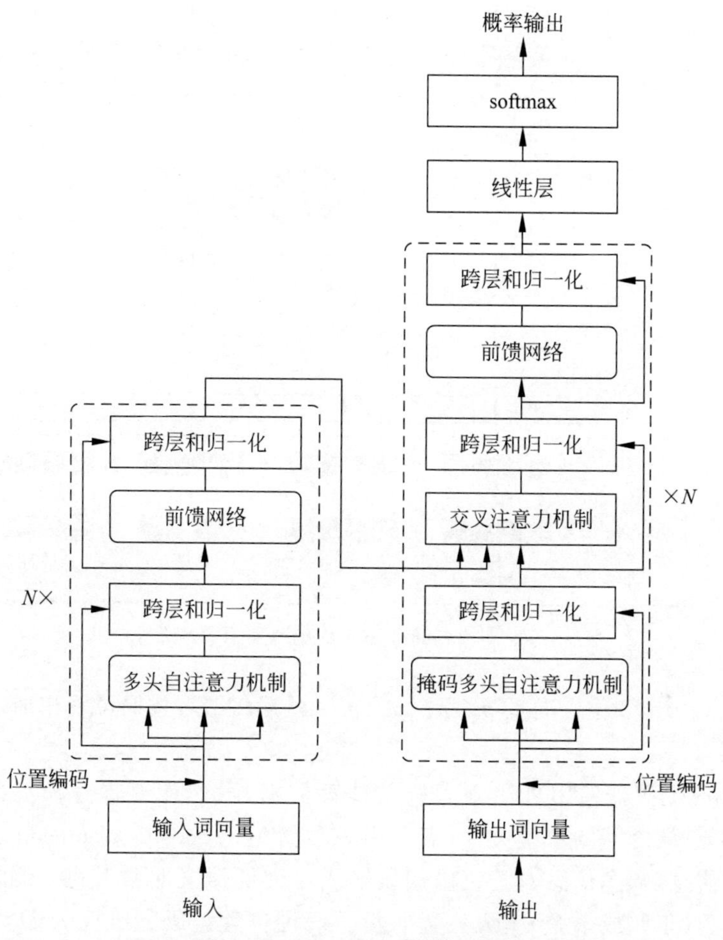

图 4-6　Transformer 的模型结构

无论在编码器中还是在解码器中，其下一层的输出都作为上一层的输入，逐层提取深层次的语义信息。编码器最后一层的输出向量被认为蕴含了源文的语义信息，被传入解码器的每一层，供解码器使用。

4.3.3 Transformer 编码器

Transformer 编码器的网络结构包含嵌入层和 N 个堆叠的编码层(多头自注意力层和前馈层，并采用跨层连接与层归一化处理)，其工作原理如图 4-7 所示。

1. 嵌入层

嵌入层的作用是将输入的文本转换成对应的向量表示。输入文本序列先经过分词或子词压缩之后得到单词或子词序列[我，爱，机器，学习]，然后，获取每个单词(子词)对应的语

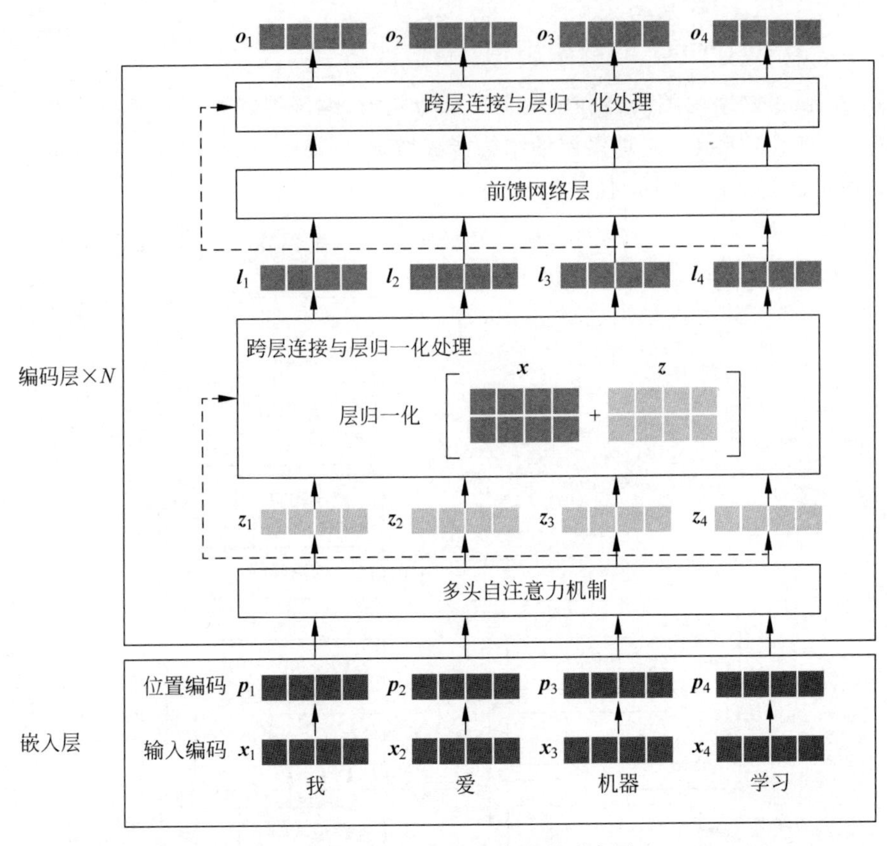

图 4-7 Transformer 的编码器示意图

义向量 $\boldsymbol{x}_1$、$\boldsymbol{x}_2$、$\boldsymbol{x}_3$、$\boldsymbol{x}_4$ 和位置向量 $\boldsymbol{p}_1$、$\boldsymbol{p}_2$、$\boldsymbol{p}_3$、$\boldsymbol{p}_4$；最后将二者按照位置相加，得到每个单词的特征表示。

Transformer 编码器使用自注意力机制处理数据，虽然能够提升模型的并行计算能力，但是忽略了单词之间的位置关系，需要引入位置编码(position embedding，PE)标识单词之间的顺序信息，顺序信息对于正确编码输入序列的语义非常关键。目前常用的方式是使用三角函数(正弦或余弦)生成位置向量。假设位置编码的维度为 D，每一维值的计算公式为

$$PE(\text{pos},2i)=\sin\left(\frac{t}{10\ 000^{2i/D}}\right) \tag{4-12}$$

$$PE(\text{pos},2i+1)=\cos\left(\frac{t}{10\ 000^{2i/D}}\right) \tag{4-13}$$

其中，t 表示当前词在文本序列中的位置，$0\leqslant i\leqslant\frac{D}{2}$ 为编码向量的维数。偶数维使用正弦编码，奇数维使用余弦编码。

2. 多头自注意力层

多头自注意力(multi-head self-attention，MHSA)的本质是多组自注意力计算的组合，其中每组自注意力被称为一个“头”，不同组的自注意力的计算过程是相互独立的，其工作原

理如图 4-8 所示。

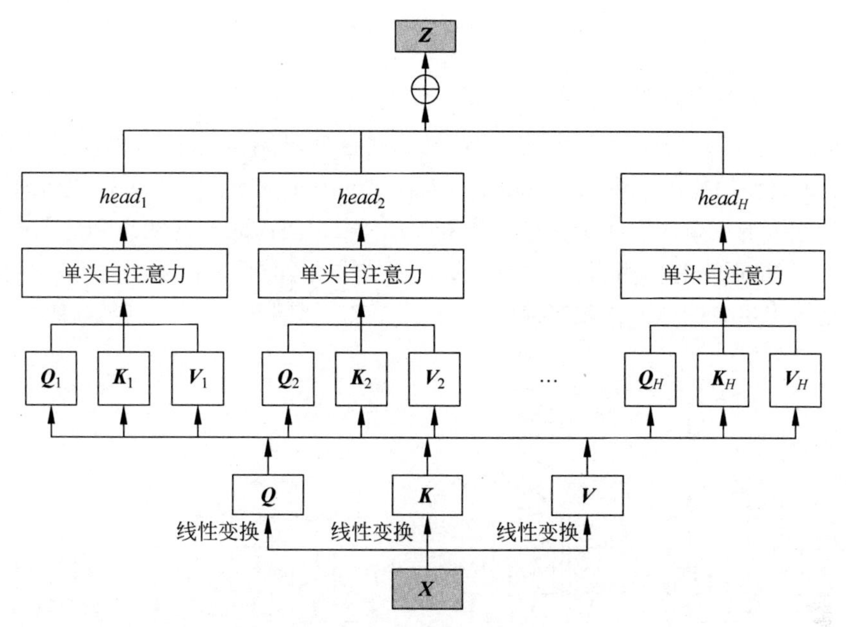

图 4-8 多头注意力计算示意图

多头自注意力的计算方法由如下 3 个步骤完成：

第 1 步：假设输入序列为 $\boldsymbol{X}=[\boldsymbol{x}_1,\boldsymbol{x}_2,\cdots,\boldsymbol{x}_L]\in\mathbb{R}^{L\times D}$，经过线性变换得到 $\boldsymbol{x}_i$ 对应的查询向量 $\boldsymbol{q}_i\in\mathbb{R}^D$、键向量 $\boldsymbol{k}_i\in\mathbb{R}^D$ 和值向量 $\boldsymbol{v}_i\in\mathbb{R}^D$。接下来，沿着 $\boldsymbol{Q}$、$\boldsymbol{K}$、$\boldsymbol{V}$ 向量的最后一个维度，按照头的数量平均拆分成 H 份，得到 $\boldsymbol{Q}_i\in\mathbb{R}^{L\times D_h}$，$\boldsymbol{K}_i\in\mathbb{R}^{L\times D_h}$，$\boldsymbol{V}_i\in\mathbb{R}^{L\times D_h}$ $(i=1,2,\cdots,H)$，其中 $D_h=\dfrac{D_v}{H}$。

第 2 步：分别计算每个头的自注意力，以第 j 个头 $head_j$ 为例，公式为

$$head_j=\text{attention}(\boldsymbol{Q}_j,\boldsymbol{K}_j,\boldsymbol{V}_j)\in\mathbb{R}^{L\times D_h} \tag{4-14}$$

第 3 步：将多个头计算的自注意力结果进行融合，得到最终的输出向量 $\boldsymbol{Z}$。

$$\boldsymbol{Z}=\text{MultiHeadAttention}(\boldsymbol{X})\triangleq(head_1\oplus head_2\oplus\cdots\oplus head_H)\boldsymbol{W} \tag{4-15}$$

其中，$\oplus$表示向量拼接运算，拼接后向量维度可能并不等于原始向量的维度 D，因此这里乘以矩阵 $\boldsymbol{W}\in\mathbb{R}^{(H\times D_h)\times D}$，将向量映射到原始的输入维度 D。

3. 跨层连接与层归一化处理

如图 4-7 所示，每个 Transformer 编码层都采用跨层连接和层归一化操作，其作用是通过加入残差连接和层归一化两个组件，使得网络训练更加稳定，收敛效果更好。假设多头自注意力的输入和输出分别为 $\boldsymbol{X}\in\mathbb{R}^{L\times D}$ 和 $\boldsymbol{Z}\in\mathbb{R}^{L\times D}$，那么，跨层连接和层归一化可以表示为

$$\boldsymbol{L}=\text{LayerNorm}(\boldsymbol{X}+\boldsymbol{Z}) \tag{4-16}$$

其中，$\boldsymbol{L}\in\mathbb{R}^{L\times D}$，LayerNorm 表示层归一化。接下来，向量 $\boldsymbol{L}$ 将经过逐位前馈层，并同样采用跨层连接和层归一化处理，最终得到一个 Transformer 编码层的输出向量 $\boldsymbol{O}\in\mathbb{R}^{L\times D}$。同

时，该编码层的输出向量作为上一个编码层的输入向量，继续进行上述计算，直至最后一个编码层为止。

4.3.4 Transformer 解码器

Transformer 解码器同样采用基于自注意力的模型，与编码器的区别在于以下两点：

(1) 解码器使用掩码自注意力(masked self-attention)机制，其工作原理如图 4-9 所示。与常规自注意力的主要区别在于：掩码自注意力只根据当前时刻的状态和之前时刻的状态计算注意力权重，而不是使用当前时刻的状态与所有时刻的状态计算注意力。换言之，解码器只能根据历史生成的单词预测当前的单词，而不能根据未来单词预测当前的单词。

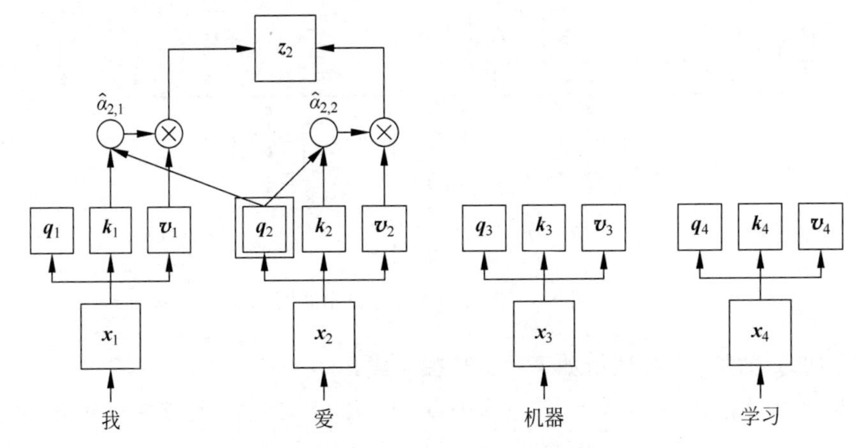

图 4-9 掩码自注意力的工作原理

(2) 引入交叉注意力(cross attention)机制，其工作原理如图 4-10 所示。解码器以当前时刻的输入向量作为 $\boldsymbol{q}_i$，按照自注意力的计算方法，$\boldsymbol{q}_i$ 分别与编码器中的 $\boldsymbol{k}_i$ 和 $\boldsymbol{v}_i$ 进行计算，从而将编码器生成的全局信息引入解码过程中。

关于 Transformer 框架和序列生成模型的更详细介绍，可参阅(Vaswani et al., 2017; Raffel et al., 2020)等文献。

4.3.5 知识延伸：基于 Transformer 结构的模型

近年来，基于 Transformer 结构的模型大放异彩，特别是 2018 年预训练模型 BERT 的提出，在各种自然语言处理任务上均取得了突破性的进展，具有里程碑式的意义。自此，无论是学术界还是工业界，均掀起了基于 Transformer 预训练模型开展研究和应用的热潮，并逐渐从自然语言处理延伸到计算机视觉、语音和多模态信息处理等领域。

基于 Transformer 结构的模型主要分为两类：自编码模型(autoencoding model，AE)和自回归模型(autoregressive model，AR)。自编码模型基于编码器的工作原理设计，而自回归模型基于解码器的工作原理设计。

1. 自编码模型

自编码模型首先对输入文本加入不同噪声，然后利用输入文本序列进行重建，期望得到原始的文本。如 BERT 通过预测掩码(mask)位置的词重建原始序列。它的优点在于在预

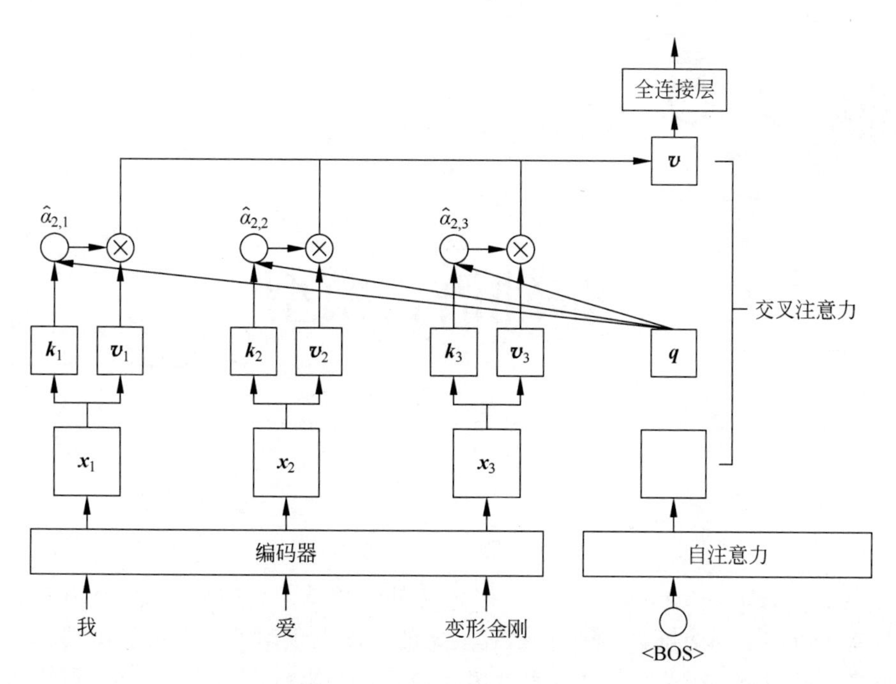

图 4-10　交叉注意力网络结构

测单词时能够同时捕获该单词位置前后的信息，但它的缺点是预训练过程中使用了掩码语言模型（masked language model，MLM），掩蔽了句子中的某个单词，然而微调阶段是以完整的句子进行训练，导致预训练和微调两个阶段存在差异。另外在训练过程中，对不同掩蔽单词的预测是相互独立的。假设序列中被屏蔽的词为 $w \in \boldsymbol{W}_m$，未被掩蔽的单词为 $w \in \boldsymbol{W}_n$，则其相应的计算概率为

$$p(x) = \prod_{w \in \boldsymbol{W}_m} p(\boldsymbol{w} \mid \boldsymbol{W}_n) \tag{4-17}$$

目前基于 Transformer 结构的自编码模型主要有 BERT、ERNIE、RoBERTa、XLNet 等。自编码模型非常适合处理文本分类、文本匹配等任务，在这些任务上的性能不断提高。

2. 自回归模型

自回归模型通过估计一个文本序列的生成概率分布进行建模，以从前向后或从后向前的顺序计算文本序列概率，但无论哪种方式，都是单向的，即在预测一个单词时无法同时看到该词位置前面和后面的信息。假设给定文本序列 $\boldsymbol{X}=(\boldsymbol{x}_1, \boldsymbol{x}_2, \cdots, \boldsymbol{x}_N)$，其从左到右的序列生成概率为

$$p(\boldsymbol{X}) = \prod_{t=1}^{N} p(\boldsymbol{x}_t \mid \boldsymbol{x}_{<t}) \tag{4-18}$$

其中，$\boldsymbol{x}_{<t}$ 表示第 t 个位置之前的词。

目前基于 Transformer 结构的自回归模型主要有 GPT-1、GPT-2、GPT-3、GPT-4、BART 和 T5 等。自回归模型非常适合处理自然语言生成任务，随着各种改进策略的提出，自然语言生成任务的性能不断得到提高。

基础语言模型

语言模型(language model,LM)是自然语言处理领域经典的模型之一,用于计算一个自然语言句子或词序列的概率,或者在给定上文的情况下预测下一个可能出现的词汇。理想的语言模型应该对一个符合语法的自然语言句子计算出较高的概率,而对不符合语法的句子给出较低的概率。

通常所说的语言模型包括统计语言模型和神经语言模型两种。统计语言模型又称 n 元文法模型(n-gram model)。神经语言模型是指基于神经网络模型建立的语言模型,包括基于前馈神经网络和循环神经网络建立的语言模型和预训练语言模型。本章对这些模型逐一进行简要的介绍。

5.1 统计语言模型

5.1.1 模型定义

给定由 m 个词构成的句子 $\boldsymbol{s}=w_1w_2\cdots w_m$,合理的概率计算公式为

$$\begin{aligned} p(s) &= p(w_1)p(w_2|w_1)p(w_3|w_1w_2)\cdots p(w_m|w_1\cdots w_{m-1}) \\ &= \prod_{i=1}^{m} p(w_i|w_1\cdots w_{i-1}) \end{aligned} \tag{5-1}$$

式(5-1)的假设前提是:第 i 个词产生的概率是由前 $i-1$ 个词决定的。例如,句子“今天的天气真好”分词之后为“今天/的/天气/真/好”(其中,斜杠“/”表示词汇分隔符),该句子的概率为

$$\begin{aligned} p(\text{今天/的/天气/真/好}) = {} & p(\text{今天}) \times p(\text{的}|\text{今天}) \times p(\text{天气}|\text{今天,的}) \times \\ & p(\text{真}|\text{今天,的,天气}) \times p(\text{好}|\text{今天,的,天气,真}) \end{aligned}$$

其中,每一个条件概率都可以在训练集上通过极大似然估计计算出来,例如,

$$p(\text{天气}|\text{今天,的}) = \frac{C(\text{天气}|\text{今天,的})}{C(\text{今天,的})}$$

其中,$C(\cdot)$表示对应的词或词序列在训练集中出现的次数(也称为频次)。

理想情况下，我们始终可以计算出每个词出现的条件概率，进而根据式(5-1)计算出句子的概率。然而随着句子长度的增加，对于位置 i 靠后的序列 $w_1w_2\cdots w_i$ 在语料库中的出现频次越来越少，甚至为0，从而导致语句出现概率无法计算，即使理论上可以计算，但因其历史参数 $w_1w_2\cdots w_{i-1}$ 的数目过于庞大而无法实际训练。为了解决这一问题，n 元文法(n-gram)模型借用了马尔可夫链(Markov chain)假设：一个词出现的概率只与它前面出现的 $n-1$ 个词有关。于是，式(5-1)被改写为

$$p(s)=\prod_{i=1}^{m}p(w_i|w_{i-n+1}^{i-1}) \tag{5-2}$$

当 $n=1$ 时，下一个词出现的概率与上文无关，该模型被称为一元文法(unigram)模型；当 $n=2$ 时，下一个词出现的概率只与前一个词有关，此时的模型被称为二元文法(bigram)模型；当 $n=3$ 时，下一个词出现的概率与前两个词有关，称为三元文法(trigram)模型。

在 n 元文法模型中，n 的取值越小，模型考虑的上下文范围越小，模型越简单，反之，模型考虑的上下文范围越广，模型计算越复杂。随着 n 值的增大，未登录词出现的情况是无法避免的。实际上，由于语言是动态发展的，新的词汇不断产生，生词现象总是存在。一旦生词出现，就会导致零概率事件发生，从而无法估计句子的概率，也无法预测新词的出现。这种情况我们称为数据稀疏现象。为了解决数据稀疏问题，必须进行数据平滑。

5.1.2 数据平滑方法

最简单的数据平滑方法是加1平滑方法。该方法假设所有待统计的 n 元文法序列的出现频次比语料库中实际出现的频次多一次，即通过计数加1对概率计算公式进行校正。以unigram模型为例，平滑之后的概率计算公式为

$$p(w_i)=\frac{C(w_i)+1}{\sum_{k=1}^{|V|}(C(w_k)+1)}=\frac{C(w_i)+1}{\sum_{k=1}^{|V|}C(w_k)+|V|} \tag{5-3}$$

其中，V 为词汇表，$|V|$ 表示词汇表中词的个数。

对于bigram模型，平滑之后的二元文法概率计算公式为

$$p(w_i|w_{i-1})=\frac{C(w_{i-1}w_i)+1}{\sum_{k=1}^{|V|}(C(w_{i-1}w_k)+1)}=\frac{C(w_{i-1},w_i)+1}{C(w_{i-1})+|V|} \tag{5-4}$$

可以看出，加1平滑方法能够很好地解决 n-gram 概率为0的问题。当语料规模较大时，计数加1造成的概率变化可以忽略不计。

在统计语言模型应用中，人们研究提出了很多数据平滑方法，如Good-Turing法、Katz平滑法、绝对减值法、线性减值法和插值平滑法等。这里不再展开介绍，有兴趣的读者可参阅(宗成庆，2013)。

5.1.3 语言模型评价

一般用困惑度(perplexity)作为评价 n 元文法模型学习好坏的指标。对于一段文本序列，困惑度的值越低，说明该序列的语言合理性越高，语言模型的概率值越大，反之亦然。假设由 N 个词构成的句子 $\boldsymbol{s}=w_1w_2\cdots w_N$，其困惑度的计算公式为

$$\text{perplexity}(s)=p(w_1w_2\cdots w_N)^{-\frac{1}{N}}=\left(\frac{1}{\prod_{i=1}^{N}p(w_i|w_{i-n+1})}\right)^{\frac{1}{N}} \tag{5-5}$$

在实践中，为了防止多项连乘导致的数值溢出问题，往往采用对数形式，即

$$\log(\text{perplexity}(s))=-\frac{1}{N}\sum_{i=1}^{N}\log p(w_i|w_{i-n+1}) \tag{5-6}$$

通常情况下，汉语文本的困惑度范围在 50～1 000。越是口语化的、用词和句法结构简单的句子，困惑度越低，越是句法结构复杂、用词偏僻的句子，其困惑度越高。困惑度越高的句子，准确预测词汇的可能性越低。

5.2 神经网络语言模型

虽然 n 元文法模型提供了一种可行的语言模型计算方式，并在实践应用中发挥了很大的作用，但其本身具有两个明显的缺点：一是模型容易受到数据稀疏问题的影响，导致语句的计算概率为 0，不得不使用数据平滑方法进行数据平滑，利用近似概率缓解数据稀疏问题；二是 n 元文法模型只能在有限的序列范围内统计词与词之间的共现频次，无法学习到更远距离的上下文之间的语义关系，导致模型的泛化能力不足，而且 n 元文法模型统计的是离散符号(以“词”为统计基元)之间的条件概率，即使语义非常接近的两个词汇，在完全相同的上下文中其条件概率也不能相互替代，这在一定程度上促成了数据稀疏问题的存在。

基于神经网络的语言模型(neural network language model，NNLM)有效地缓解了上述问题。本节以前馈神经网络语言模型和循环神经网络语言模型为例对神经网络语言模型进行简要的介绍。

5.2.1 前馈神经网络语言模型

2003 年，约书亚·本吉奥(Yoshua Bengio)等提出了基于前馈神经网络的语言模型。类似于 n 元文法模型，前馈神经网络语言模型通过使用前 $n-1$ 个词来预测第 n 个词，但引入了词向量，从而大大缓解了 n 元文法模型的数据稀疏问题。其建模公式如下：

$$p(s)=\prod_{i=1}^{n}p(w_i|w_{i-n+1}\cdots w_{i-1}) \tag{5-7}$$

前馈神经网络语言模型的网络结构由输入层、隐含层和输出层组成，如图 5-1 所示。

(1) **输入层**：模型的输入为连续的 $n-1$ 个词 $w_{i-n+1}w_{i-n+2}\cdots w_{i-1}$，通过词向量矩阵 $\boldsymbol{C}\in\mathbb{R}^{|V|\times m}$ 可以获取每个上文单词的词向量。其中 $|\boldsymbol{V}|$ 表示词汇表中单词的数量，m 表示对应词向量的维度，即每一行代表一个词向量。获取到所有 $n-1$ 个上文词的向量之后，将这些向量进行拼接，就可以获得历史条件的表示向量 $\boldsymbol{x}\in\mathbb{R}^{m(n-1)}$。向量拼接公式为

$$\boldsymbol{x}=\boldsymbol{C}(w_{i-n+1})\oplus\boldsymbol{C}(w_{i-n+2})\oplus\cdots\oplus\boldsymbol{C}(w_{i-1}) \tag{5-8}$$

(2) **隐含层**：对输入向量 $\boldsymbol{x}$ 进行线性变换，公式为

$$\boldsymbol{h}=\tanh(\boldsymbol{Hx}+\boldsymbol{b}) \tag{5-9}$$

其中，$\boldsymbol{H}\in\mathbb{R}^{d\times m(n-1)}$ 为权重矩阵，$\boldsymbol{b}\in\mathbb{R}^d$ 为偏置。

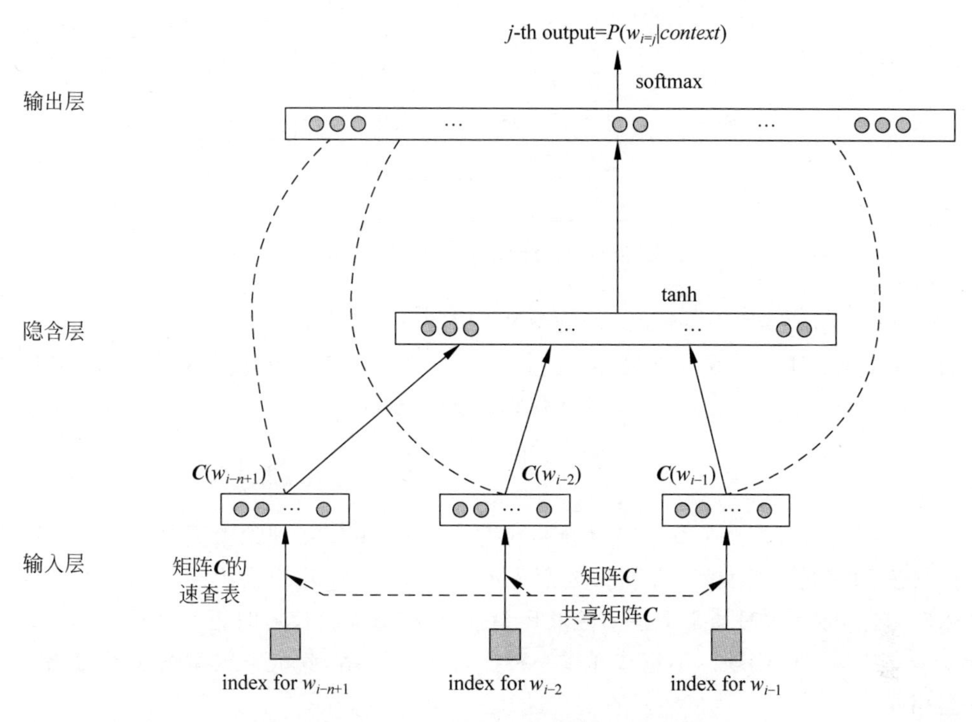

图 5-1　前馈神经网络语言模型的网络结构

（3）**输出层**：经过线性变换后，输入向量 $\boldsymbol{x}$ 被映射为 $|\boldsymbol{V}|$ 维，每一维上的数值就是对应预测单词的分值，然后使用 softmax 函数将预测值归一化得到词表中各个单词的预测概率。

$$\boldsymbol{y}=\mathrm{softmax}(\boldsymbol{W}\boldsymbol{x}+\boldsymbol{U}\boldsymbol{h}+\boldsymbol{b}) \tag{5-10}$$

其中，$\boldsymbol{W}\in\mathbb{R}^{|V|\times(n-1)m}$，$\boldsymbol{U}\in\mathbb{R}^{|V|\times d}$，$\boldsymbol{b}\in\mathbb{R}^{|V|}$。

5.2.2　循环神经网络语言模型

在前馈神经网络语言模型中，上文序列的长度仍然是受限的（$n-1$ 个词），这同样影响了模型的建模能力。回顾一下，第 2 章中介绍的循环神经网络可以有效处理这种变长的序列。因此，Mikolov 等提出了基于循环神经网络的语言模型（Mikolov et al.，2010）。

如 2.5 节中介绍的，循环神经网络是按照时序展开的计算模型，其前一个时刻的输出将作为当前时刻的输入，依次循环计算，直到处理完整个序列为止。因此对于第 $i-1$ 个时刻输出的状态向量 $\boldsymbol{h}_{i-1}$，可以被视为模型阅读了上文 $w_1w_2\cdots w_{i-1}$ 之后生成的语义向量，基于该语义向量可以直接预测下一个单词 w_i。按照这一思路给出如下公式：

$$p(w_i|w_1w_2\cdots w_{i-1})=\mathrm{RNN}(w_i|h_i) \tag{5-11}$$

循环神经网络语言模型的网络结构如图 5-2 所示，由输入层、RNN 层和输出层组成。

（1）**输入层**：输入为第 $i-1$ 时刻的词向量 $x_1,x_2,\cdots,x_{i-1}$，其中 $\boldsymbol{x}\in\mathbb{R}^m$，该向量将依次被输入至 RNN 单元中。

（2）**RNN 层**：RNN 单元接收到 $i-1$ 时刻的输入 $\boldsymbol{x}_{i-1}$ 和前一个时刻的输出 $\boldsymbol{h}_{i-2}$ 之后，进行变换，获得 $i-1$ 时刻的输出向量 $\boldsymbol{h}_{i-1}$，变换公式为

$$\boldsymbol{h}_{i-1}=\tanh(\boldsymbol{W}\boldsymbol{x}_{i-1}+\boldsymbol{U}\boldsymbol{h}_{i-2}+\boldsymbol{b}) \tag{5-12}$$

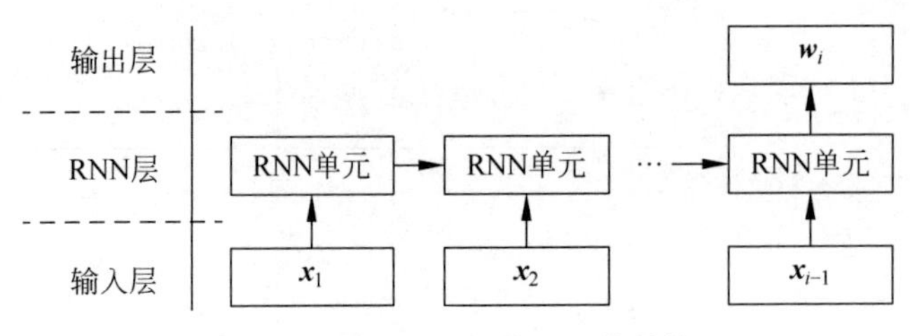

图 5-2 简单的循环神经网络结构

其中，$\boldsymbol{W}\in\mathbb{R}^{d\times m}$，$\boldsymbol{U}\in\mathbb{R}^{d\times d}$，$\boldsymbol{b}\in\mathbb{R}^{d}$，均为 RNN 层的训练参数。

（3）**输出层**：通过线性变换将第 $i-1$ 个时刻的状态向量映射为词表维度，最后利用 softmax 函数进行归一化处理，获取预测单词的概率分布。

$$\boldsymbol{y}_i=\text{softmax}(\boldsymbol{W}\boldsymbol{h}_{i-1}+\boldsymbol{b}) \tag{5-13}$$

其中，$\boldsymbol{W}\in\mathbb{R}^{|V|\times d}$，$\boldsymbol{b}\in\mathbb{R}^{|V|}$，输出层的训练参数。

以上介绍的语言模型是基于简单循环网络实现的，虽然在理论上简单循环网络能够建模无限长度的序列，但由于其存在梯度消失或爆炸的问题，建模远距离的依赖能力同样受限。因此，在实际使用时通常选择门控循环单元(GRU)或者长短时记忆网络(LSTM)来缓解梯度消失或爆炸的问题。不论选择哪一种循环神经网络，其语言模型的建模思路均与上述介绍相同。

5.2.3 语言模型与词向量

无论是基于前馈神经网络的语言模型，还是基于循环神经网络的语言模型，都使用词向量矩阵将单词映射为词向量。模型训练开始时对词向量预设初值，在训练过程中词向量矩阵被不断迭代更新，词向量表示逐步收敛到相对稳定的数值上。当语言模型训练结束后，可以认为该矩阵中的每一个行向量都能够准确地表达对应词的语义信息。

在 3.1.1 节中介绍了获得静态词向量的两种方法，其中的 Word2Vec 模型其实也是一种语言模型，它通过建模上下文与中心词的关系学习语言知识，进而学习相应的词向量，但 Word2Vec 模型在训练完成之后，词向量不会随着语境进行变化(这类词向量被称为静态词向量)。为解决这类问题，随后逐步出现了一些训练动态词向量的方法，如 3.1.2 节介绍的 ELMo 模型。ELMo 模型也是通过语言模型的方式进行训练的，其模型结构是基于 LSTM 设计的，因此每个时刻的输出可以被认为是综合了上下文语义的向量，通过对这些具有上下文信息的向量进行组合，进而生成对应的动态词向量。在模型训练完成之后，动态词向量被用于下游的自然语言处理任务，往往能够获得更好的效果。

无论是静态词向量还是动态词向量，语言模型和词向量是密切相关的两个概念，语言模型学得好，相应的词向量对于自身的语义表达也会更加准确。反过来，词向量在训练过程中学得好，也能促进语言模型学到更加准确的语言知识。

第 6 章

预训练大模型

Transformer 网络被提出后，以 GPT 和 BERT 为代表的预训练语言模型开启了自然语言处理任务的训练新范式：预训练＋微调，并不断刷新着自然语言处理各项任务的性能新纪录。预训练语言模型已经成为当前的主流模型，推动自然语言处理研究进入了一个新的历史阶段。与此同时，图像、语音及多模态信息融合的预训练模型在整个信息处理领域都表现出强劲的发展潜力，再加上表述简单的因素，预训练模型(pre-training model)似乎比预训练语言模型具有更高的使用频率。“语言”二字的悄然隐退，在某种意义上也昭示着该模型强大的扩展能力和广泛的应用场景。本书后面部分视预训练模型等同于预训练语言模型。

预训练语言模型大致可以分为两类：以 GPT 为代表的自回归语言模型和以 BERT 为代表的自编码语言模型。其中，自回归语言模型的建模方式即为 5.2 节介绍的语言模型的经典建模方式；自编码语言模型采用了一种类似“完形填空”的方式，预测被掩码的单词。

6.1 GPT 语言模型

GPT 模型是由 OpenAI 公司于 2018 年提出来的(Radford et al., 2018)，是一种生成式的语言模型，其模型结构如图 6-1 所示。它采用了 Transformer 解码器的网络结构，由解码层堆叠而成。由于无需接收来自编码器的输出信息，因此删除了交叉注意力层，只保留了掩蔽多头注意力层(masked multi-head attention)和前馈层。

6.1.1 GPT 模型预训练

GPT 语言模型的预训练任务与 n 元文法模型类似。给定输入的文本序列 $\boldsymbol{s}=w_1, w_2, \cdots, w_n$，通过一个长度为 n 的窗口在该序列上进行滑动，使用窗口中的前 $n-1$ 个词预测第 n 个词，采用最大似然估计方法建模。似然函数为

$$L_p(\boldsymbol{s})=\sum_i \log p(w_i | w_{i-n+1}, \cdots, w_{i-1}) \tag{6-1}$$

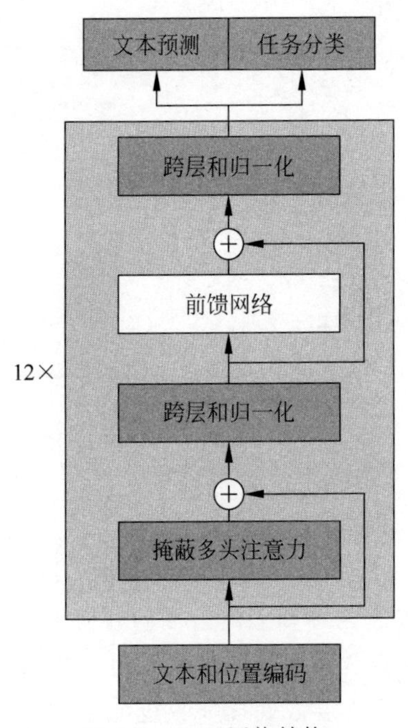

图 6-1 GPT 网络结构

具体地，输入序列 $\hat{s}=w_{i-n+1},\cdots,w_{i-2},w_{i-1}$ 可以借助词表转为对应的 one-hot 向量 $\boldsymbol{U}=(u_{i-n+1},\cdots,u_{i-1})\in\mathbb{R}^{n\times|V|}$，然后将词向量矩阵 $\boldsymbol{W}_e\in\mathbb{R}^{|V|\times m}$ 与输入序列对应的位置矩阵 $\boldsymbol{W}_p\in\mathbb{R}^{K\times m}$ 相加，获得模型的输入向量 $\boldsymbol{H}_0$，公式为

$$\boldsymbol{H}_0=\boldsymbol{U}\boldsymbol{W}_e+\boldsymbol{W}_p \tag{6-2}$$

其中，$|V|$ 表示词表单词的数量，m 表示向量的维度。

接下来，$\boldsymbol{H}_0$ 被送入 GPT 模型的每一层(可以记为 Transformer_block)，其计算过程同 Transformer，下面一层的输出将作为上面一层的输入，公式为

$$\boldsymbol{H}_l=\text{transformer\_block}(\boldsymbol{H}_{l-1}),\quad \forall l\in[1,L] \tag{6-3}$$

最后一层的输出 $\boldsymbol{H}_L$ 所对应的最后一个位置的向量 $\boldsymbol{h}_n$ 与词嵌入矩阵的转置相乘，并经过 softmax 层得到预测词 w_i 的概率分布：

$$p(w_i)=\text{softmax}(\boldsymbol{h}_n\boldsymbol{W}_e^{\mathrm{T}}) \tag{6-4}$$

6.1.2 GPT 在下游任务中的应用

在预训练阶段，GPT 模型在大规模语料上学习到了丰富的通用语言学知识，但尚缺乏与下游任务直接相关的知识，如果直接将其用于下游任务的预测，可能无法达到预期的效果，所以还需要进一步微调，使其取得更好的效果。以文本分类任务为例，假设给定一个文本序列 $x=x_1,x_2,\cdots,x_n$，其对应的输出标签为 y。首先用 GPT 模型对 x 进行计算，得到最后一层的最后一个位置的输出向量 $\boldsymbol{h}_n$ 是阅读了整个序列的语义向量。然后，将向量 $\boldsymbol{h}_n$ 与权重矩阵 $\boldsymbol{W}_y$ 相乘，并经过 softmax 获得对应的预测标签 y：

$$p(y|x_1,x_2,\cdots,x_n)=\text{softmax}(\boldsymbol{h}_n\boldsymbol{W}_y) \tag{6-5}$$

对应的目标函数为

$$L_F(C)=\sum_{(x,y)\in C}\log p(y|x_1,x_2,\cdots,x_n) \tag{6-6}$$

其中，C 表示整个数据集。

在分类任务中，GPT 模型的参数会实时更新，导致 GPT 模型中蕴含的通用性语言学知识被大面积地遗忘。为了避免这种情况的发生，在微调环节可以同时引入语言模型的建模任务，提醒模型不要遗忘语言学知识。具体来讲，微调下游任务时将语言模型的任务目标 L_P 与下游任务的损失 L_F 组合考虑，公式为

$$L(C)=L_F(C)+\lambda L_P(C) \tag{6-7}$$

其中，λ 表示权重，用于平衡 L_F 和 L_P 的损失占比，取值在[0,1]。当 $\lambda=0$ 时，表示损失函数不考虑语言模型的任务；当 $\lambda=1$ 时，表示损失函数中语言模型任务和微调任务同等重要。一般来讲，对于不同的下游任务，λ 的最优取值也不相同，可以在实践中根据具体任务确定。

图 6-2 是 GPT 模型应用于不同下游任务的示意图，任务包括文本分类、文本蕴含、文本相似性判断和多选任务。输入样本中增加了起始字符< Start >和结束字符< Extract >，不同文本片段之间使用标记符< Delim >进行分割。

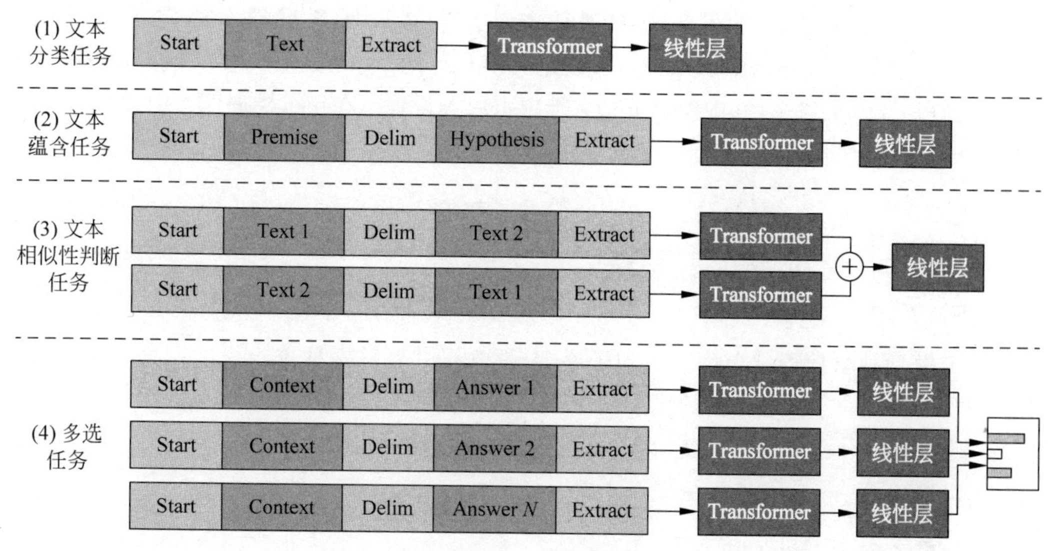

图 6-2 GPT 应用于不同的下游任务示意

（1）文本分类任务

文本分类任务特指对输入的单句文本进行分类，即输入为一个文本序列，输出为对应序列的分类标签，是最简单的 GPT 模型应用任务。例如，有如下句子：

< Start >今天的天气真好。< Extract >

如果对该句子的情感极性进行分类，输出标签应为正向的(积极的)。

（2）文本蕴含任务

文本蕴含任务是指在给定一个前提(premise)的条件下，推断假设(hypothesis)与前提之间的蕴含关系。该任务的输入为前提和假设两个句子，二者有明确的顺序关系，前面的句子是前提，后面的是假设，两个句子之间通常用一个特殊的分隔符 $(即为图 6-2 中的< Delim >)进行隔断。例如，如下输入：

< Start >小明昨天把足球落在了我家。$ 小明昨天来了我家。< Extract >

判断结果应为“是”(yes)。

（3）文本相似性判断任务

文本相似性判断任务是指让模型判断给定的两句话在语义上是否相似。如果相似，输出为“1”或“yes”，否则，输出为“0”或者“no”。与文本蕴含任务不同的是，文本相似性判断的两句话之间没有顺序关系。为了消除由于顺序给计算带来的干扰，GPT 模型将两句话分别作为先后的两个语句，按照不同的先后顺序进行拼接生成输入文本。例如，

< Start >微信怎么设置头像。$ 微信头像如何设置。< Extract >
< Start >微信头像如何设置。$ 微信怎么设置头像。< Extract >

使用 GPT 模型分别处理这两句话，获得相应的输出向量，然后将这两个向量进行逐个

元素相加后送入线性层进行分类。

（4）多选任务

多选任务是对于一个输入文本，从给定的多个候选项中挑选最适合的候选项。常见的多选任务包括答案多选任务和句子推理任务。答案多选任务是指在给定上下文文档(document)、一个问题(question)和一组可能的答案(answers)的条件下，要求模型从这些待选答案中选择出正确的答案，其中的上下文文档也可以不设置。在句子推理任务中，给定一个文本描述句子，从多个候选推论中选择最合理的推理结果。以下给出一个句子推理任务的示例：

```
<Start>今天天气怎么样？ $今天去打球吧。<Extract>
<Start>今天天气怎么样？ $明天天气很好。<Extract>
<Start>今天天气怎么样？ $今天会下雨。<Extract>
<Start>今天天气怎么样？ $今天要去朋友家。<Extract>
```

GPT 模型独立地处理上面 4 个句子序列（文本描述和候选推论组成的序列），并获取各自对应的输出向量。再将各自的输出向量经过线性层映射和 softmax 后获取多个候选答案的预测概率分布，最后根据所有候选答案的预测概率分布得出推理结果。

6.2 BERT 语言模型

BERT 语言模型由 Devlin 等于 2019 年提出(Devlin et al., 2019)，其基本思路是采用“预训练+微调”的处理范式，在多种自然语言处理任务上均取得了突破性进展，具有里程碑式的意义。

BERT 模型采用 Transformer 编码器部分的网络结构，但模型在输入层与 Transformer 编码器有所不同。BERT 模型的嵌入层增加了分段嵌入编码(segment embedding)，即 BERT 的输入向量由三部分组成：单词向量(token embedding)、分段向量(segment embedding)和位置向量(positional embedding)。BERT 模型的网络结构如图 6-3 所示。

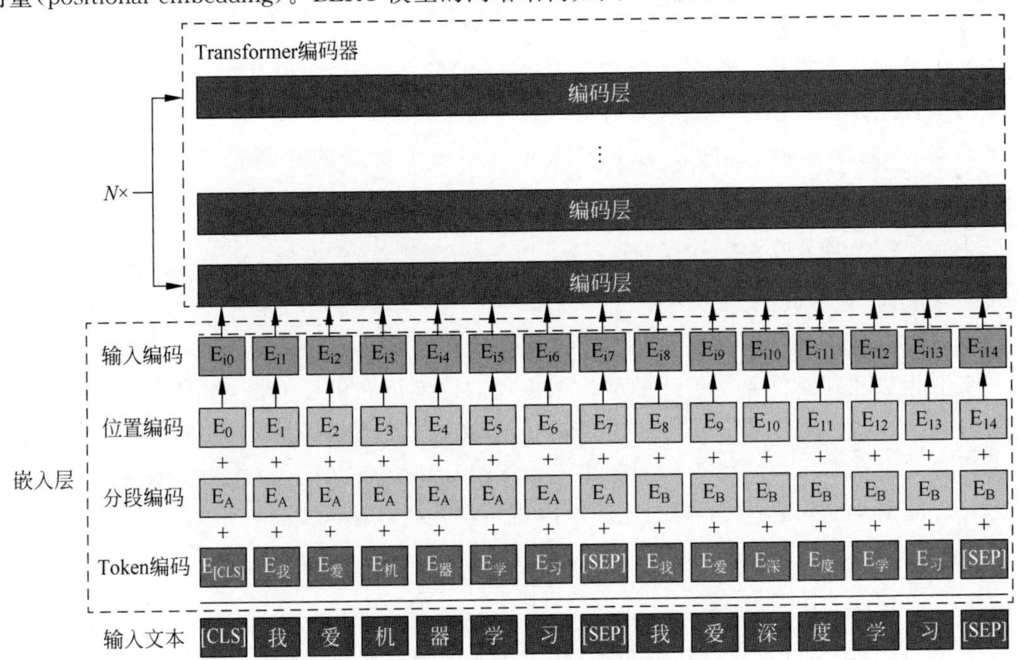

图 6-3　BERT 网络结构

BERT模型支持输入一个或多个句子，从而完成不同的下游任务，但输入的文本数据需要遵循一定的规则。在图6-4给出的两个示例中，分别是输入一条语句和两条语句的规则。在这两个例子中，语句开始和结尾处分别添加了特殊字符[CLS]和[SEP]，不同的句子之间使用[SEP]分隔。[CLS]位置输出的向量能够通过自注意力机制学习到整个句子的语义，因此该向量可以被看作整个句子的语义向量，基于该向量可以进行不同的下游任务，如文本分类、情感或情绪分类等。

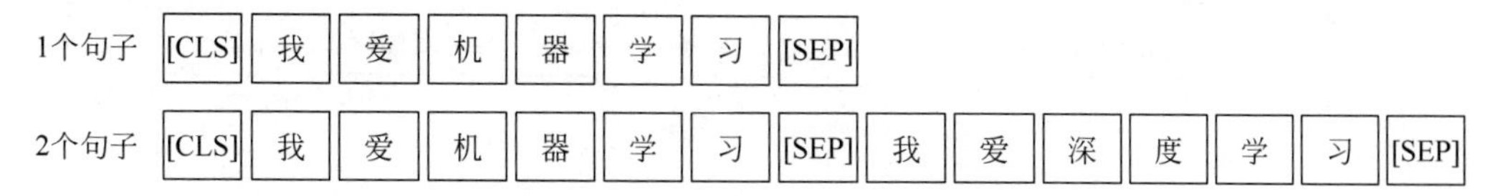

图6-4 BERT模型输入规则示意图

如前面所述，由于嵌入层增加了分段嵌入，因此，BERT模型引入了更多的嵌入信息。

单词向量：对输入的文本经分词或子词压缩后，将每个单词(子词)(不妨记为Token)映射为对应的向量。可以认为，Token向量中蕴含了每个词的语义信息。

- 位置向量：通过引入位置编码，为输入的各个Token记录对应的位置信息。需要注意的是，BERT模型的位置向量初始化并不是用三角函数进行的，而是与Token编码时一样，将位置向量作为可学习的参数获取的。
- 分段向量：BERT支持同时输入多个句子，使用分段向量可以记住输入序列的每个Token分别属于哪个句子，如A表示第一个句子，B表示第2个句子等。加入分段编码后，可以使用分段编码E_A表示句子A，E_B表示句子B等。

Token向量、位置向量和分段向量相加即可获取最终输入给模型的向量，此时的向量包含了三部分信息，能够帮助BERT模型更好地建模输入句子或者句对(例如，句子相似度分类、句子蕴含推断等任务中需要将两个句子进行拼接)。

6.2.1 BERT模型的预训练任务

统计语言模型(*n*-gram model)和GPT模型的建模方式都是默认使用之前时刻的历史词预测当前词(目标词)，只利用单向的语句信息，而BERT模型能够使用左右双向信息预测目标词。在预训练阶段，BERT模型使用两个预训练任务：掩码语言模型(masked language model，MLM)建模和下一个句子预测(next sentence prediction，NSP)。

1. 掩码语言模型

掩码语言模型是指在语句中掩蔽部分Token，让模型在训练过程中预测这些被掩蔽的Token。具体来讲，在训练语料中选择一批Token，将其替换为特殊字符[MASK]。掩码语言模型利用语句的上下文信息预测被掩蔽的Token，以帮助模型学习语言知识，类似于“完形填空”任务。图6-5是一个掩码语言模型任务的示例，模型根据[MASK]前后的上下文信息预测被掩蔽的Token。

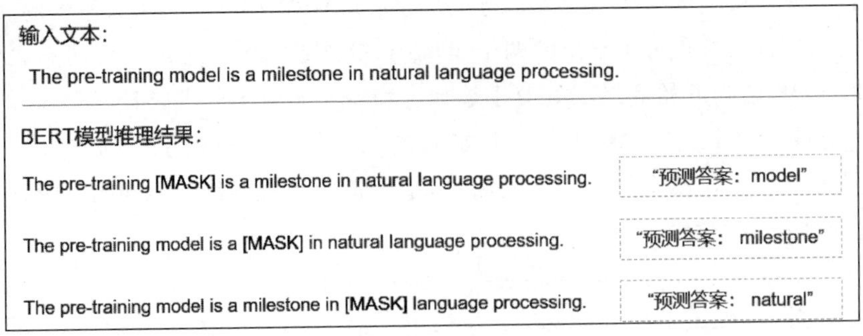

输入文本：	
The pre-training model is a milestone in natural language processing.	
BERT模型推理结果：	
The pre-training [MASK] is a milestone in natural language processing.	"预测答案：model"
The pre-training model is a [MASK] in natural language processing.	"预测答案：milestone"
The pre-training model is a milestone in [MASK] language processing.	"预测答案：natural"

图 6-5 掩码语言模型任务示例

在 BERT 模型的预训练阶段，将训练语料中的 Token 替换为[MASK]时存在一个问题：在真实的文本中并不包含[MASK]，这就导致预训练过程可能与下游任务的微调和预测不匹配。为了缓解这种问题，BERT 模型采用了如下策略：

- 以 80%的概率将句子中的单词替换为特殊字符[MASK]；
- 以 10%的概率将句子中的正确单词随机替换为词表中的其他 Token；
- 以 10%的概率保持句子的 Token 不变。

2. 句子预测

为了表述方便，我们将下一个句子预测简称为"句子预测"。句子预测的任务是判断输入的两个句子在原始文档中是否存在前后相邻的关系。图 6-6 给出的是一个句子预测示例。可以看出，"The pre-training model is a milestone"和"It gets a lot of breakthroughs in natural language processing"在原始文档中是相邻的两个句子，因此在语义上存在上下文邻近关系，但与"We had a unforgettable weekend"不是相邻句子，语义完全无关。

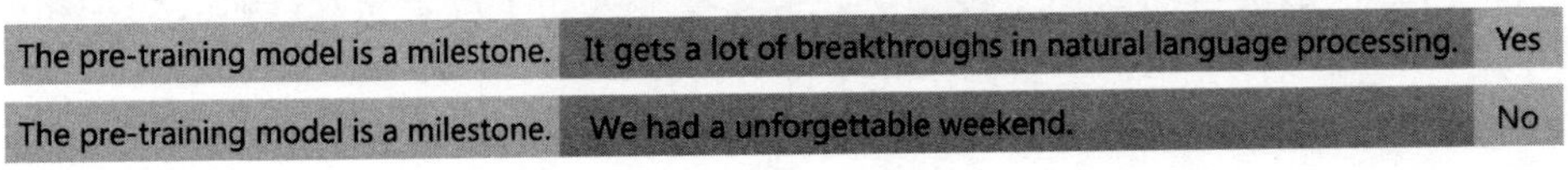

The pre-training model is a milestone.	It gets a lot of breakthroughs in natural language processing.	Yes
The pre-training model is a milestone.	We had a unforgettable weekend.	No

图 6-6 下一个句子预测任务示例

句子预测的通常做法是，将语料中相邻的两个句子 X 和 Y 按照如下方式拼接："[CLS]X[SEP]Y[SEP]"，将拼接后的序列输入 BERT 模型，抽取出特殊字符"[CLS]"的隐层状态 h_{cls}，再将 h_{cls} 输入 softmax 层。如果预测标签为"Yes"，则表明 X 和 Y 为相邻的两个句子，否则，预测标签为"No"，说明 X 和 Y 不是相邻的两个句子。

利用掩码语言模型和句子预测这两个预训练任务遍历海量未标注的文本数据，优化 BERT 中的网络参数，就能够帮助 BERT 模型学习更丰富的语言学知识。

6.2.2 BERT 在下游任务中的应用

实践证明，基于预训练后的 BERT 模型面向下游任务进行微调，能够帮助下游任务获得更好的效果。典型的应用场景包括：单句自动分类、句对自动分类、自动问答和序列标注等。针对不同应用任务的模型结构如图 6-7 所示。

(1) 单句自动分类

单句自动分类任务是指模型根据预设的类别将给定的一个句子自动归类。常见的单句

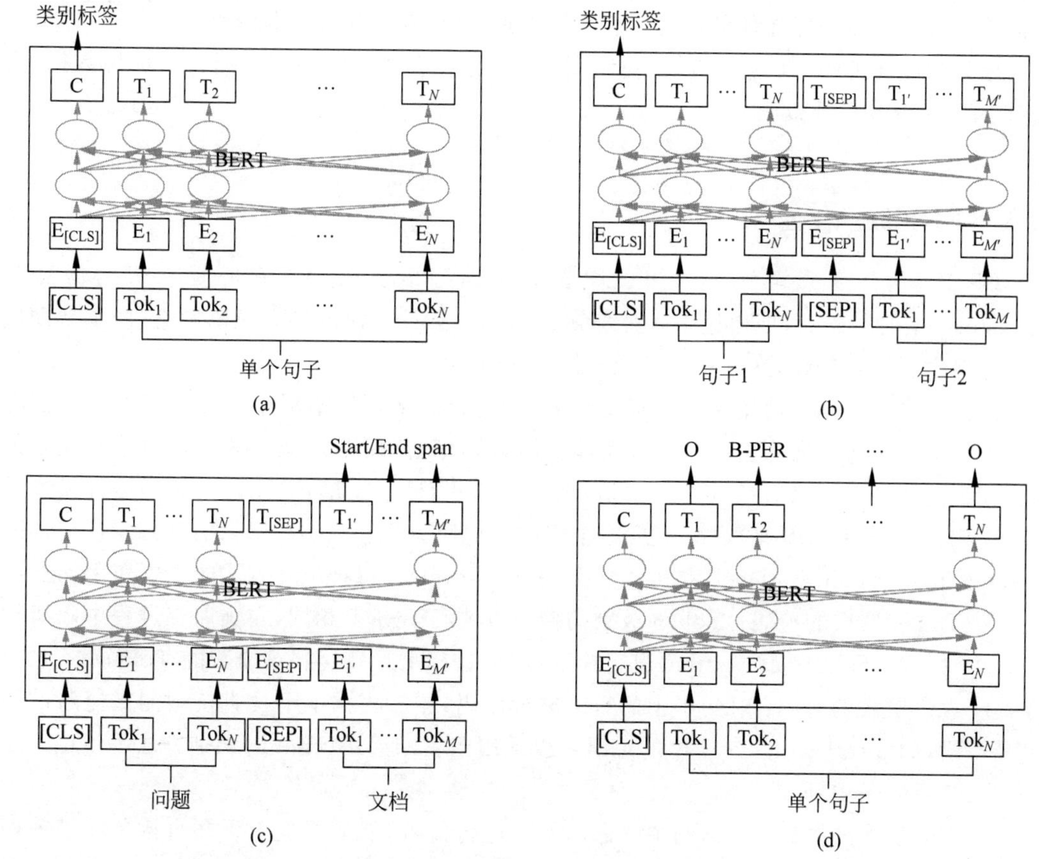

图 6-7 基于 BERT 的主流建模方式

(a) 单句自动分类任务；(b) 句对自动分类任务；(c) 自动问答任务；(d) 序列标注任务

分类任务包括新闻类别分类、情感分类、情绪分类、垃圾邮件分类等。

在单句分类任务的微调阶段，可直接将句子和对应标签作为训练数据，对 BERT 中的所有参数进行微调。

(2) 句对自动分类

句对自动分类任务是指模型对于给定的两个句子预测它们之间的关系。常见的句对分类任务包括文本相似度、文本蕴含等。所谓的文本相似度是指判断两个句子的含义是否相同，文本蕴含是指给定两句话，判断其中一句能够推论出另一句。

在句对分类任务的微调阶段，首先按照训练阶段句子预测任务的做法将两个句子拼接起来，将拼接后的句子序列和对应标签(Yes/No)作为训练数据，对 BERT 中的所有参数进行微调。

(3) 自动问答

自动问答任务是指模型对于给定的问题和相关文档，从文档中抽取出相应的答案，定位答案的起始位置和结束位置。比较典型的自动问答任务是抽取式阅读理解。

在自动问答任务的微调阶段，首先将问题和给定的文档进行拼接，将拼接后的序列与对应的答案共同作为训练数据对 BERT 的所有参数进行微调。

(4) 序列标注

序列标注任务是指模型对于给定的一个文本序列，预测序列中每个单词或者字符对应的标签。常见的序列标注任务包括命名实体识别、词语自动切分、词性标注等。

序列标注任务的微调方式是：将待标注序列与对应的标签序列共同作为训练数据，直接对 BERT 参数进行微调。

6.3 ERNIE 语言模型

ERNIE 是百度公司发布的知识增强的预训练语言模型。它的骨干架构仍然是 Transformer 的编码器，但通过引入外部知识实现了三种层次的知识掩码策略，用于帮助模型更好地学习语言知识，在多项任务上的性能超过了 BERT。

6.2 节提到 BERT 使用掩码语言模型进行预训练，从训练语料中学习语言知识。但考虑到训练语料中蕴含着大量的短语和实体等语言知识，让模型自动有效地学习这些复杂的语言知识是一件非常具有挑战性的事情，往往效果不佳。为此，ERNIE 在掩码语言模型的基础上，提出了知识掩码的策略，包含三个层次的掩码方式：Token 层面的基础层次（basic-level）、短语层次（phrase-level）和实体层次（entity-level）。每种掩码方式的主要作用如下：

- Token 层次的掩码：Token 级别的掩码方式与 BERT 相同，在预训练过程中随机地对某些 Token（如 written）进行掩蔽，然后让模型预测这些被掩蔽的 Token。
- 短语层次的掩码：对句子中的短语进行掩码，然后根据上下文直接预测被掩蔽的短语，如 a series of。句子中的短语可以采用已有的组块（chunk）识别方法等浅层句法分析方法识别。
- 实体层次的掩码：对语句中的命名实体进行掩蔽，然后根据上下文直接预测被掩蔽的实体，如人名 J. K. Rowling 等。句子中的命名实体可以采用已有的识别方法进行识别。

ERNIE 通过以上三种掩码策略的组合学习，能够学到更多字词、短语和实体方面的知识，从而达到提升文本表示能力的目的。图 6-8 对上述三个层次的掩码策略与 BERT 的掩码策略进行了粗略的对比。

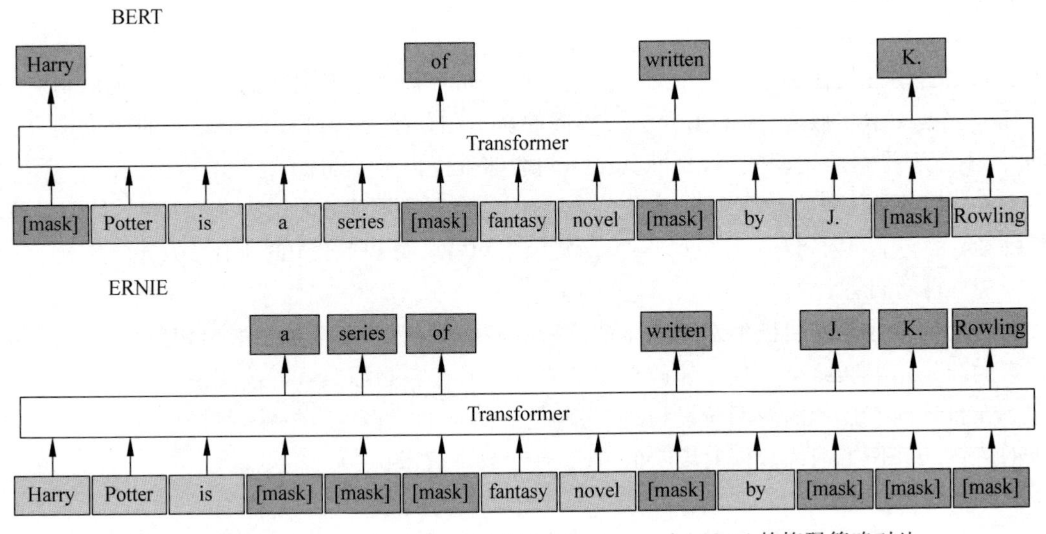

图 6-8 ERNIE（Sun et al.，2019）和 BERT（Devlin et al.，2019）的掩码策略对比

在下游应用任务中 ERNIE 和 BERT 的微调方式一样，这里不再重复叙述。

关于预训练语言模型的详细介绍，请参阅文献（宗成庆等，2022）。

6.4　预训练大模型

在预训练语言模型的基础上，研究人员通过实验发现，当预训练阶段使用的数据量较多且预训练语言模型的参数超过一定数量时，预训练语言模型不仅能够显著提升多项自然语言处理任务上的性能，如分类、信息抽取和推理及对话等，而且模型会表现出某些小规模语言模型不存在的特殊能力，如上下文学习（in-context learning）能力（Brown et al.，2020）、涌现能力（emergent abilities）（Wei et al.，2022a）和思维链（chain of thought）能力等（Wei et al.，2022b）。

为了凸显参数规模增大后的重要性，研究人员提出了“大语言模型”（large language models，LLMs）或者“预训练大模型”这个概念，用以表示参数规模较大的语言模型。需要说明的是，语言模型的参数量超过多少规模才能够算作大语言模型目前尚无定论，一种观点认为参数规模超过 100 亿（即 10B）可以称为大语言模型（Zhao et al.，2023）。

近段时间以来，学术界和产业界都在大力推进大语言模型的研究，特别在 2022 年 OpenAI 公司的 ChatGPT 一经发布，吸引了社会各界的广泛关注。用户可以通过自然语言与 ChatGPT 交互，同时完成不同任务，如问答、闲聊、分类、摘要、翻译、聊天、故事续写等。该模型在很多自然语言理解和生成任务上均达到了非常好的效果。如今很多互联网公司和研究机构都构建了各自的大规模语言模型，如 Google 公司的 PaLM（Thoppilan et al.，2022）和 LaMDA（Thoppilan et al.，2022）、Meta 公司的 OPT（Zhang et al.，2022）和 LLaMA（Touvron et al.，2023）、百度公司的文心一言等，表 6-1 给出了部分常见的大语言模型的参数量、发布时间、代表性论文或网站。

表 6-1　部分常见的预训练大语言模型

模　型	是否开源	发布时间	参数量	论文或网站
T5	是	2019 年 10 月	110 亿	（Raffel et al.，2019）
T0	是	2021 年 10 月	110 亿	（Sanh et al.，2022）
OPT	是	2022 年 5 月	1 750 亿	（Zhang et al.，2022）
BLOOM	是	2022 年 10 月	1 760 亿	（Scao et al.，2022）
LLaMA	是	2023 年 2 月	650 亿	（Touvron et al.，2023）
GPT-3	否	2020 年 5 月	1 750 亿	（Brown et al.，2020）
FLAN	否	2021 年 9 月	1 370 亿	（Wei et al.，2021）
LaMDA	否	2022 年 11 月	1 370 亿	（Thoppilan et al.，2022）
InstructGPT	否	2022 年 5 月	1 750 亿	（Ouyang et al.，2022）
ChatGPT	否	2022 年 11 月	—	https://openai.com/blog/chatgpt
PaLM	否	2022 年 4 月	5 400 亿	（Chowdhery et al.，2022）
文心一言	否	2023 年 4 月	—	https://yiyan.baidu.com/
GPT-4	否	2023 年 4 月	—	（OpenAI，2023）

不同的大语言模型在数据使用量、模型架构和训练方式及采用的技术路线等方面各不

相同，本章主要以 InstructGPT 和 ChatGPT 为例，介绍 InstructGPT 和 ChatGPT 的主要构建过程。整体上看，整个实现过程包含了三个步骤：

（1）训练基础大模型：该阶段主要利用大量文本数据和代码数据，采用自回归语言模型训练得到基础大模型。

（2）指令微调（instruction tuning）：将多项自然语言处理任务描述为指令的形式，并利用人工标注答案，通过有监督学习的方式，微调模型参数，使其具备完成各类任务的能力。

（3）基于人类反馈的强化学习（reinforcement learning from human feedback，RLHF）：收集人类的反馈数据，采用基于强化学习的方式，使得模型输出更贴合人类需求。

需要特别说明的是，截止到本书编写之时，ChatGPT 的很多技术细节并没有完全公开，同时大量技术仍然在快速发展和变化过程中，因此下面介绍的部分细节参考了 InstructGPT（Ouyang et al., 2022）和 OpenAI 所发表的相关论文。

6.4.1 基础大模型

基础大模型阶段主要利用大量文本数据和代码数据训练得到，OpenAI 将文本数据和代码数据训练得到的大模型称为 GPT-3.5。OpenAI 并没有公布 GPT-3.5 的训练过程和实现细节，这里主要以 GPT-3 为例，从数据训练和模型框架两个方面进行介绍。

在训练数据方面，GPT-3 的训练数据包括 CommonCrawl 数据集、WebText 数据集，采集的书本数据集、英文 Wikipedia 数据集四个数据集。其中数据量最大的为 CommonCrawl 数据集，GPT-3 使用了 2016—2019 年的网络数据，其中原始数据为 45TB，进行过滤后保留了其中 570GB 的数据。GPT-3.5 在训练数据层面与 GPT-3 最大区别是 GPT-3.5 增加了大量的代码数据，GPT-3.5 增加的代码数据规模目前尚未公布，这里可以参考 OpenAI 于 2021 年 7 月提出的 Codex 模型（Chen et al., 2021），该模型从 GitHub 上面收集了 179GB Python 代码，过滤后保留 159GB。从训练数据上看，基础大模型一方面从海量的文本数据中学习到丰富的语言知识和一定的事实知识，另一方面从海量的代码数据中学习到一定的逻辑推理能力。

在模型框架方面，GPT-3 采用了与 GPT-1 和 GPT-2 基本相似的网络结构，即采用 Transformer 解码器。其训练方式采用自回归语言模型。与之前模型不同的是，GPT-3 的模型参数有了一个显著提升，整体参数量达到了 1 750 亿，具体的参数对比见表 6-2。需要说明的是，尽管 GPT-3 没有公布代码和对应模型，（Zhang et al., 2022）按照 GPT-3 的实验细节实现并开源了 OPT（open pre-trained Transformer language models）系统。

表 6-2 GPT-1、GPT-2 和 GPT-3 的参数对比

模 型	参 数 量	层 数	隐层向量维度	注意力头个数	每个头的向量维度
GPT-1	125M	12	768	12	64
GPT-2	1.5B	48	1 600	25	64
GPT-3	175B	96	12 288	96	128

6.4.2 指令微调

传统的预训练语言模型采用参数微调的方式，即在预训练语言模型的基础上，利用少量的下游任务标注数据进行参数微调，上述方式一般适用于参数规模较小的预训练模型。但是当模型参数较大时，针对每个下游任务进行参数微调则存在计算开销大、空间占用高的问题。此外，在下游任务的标注数据较少时，则存在一定的参数过拟合问题。

针对参数微调存在的问题，研究人员提出了提示学习（prompting learning）的方法，该方法首先将下游任务通过增加提示语的方式，转化为预训练语言模型更容易处理的形式，使得预训练任务和下游任务能够尽可能保持一致。

不同于参数微调和提示学习，ChatGPT 采用了指令微调（instruction tuning）的方法（Wei et al., 2021），该方法首先将不同任务以指令的方式进行描述，然后利用指令数据对模型进行微调。下面给出了机器翻译任务的指令。

机器翻译的指令数据为

```
Translate this sentence to Chinese: Today is a nice day. 今天天气不错
```

其中"Translate this sentence to Chinese"为任务相关的描述（指令），"Today is a nice day"为源语言，"今天天气不错"为标准的生成译文。ChatGPT 通过收集真实用户的指令数据，并通过人工书写标准答案，再利用上述标注后的指令数据，采用有监督学习的方式优化预训练模型。

当前大量的研究工作表明预训练大模型通过指令微调后，模型不仅对微调过的任务有较好的性能，同时对很多未出现在指令微调数据的任务也有较好的性能提升，体现出了较好的指令泛化性能和涌现能力。

6.4.3　基于人类反馈的强化学习

预训练模型经过指令微调已经具备了遵循用户指令的能力，然而指令数据需要人工对每个指令构建标准答案，其获取和标注依然有着较大的成本。在指令微调的基础上，预训练大语言模型使用了基于人类反馈的强化学习方法，使得模型生成内容更符合真实用户的习惯，并和人类要求进行对齐（alignment）。

(1) 训练符合用户偏好的奖励（reward）模型

该函数的输入为预训练大语言模型输出的文本序列，模型的输出为该文本序列的奖励值，该奖励值能够反映预训练模型输出的结果是否符合用户偏好，奖励值高意味着预训练模型输出的文本序列更符合用户偏好，反之亦然。预训练模型根据真实用户的指令采样生成不同的输出结果，评价人员根据预训练模型的输出结果进行对比评价，并进行排序。在收集到大量指令、模型输出和对应的排序结果的数据集后，奖励模型利用上述数据集学习用户偏好。InstructGPT 采用 60 亿参数的 GPT-3 模型作为奖励模型的初始化模型，并通过指令微调得到最终的奖励模型。

(2) 采用深度强化学习优化预训练模型参数

在利用深度强化学习优化预训练语言模型中，智能体为预训练语言模型，环境为真实的用户，奖励为奖励模型输出的得分。模型通过深度强化学习方法优化累计奖励的期望，增大奖励值较大的样本生成概率。具体地，ChatGPT 采用了策略梯度方法中的近端策略优化方法（proximal policy optimization，PPO）实现参数更新（Schulman et al., 2017）。

第7章

词语切分

单词是能够独立使用的最小的语言单位，在自然语言处理的若干任务中，单词往往都是文本最基本的处理单元。西方语言（如英语、法语和德语等）存在空格等单词分隔符，不需要进行分词处理，而汉语和部分黏着语（如日语、越南语）并不存在单词的分隔符号，因此对汉语进行分析和处理时，首先需要进行词语切分。这一处理过程称为中文分词（Chinese word segmentation，CWS）或者汉语分词。简单地讲，中文自动分词就是让计算机在汉语文本中的词与词之间自动加上空格或其他边界标记。关于中文分词，已有大量的研究方法，包括基于词典的分词方法（如最大匹配方法、最短路径分词方法等）、基于 n 元文法（n-gram）的统计方法、由字构词的切分方法，以及近年来基于神经网络的分词方法等。

在基于神经网络的自然语言处理方法中，如果以单词作为基本粒度，存在如下缺点：单词在语料中符合“长尾”分布，存在大量的低频词和集外词（out of vocabulary，OOV），这些低频词和集外词的语义表示学习往往不准确。另外，如果保留在词表中的单词个数较多，将会显著增加模型的计算复杂度。基于上述原因，人们提出了子词（sub-word）切分的方法，即通过将两两邻近的字母（汉语的“字”）不断压缩，使其组合成字符（或汉字）与词之间的粒度表示，称为子词，从而达到缓解长尾词和词汇个数太多等问题带来的负担。基于双字节编码（byte pair encoding，BPE）的算法是最常用的子词切分方法（Sennrich et al.，2016）。

本章介绍两种词语切分的实现方法：①基于预训练模型 BERT 实现中文分词；②基于 BPE 算法实现子词切分。

7.1 基于 BERT 实现中文分词

7.1.1 任务目标

一个中文语句可以被视为一个词序列，句子中的每个字（汉字、标点和数字及字母等均统称为“字”）在词中的位置只有 4 种可能：词首、词尾、词中和单字词。本实验使用 BMESO 标签对上述 4 种可能进行标注，其中 B 表示该字位于词首，E 表示该字位于词尾，M 表示该字位于词中，S 表示该字为一个单字词，O 表示特殊字符（如填充符）。其中，B 和 E 通常成对出现。在使用神经网络建模中文分词任务时，将中文分词任务转换成一个序列标注任务，预测每个字在语句中的词位标记序列，根据词位标记序列便可以获取分词结果。如图 7-1 的示例所示，“BME”标签可以定位到“二十大”，两个“BE”标签可以分别定位到“北京”和“召开”。

原句	党的二十大在北京召开									
切字	党	的	二	十	大	在	北	京	召	开
标记	S	S	B	M	E	S	B	E	B	E

图 7-1　由字构词的中文分词示例

本节介绍基于预训练模型 BERT，按照序列标注方式建模中文分词任务的方法。BERT 是基于大量语料进行预训练后的模型，本身具有比较强的语言预测生成能力，在下游任务上只需要微调就可以取得较好的效果。

7.1.2　实现思路及流程

基于 BERT 实现中文分词的思路如图 7-2 所示。模型的输入是文本句子，输出是中文分词结果。在建模过程中，对输入的待分词文本首先进行数据处理，然后使用 BERT 对文本序列进行编码，获得文本的语义向量表示，然后经过线性层处理得到输入文本中每个字词的词位标记分数，进而解码得到文本对应的分词结果。

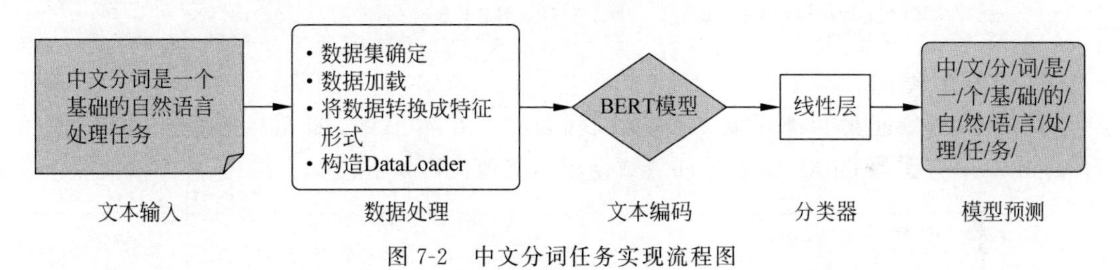

图 7-2　中文分词任务实现流程图

基于飞桨 PaddleNLP 实现中文分词的过程包含如下 6 个步骤（与飞桨框架的实现流程一致）：

（1）数据处理：根据 BERT 模型要求的数据格式对输入的文本数据进行相应的处理，包括文本截取和填充、词到词号转换（word2id）等，然后将数据组装成批（minibatch）格式传入 BERT 模型。

（2）模型构建：使用 BERT 模型对输入的文本数据进行编码，获取相应的向量表示。

（3）训练配置：实例化模型，选择模型的计算资源（CPU 或者 GPU），指定模型迭代的优化算法。

（4）模型训练：训练模型的参数，以达到最优效果。

（5）模型测试：对训练好的模型进行评估测试，观察准确率和损失函数的变化。

（6）模型推理：任意选取一段中文文本，获取文本的分词结果。

说明：

（1）PaddleNLP 是一款简单易用且功能强大的自然语言处理开发库，内置了多种预训练模型，同时提供了完备的 API 体系，可以帮助用户高效建模 NLP 领域的相关任务。

(2) 使用飞桨实现深度学习任务的流程基本一致，下文不再赘述。

以下分别介绍每个步骤的具体实现过程。

7.1.3 数据处理

数据处理包括数据集确定、数据加载、将数据转换成特征形式、构造 DataLoader 等步骤，最终将同一批的数据处理成等长的特征序列，使用 DataLoader 逐批迭代传入 BERT 模型。

1. 数据集确定

本实践使用 icwb2① 数据集进行中文分词，该数据集由台湾“中央研究院”、香港城市大学、北京大学及微软亚洲研究院共同提供，其中前二者是繁体汉字，后二者是简体汉字。本实践使用 icwb2 数据集，包含了由台湾“中央研究院”、香港城市大学、北京大学和微软亚洲研究院提供的四份数据集，本实践使用了其中由北京大学提供的数据集。由于原数据集中缺少验证集，因此我们从训练集中划分 1 000 条样本（句子）作为验证集，最终训练集为 18 056 条（习惯上将“语句”表述为“条”），验证集为 1 000 条，测试集为 1 945 条。

为了方便读者学习使用，我们将数据进行了预处理，将原始的中文分词数据转换成了序列标注的格式。下面是训练集中的 3 条样本数据，一行数据就是一条样本，每个样本包含文本数据 text 和对应的词位标记序列 label，并使用空格进行分割。

```
{"text": "黄河的臂弯 , 秦岭的胸膛", "label": "B E S B E S B E S B E"}
{"text": "黄土地上的蒲公英", "label": "B M E S S B M E"}
{"text": "瞩望过秦宫汉阙的兴衰", "label": "B E S B E B E S B E"}
```

2. 数据加载

将训练集、验证集和测试集数据读取到内存。在本书中，如无特殊情况，默认使用 Huggingface 开源的 datasets 工具加载数据集。实现代码如下：

```
# 安装 dataset

%pip install datasets
```

```
# 加载 PaddleNLP
import paddlenlp
from datasets import load_dataset

# 使用 datasets 加载训练集、验证集和测试集，这里使用 AI Studio 项目中数据集的路径，读者可以按实际情况填写
train_path = "data/data174918/train.json"
dev_path = "data/data174918/dev.json"
test_path = "data/data174918/test.json"
dataset = load_dataset("json", data_files = {"train":train_path, "dev":dev_path, "test":test_path})

# 打印训练集中的前 3 条数据
print(dataset["test"][:3])
```

① icwb2 数据集详细介绍请参阅 http://sighan.cs.uchicago.edu/bakeoff2005/。

输出结果为：

```
{'text': ['共同创造美好的新世纪 —— 二〇〇一年新年贺词', '（二〇〇〇年十二月三十一日）（附图片 1 张）', '女士们，先生们，同志们，朋友们：'], 'label': ['BEBEBESSBEBEBMMMEBEBE', 'SBMMMEBMEBMMESSSBESSS', 'BESSBESSBESSBESS']}
```

从输出结果看，数据结构由文本数据 text 和对应的标签 label 组成，text 和 label 中包含了训练集的前 3 条数据。

3. 将数据转换成特征形式

加载后的文本数据是字符串形式，BERT 模型无法直接读取，需要将文本数据转换为相应的特征数据。在 6.2 节介绍的 BERT 网络结构中，我们了解到 BERT 模型的输入数据需要遵循固定的形式，包括输入编码 input_ids、token 编码 token_type_ids、位置编码 position_ids 等信息，本实践需要将文本数据转换成符合 BERT 格式要求的特征数据。

PaddleNLP 提供了两种 Tokenizer 策略帮助我们将文本数据自动转换为 BERT 模型需要的输入特征：Tokenizer 和 AutoTokenizer。

（1）方法 1：使用 Tokenizer 转换数据

在 PaddleNLP 中，每个预训练模型分别对应着各自的 Tokenizer，如表 7-1 所示，Tokenizer 的名字默认以“模型名称”+“Tokenizer”组成。

表 7-1 常用的预训练模型及其 Tokenizer

预训练模型	BERT	ERNIE	RoBERTa	GPT	BART
Tokenizer	BertTokenizer	ErineTokenizer	RobertaTokenizer	GPTTokenizer	BartTokenizer

根据表 7-1 展示的 Tokenizer 规则，下面使用 BertTokenizer 将文本数据转换成特征形式。代码实现如下：

```
from paddlenlp.transformers import BertTokenizer
# 初始化 tokenizer
tokenizer = BertTokenizer.from_pretrained('bert-base-chinese')

# 使用 tokenizer 将数据转换成对应特征形式
inputs = tokenizer(text='中文分词是一项重要的自然语言处理领域任务')
print(inputs)
```

输出结果为：

```
{'input_ids': [101, 704, 3152, 1146, 6404, 3221, 671, 7555, 7028, 6206, 4638, 5632, 4197, 6427, 6241, 1905, 4415, 7566, 1818, 818, 1218, 102], 'token_type_ids': [0, 0, 0, 0, 0, 0, 0, 0, 0, 0, 0, 0, 0, 0, 0, 0, 0, 0, 0, 0, 0, 0]}
```

从输出结果看，默认情况下，Tokenizer 会以列表的形式返回 input_ids 和 token_type_ids。此外，Tokenizer 还提供了更丰富的功能，常用的关键词参数如下：

- text：待处理的序列。
- text_pair：另外一个指定的序列，和 text 组成一对序列。
- is_split_into_words：表示输入的文本数据是否已经经过了分词操作。
- max_seq_len：经过分词后的序列保留的最大序列长度。

- return_position_ids：返回位置编码。
- return_attention_mask：返回 attention_mask 数值。
- return_length：是否返回序列长度。
- return_tensors：设置返回数据的形式，如果设置为 pd，则返回 paddle. Tensor 对象；如果设置为 np，则返回 np. ndarray 对象。

代码示例如下：

```
inputs = tokenizer('中文分词是一项重要的自然语言处理领域任务',
return_length = True, max_seq_len = 128, return_position_ids = True,
return_offsets_mapping = True, return_attention_mask = True)
print(inputs)
```

输出结果为：

```
{'input_ids': [101, 704, 3152, 1146, 6404, 3221, 671, 7555, 7028, 6206, 4638, 5632, 4197, 6427, 6241, 1905, 4415, 7566, 1818, 818, 1218, 102], 'token_type_ids': [0, 0, 0, 0, 0, 0, 0, 0, 0, 0, 0, 0, 0, 0, 0, 0, 0, 0, 0, 0, 0, 0], 'offset_mapping': [(0, 0), (0, 1), (1, 2), (2, 3), (3, 4), (4, 5), (5, 6), (6, 7), (7, 8), (8, 9), (9, 10), (10, 11), (11, 12), (12, 13), (13, 14), (14, 15), (15, 16), (16, 17), (17, 18), (18, 19), (19, 20), (0, 0)], 'position_ids': [0, 1, 2, 3, 4, 5, 6, 7, 8, 9, 10, 11, 12, 13, 14, 15, 16, 17, 18, 19, 20, 21], 'attention_mask': [1, 1, 1, 1, 1, 1, 1, 1, 1, 1, 1, 1, 1, 1, 1, 1, 1, 1, 1, 1, 1, 1], 'length': 22, 'seq_len': 22}
```

下面展示了 Tokenizer 的一些其他常用方法的代码实现：

```
# 对文本序列进行分词
tokens = tokenizer.tokenize('中文分词是一项重要的自然语言处理领域任务')
print(tokens)
# 将 token 转换为 id
input_ids = tokenizer.convert_tokens_to_ids(tokens)
print(input_ids)
# 将 id 转换为 token
tokens = tokenizer.convert_ids_to_tokens(input_ids)
print(tokens)
# 将 token 转换为字符串
text = tokenizer.convert_tokens_to_string(tokens)
print(text)
```

输出结果为：

```
['中', '文', '分', '词', '是', '一', '项', '重', '要', '的', '自', '然', '语', '言', '处', '理', '领', '域', '任', '务']
[704, 3152, 1146, 6404, 3221, 671, 7555, 7028, 6206, 4638, 5632, 4197, 6427, 6241, 1905, 4415, 7566, 1818, 818, 1218]
['中', '文', '分', '词', '是', '一', '项', '重', '要', '的', '自', '然', '语', '言', '处', '理', '领', '域', '任', '务']
中文分词是一项重要的自然语言处理领域任务
```

(2) 方法 2：使用 AutoTokenizer 转换数据(推荐使用)

由于不同的预训练模型对应不同的 Tokenizer，为了简化操作，PaddleNLP 提供了 AutoTokenizer 功能，通过指定模型名字可以自动加载相应的 Tokenizer。如通过指定模型名称为 bert-base-chinese 便可自动加载对应的 Tokenizer。实现代码如下：

```
from paddlenlp.transformers import AutoTokenizer
# 初始化 tokenizer
tokenizer = AutoTokenizer.from_pretrained('bert - base - chinese')
print(tokenizer.__class__)

# 使用 tokenizer 将数据转换成对应特征形式
inputs = tokenizer(text = '中文分词是一项重要的自然语言处理领域任务')
print(inputs)
```

输出结果为：

```
{'input_ids': [101, 704, 3152, 1146, 6404, 3221, 671, 7555, 7028, 6206, 4638, 5632, 4197, 6427, 6241, 1905, 4415, 7566, 1818, 818, 1218, 102], 'token_type_ids': [0, 0, 0, 0, 0, 0, 0, 0, 0, 0, 0, 0, 0, 0, 0, 0, 0, 0, 0, 0, 0, 0]}
```

从输出结果看，Tokenizer 的类名为 BertTokenizer，和方法 1 的输出结果是一致的。

说明：

在本书后续的章节中，默认使用 AutoTokenizer。

下面定义 convert_example_to_feature 函数，并通过加载 tokenizer 将输入的文本数据转换成特征数据。在加载的数据集中，标签数据 label 是词位标记序列 BEMSO，为方便处理，需要定义一个词表 label2id，将其转换为数字序列。词位标记的映射规则："O"映射为 0，"B"映射为 1，"M"映射为 2，"E"映射为 3，"S"映射为 4，其中"O"主要用于将一些特殊的 token 映射为 0，如"[CLS]""[SEP]""[PAD]"等。

数据批量转换的代码实现如下：

```
from paddlenlp.transformers import AutoTokenizer

def convert_example_to_feature(example, tokenizer, label2id, max_seq_len = 512, is_infer = False):
    """
    将输入样本转换成适合 BERT 模型的输入特征

    输入：
        - example：单个输入样本
        - tokenizer：Bert 模型的 tokenizer 实例
        - label2id：用于将标签转为 id 的字典
        - max_seq_len：模型处理文本的最大序列长度
        - is_infer：是否为模型预测，对于预测数据，不会处理标签数据
    """

    # 利用 tokenizer 将输入数据转换成特征形式
    text = example["text"].strip().split(" ")
    encoded_inputs = tokenizer(text, max_seq_len = max_seq_len, is_split_into_words = "token", return_length = True)

    # 处理带有标签的数据
    if not is_infer:
```

```
        label = [label2id[item] for item in example["label"].split(" ")][:max_seq_len - 2]
        encoded_inputs["label"] = [label2id["O"]] + label + [label2id["O"]]
        assert len(encoded_inputs["label"]) == len(encoded_inputs["input_ids"])

    return encoded_inputs

# 初始化 tokenizer
model_name = "bert - base - chinese"
label2id = {"O":0, "B":1, "M":2, "E":3, "S":4}
tokenizer = AutoTokenizer.from_pretrained(model_name)
```

下面展示一条 convert_example_to_feature 的使用样例：

```
# 展示一个样例
example = {"text":"钱其琛访问德国", "label":"S B E B E B E"}
features = convert_example_to_feature(example, tokenizer, label2id, max_seq_len = 512, is_
infer = False)

# 输出特征数据
print(features)
```

输出结果为：

```
{'input_ids': [101, 7178, 1071, 4422, 6393, 7309, 2548, 4408, 102], 'token_type_ids': [0, 0,
0, 0, 0, 0, 0, 0, 0], 'length': 9, 'seq_len': 9, 'label': [0, 4, 1, 3, 1, 3, 1, 3, 0]}
```

下面基于 convert_example_to_feature 函数将加载的训练集、验证集和测试集依次转换为对应的特征形式。这里需要用到函数 partial，用于设置 convert_example_to_feature 函数中的参数，然后基于 map 函数进行转换。datasets 提供的 map 函数支持逐条和批量转换数据，由于 convert_example_to_feature 函数是逐条处理数据，因此在 map 函数中设置参数 batched 为 False。代码实现如下：

```
from functools import partial

max_seq_len = 512
trans_fn = partial(convert_example_to_feature, tokenizer = tokenizer, label2id = label2id,
max_seq_len = max_seq_len)

# 将输入的训练集、验证集和测试集数据统一转换成特征形式
columns = ["text", "label"]
train_dataset = dataset["train"].map(trans_fn, batched = False, remove_columns = columns)
dev_dataset = dataset["dev"].map(trans_fn, batched = False, remove_columns = columns)
test_dataset = dataset["test"].map(trans_fn, batched = False, remove_columns = columns)

# 输出训练集、测试集和验证集的样本数量
print("train_dataset:", len(train_dataset))
print("dev_dataset:", len(dev_dataset))
print("test_dataset:", len(test_dataset))
```

输出结果为：

```
train_dataset: 18054
dev_dataset: 1000
```

```
test_dataset: 1944
```

4. 构造 DataLoader

由于计算机内存的限制，在模型训练过程中需要逐批训练数据，即每次选择一个批次(minibatch)的数据进行训练，使用 DataLoader 就是为了实现这一目的。但是，这里还存在一个问题，同一批次的数据长度未必一样，有可能影响模型的训练效果，因此需要将同一批次的数据统一成相同的长度。常用的方法有两种：文本截断和文本填充。

(1) 文本截断：在训练过程中设置一个序列最大长度 max_seq_len，对过长的文本进行截断，避免由于数据过长影响整体的模型训练效果。

(2) 文本填充：统计该批数据的文本序列的最大长度 max_len，当文本序列的长度小于 max_len 时，使用[PAD]进行填充，将该文本序列补齐到 max_len 的长度。

图 7-3 是文本截断和文本填充的示例。通过以上两种技术的应用，可以保证 DataLoader 迭代的每批数据的长度都是固定的。

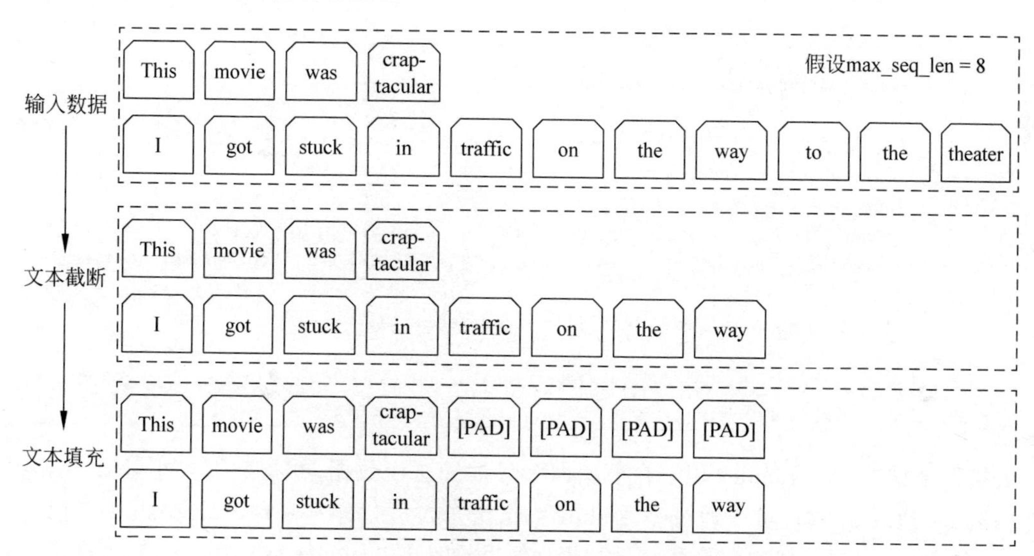

图 7-3　文本截断和文本填充示意图

上文中 convert_example_to_feature 函数已经对过长的文本进行了截断，接下来需要采用文本填充的方式对同一批次的数据长度进行处理，也有两种方式：手动处理和自动处理。

(1) 方法 1：手动统一批次数据

定义 collate_fn 函数用于文本截断和填充，该函数可以作为回调函数传入 DataLoader，DataLoader 在返回每一批数据之前，都调用 collate_fn 进行数据处理，并返回处理后的文本数据和对应的标签。代码实现如下：

```
import paddle

def collate_fn(batch_data, pad_token_id = 0, pad_token_type_id = 0, pad_label_id = 0):
    """
    批量数据处理函数
```

```
    输入：
        - batch_data：当前待处理的批量数据
        - pad_token_id：对于 token_id 的填充占位符
        - pad_token_type_id：对于 token_type_id 的填充占位符
        - pad_label_id：对于 label 序列的填充占位符号
    """

    input_ids_list, token_type_ids_list, label_list = [], [], []
    max_len = 0
    for example in batch_data:
        input_ids, token_type_ids, label = example["input_ids"], example["token_type_
ids"], example["label"]

        # 对各项数据进行文本填充
        input_ids_list.append(input_ids)
        token_type_ids_list.append(token_type_ids)
        label_list.append(label)

        # 保存序列最大长度
        max_len = max(max_len, len(input_ids))

    # 对数据序列进行填充至最大长度
    for i in range(len(input_ids_list)):
        cur_len = len(input_ids_list[i])
        input_ids_list[i] = input_ids_list[i] + [pad_token_id] * (max_len - cur_len)
        token_type_ids_list[i] = token_type_ids_list[i] + [pad_token_type_id] * (max_len -
cur_len)
        label_list[i] = label_list[i] + [pad_label_id] * (max_len - cur_len)

    return paddle.to_tensor(input_ids_list), paddle.to_tensor(token_type_ids_list),
paddle.to_tensor(label_list)
```

接下来构造 DataLoader 用于在模型训练时批量迭代数据，并指定批大小（batch size）。在构造 DataLoader 时，可以通过参数 shuffle 指定是否进行样本乱序。如果 shuffle 设置为 False，则 DataLoader 按顺序迭代一批数据；如果设置为 True，DataLoader 会随机迭代一批数据。代码实现如下：

```
from paddle.io import BatchSampler, DataLoader

batch_size = 16
train_sampler = BatchSampler(train_dataset, batch_size = batch_size, shuffle = True)
dev_sampler = BatchSampler(dev_dataset, batch_size = batch_size, shuffle = False)

# 构造 DataLoader，按 batch size 大小，批量迭代训练集、验证集和测试集数据
train_loader = DataLoader(dataset = train_dataset, batch_sampler = train_sampler, collate_fn =
collate_fn)
dev_loader = DataLoader(dataset = dev_dataset, batch_sampler = dev_sampler, collate_fn = collate_fn)
test_loader = DataLoader(dataset = test_dataset, batch_sampler = dev_sampler, collate_fn =
collate_fn)

# 打印训练集中的第 1 个批次的数据
print(next(iter(train_loader)))
```

输出结果为：

```
[Tensor(shape = [16, 317], dtype = int64, place = Place(gpu:0), stop_gradient = True,
       [[101 , 1920, 2397, ..., 0 , 0 , 0 ],
        [101 , 4385, 3300, ..., 0 , 0 , 0 ],
        [101 , 794 , 691 , ..., 0 , 0 , 0 ],
        ...,
        [101 , 3315, 2845, ..., 0 , 0 , 0 ],
        [101 , 1343, 2399, ..., 0 , 0 , 0 ],
        [101 , 100 , 100 , ..., 0 , 0 , 0 ]]), Tensor(shape = [16, 317], dtype = int64, place =
Place(gpu:0), stop_gradient = True,
       [[0, 0, 0, ..., 0, 0, 0],
        [0, 0, 0, ..., 0, 0, 0],
        [0, 0, 0, ..., 0, 0, 0],
        ...,
        [0, 0, 0, ..., 0, 0, 0],
        [0, 0, 0, ..., 0, 0, 0],
        [0, 0, 0, ..., 0, 0, 0]]), Tensor(shape = [16, 317], dtype = int64, place = Place(gpu:
0), stop_gradient = True,
       [[0, 1, 3, ..., 0, 0, 0],
        [0, 1, 3, ..., 0, 0, 0],
        [0, 4, 1, ..., 0, 0, 0],
        ...,
        [0, 1, 3, ..., 0, 0, 0],
        [0, 1, 3, ..., 0, 0, 0],
        [0, 1, 2, ..., 0, 0, 0]])]
```

从输出结果看，同一批次的数据长度相同。

(2) 方法 2：自动统一批次数据

在方法 1 中，通过 collate_fn 函数实现了手动对一批数据进行文本填充。在 PaddleNLP 中，提供了一个功能类似的 DataCollator 类 API，可以实现自动统一批次数据。由于本实践基于序列标注的方式进行中文分词，即需要对输入序列中的每个单位进行分类，可以使用 DataCollatorForTokenClassification 自动统一批次数据。DataCollatorForTokenClassification 会接收 tokenizer 和 label_pad_token_id 作为参数，其中 label_pad_token_id 用于指定补齐 label 的 id，代码实现如下：

```
from paddle.io import BatchSampler, DataLoader
from paddlenlp.data import DataCollatorForTokenClassification

batch_size = 16
train_sampler = BatchSampler(train_dataset, batch_size = batch_size, shuffle = True)
dev_sampler = BatchSampler(dev_dataset, batch_size = batch_size, shuffle = False)

# 使用 PaddleNLP 的类 API DataCollator
data_collator = DataCollatorForTokenClassification(tokenizer, label_pad_token_id =
label2id["O"])
train_loader = DataLoader(dataset = train_dataset, batch_sampler = train_sampler, collate_
fn = data_collator)
dev_loader = DataLoader(dataset = dev_dataset, batch_sampler = dev_sampler, collate_fn =
data_collator)
```

```
test_loader = DataLoader(dataset = test_dataset, batch_sampler = dev_sampler, collate_fn =
data_collator)

# 打印训练集中的第 1 个批次的数据
print(next(iter(train_loader)))
```

输出结果为：

```
{'label': Tensor(shape = [16, 256], dtype = int64, place = Place(gpu:0), stop_gradient = True,
       [[0, 4, 4, ..., 0, 0, 0],
        [0, 1, 3, ..., 0, 0, 0],
        [0, 1, 2, ..., 0, 0, 0],
        ...,
        [0, 1, 3, ..., 0, 0, 0],
        [0, 4, 1, ..., 0, 0, 0],
        [0, 1, 3, ..., 0, 0, 0]]), 'input_ids': Tensor(shape = [16, 256], dtype = int64, place =
Place(gpu:0), stop_gradient = True,
       [[101 , 782 , 1762, ..., 0 , 0 , 0 ],
        [101 , 2356, 1767, ..., 0 , 0 , 0 ],
        [101 , 1059, 2157, ..., 0 , 0 , 0 ],
        ...,
        [101 , 7471, 2270, ..., 0 , 0 , 0 ],
        [101 , 3736, 3813, ..., 0 , 0 , 0 ],
        [101 , 704 , 1744, ..., 0 , 0 , 0 ]]), 'token_type_ids': Tensor(shape = [16, 256],
dtype = int64, place = Place(gpu:0), stop_gradient = True,
       [[0, 0, 0, ..., 0, 0, 0],
        [0, 0, 0, ..., 0, 0, 0],
        [0, 0, 0, ..., 0, 0, 0],
        ...,
        [0, 0, 0, ..., 0, 0, 0],
        [0, 0, 0, ..., 0, 0, 0],
        [0, 0, 0, ..., 0, 0, 0]]), 'length': Tensor(shape = [16], dtype = int64, place = Place
(gpu:0), stop_gradient = True,
       [47 , 164, 5 , 153, 67 , 52 , 76 , 90 , 92 , 176, 164, 141, 256, 13 ,
        59 , 230]), 'seq_len': Tensor(shape = [16], dtype = int64, place = Place(gpu:0), stop_
gradient = True,
       [47 , 164, 5 , 153, 67 , 52 , 76 , 90 , 92 , 176, 164, 141, 256, 13 ,
        59 , 230])}
```

从输出结果看，同一批次的数据长度相同。

7.1.4 模型构建

BERT 模型依次处理每次传入的 minibatch 数据。先将处理后的文本特征数据传入 BERT 模型，BERT 模型对其进行编码，并输出对应的向量序列。然后将这些向量序列传入线性层，得到输入文本中每个字词对应的词位标记(BEMSO)，进而解码便可得到最后的分词结果，如图 7-4 所示。

基于图 7-4 所示的建模思路，代码实现如下：

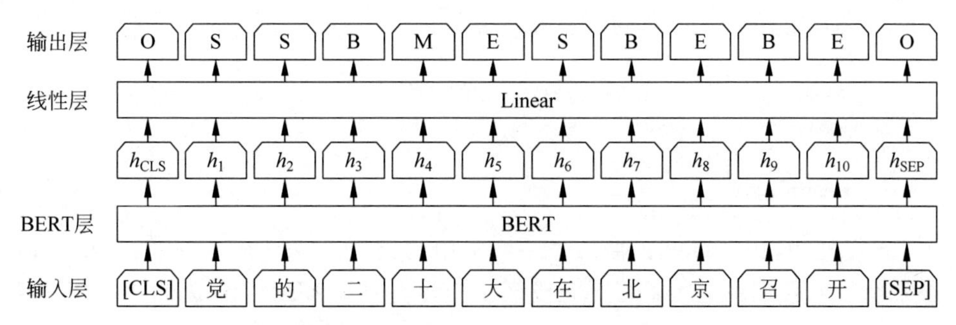

图 7-4 基于 BERT 按序列标注方式进行中文分词

```
import paddle
import paddle.nn as nn

# 定义 BertForTokenClassification,继承 nn.Layer 类
class BertForTokenClassification(nn.Layer):
    """
    BERT 模型上层叠加线性层,用以对输入序列的 token 进行分类,如 NER 任务

    输入:
        - bert: BERT 模型的实例
        - num_classes: 分类的类别数,默认为 2
        - dropout: 对于 BERT 输出向量的 dropout 概率,如果为 None,则会使用
BERT 内部设置的 hidden_dropout_prob
    """

#构建函数_init_和前向计算函数 forward
    def __init__(self, bert, num_classes = 2, dropout = None):
        super(BertForTokenClassification, self).__init__()
        self.num_classes = num_classes
        self.bert = bert
        self.dropout = nn.Dropout(dropout if dropout is not None else self.bert.config
["hidden_dropout_prob"])
        self.classifier = nn.Linear(self.bert.config["hidden_size"], num_classes)

    def forward(self,
                input_ids,
                token_type_ids = None,
                position_ids = None,
                attention_mask = None):

        # 将输入文本序列的特征数据传入 BERT 模型进行编码
        outputs = self.bert(input_ids,
                            token_type_ids = token_type_ids,
                            position_ids = position_ids,
                            attention_mask = attention_mask)

        # 获取输入序列对应的向量表示
        sequence_output = outputs[0]
```

```
        sequence_output = self.dropout(sequence_output)

        # 通过线性层将向量映射为词位标记的几率
        logits = self.classifier(sequence_output)

        return logits
```

为了方便使用，PaddleNLP 提供了一些常用的类，如 BertForTokenClassification。在模型实例化时，直接调用这些类即可完成模型构建。对于 BERT 模型，PaddleNLP 支持的常用类如下：

- BertModel：BERT 模型类。
- BertForMaskedLM：基于 BERT 的掩码语言模型，用于预测 Masked Token。
- BertForSequenceClassification：针对一串文本序列进行分类，典型任务是文本分类。
- BertForTokenClassification：针对文本序列中每个 token 进行分类，典型任务是命名实体识别。
- BertForQuestionAnswering：应用于问答任务，从一段文本中抽取答案。
- BertForMultipleChoice：应用于多选任务，从给定的多个答案中选择正确答案。

下面使用 PaddleNLP 调用 BertForTokenClassification 类，构建中文分词模型，代码实现如下：

```
from paddlenlp.transformers import BertForTokenClassification

# num_classes 设置为 5，与词位标记类别数一致，分别对应 O、B、M、E、S 五类
model = BertForTokenClassification.from_pretrained(model_name, num_classes = 5)
```

此外，PaddleNLP 还支持自动(Auto)方式构建模型。本实践可以通过指定模型，使用 AutoModelForTokenClassification 自动加载 BertForTokenClassification。代码实现如下：

```
from paddlenlp.transformers import AutoModelForTokenClassification

# 定义 model_name: bert - base - chinese
model = AutoModelForTokenClassification.from_pretrained(model_name, num_classes = 5)
print(model.__class__)
```

输出结果为：

```
<class 'paddlenlp.transformers.bert.modeling.BertForTokenClassification'>
```

从输出结果看，AutoModelForTokenClassification 通过指定的 model_name 自动找到了 BertForTokenClassification 类。

说明：

在本书后续的章节中，默认使用 PaddleNLP 的 Auto 模块调用相关类。

7.1.5 训练配置

定义模型训练时的超参数、优化器、损失函数和评估指标等，具体配置如下：

(1) 优化器：AdamW 优化器。

(2) 损失函数：采用交叉熵损失函数(cross entropy loss)。

(3) 评估指标：使用 Precision、Recall 和 F1 值。

PaddleNLP 提供了用于序列标注任务的评估方式 ChunkEvaluator，可以按照词的粒度统计中文分词的效果，并返回 Precision、Recall 和 F1 值。下面我们举例说明本实践的评估方式，假设有原始样本"派出所民警在重点乡镇企业进行流动人口登记"，其正确的分词结果和系统预测的分词结果如下：

- 正确的分词结果(标记为集合$\mathcal{A}$)：派出所|民警|在|重点|乡镇|企业|进行|流动|人口|登记。
- 预测的分词结果(标记为集合$\mathcal{B}$)：派出所|民警|在重点|乡镇企业|进行流动|人口|登记。

那么，

$\mathcal{A}$=派出所，民警，在，重点，乡镇，企业，进行，流动，人口，登记

$\mathcal{B}$=派出所，民警，在重点，乡镇企业，进行流动，人口，登记

$\mathcal{A}\cap\mathcal{B}$=派出所，民警，人口，登记

则$|\mathcal{A}|=10$，$|\mathcal{B}|=7$，$|\mathcal{A}\cap\mathcal{B}|=4$，精准率 Precision、召回率 Recall 和 F1 值的计算方法为

$$\text{Precision}=\frac{|\mathcal{A}\cap\mathcal{B}|}{|\mathcal{B}|}=\frac{4}{7}\approx 0.571$$

$$\text{Recall}=\frac{|\mathcal{A}\cap\mathcal{B}|}{|\mathcal{A}|}=\frac{4}{10}\approx 0.4$$

$$\text{F1}=\frac{2\times\text{Precision}\times\text{Recall}}{\text{Precision}+\text{Recall}}\approx 0.471$$

训练配置的代码实现如下：

```
from paddlenlp.metrics import ChunkEvaluator

# 设置训练轮次
num_epochs = 3
# 设置学习率
learning_rate = 3e-5
# 设置每隔多少步在验证集上进行一次模型评估
eval_steps = 100
# 设置每隔多少步打印一次日志
log_steps = 10
# 设置模型保存路径，自动保存训练过程中效果最好的模型
save_dir = "./checkpoints"

# 设置训练过程中的权重衰减系数
weight_decay = 0.01
# 设置训练过程中的暖启动训练比例
warmup_proportion = 0.1
# 设置共需要的训练步数
num_training_steps = len(train_loader) * num_epochs
# 除 bias 和 LayerNorm 的参数外，其他参数在训练过程中执行衰减操作
decay_params = [
        p.name for n, p in model.named_parameters()
```

```
        if not any(nd in n for nd in ["bias", "norm"])
    ]

# 定义优化器
optimizer = paddle.optimizer.AdamW(
        learning_rate = learning_rate,
        parameters = model.parameters(),
        weight_decay = weight_decay,
        apply_decay_param_fun = lambda x: x in decay_params)
# 定义损失函数
loss_fn = nn.CrossEntropyLoss()

# 定义评估指标的计算方式
metric = ChunkEvaluator(label_list = label2id.keys())
```

7.1.6 模型训练

模型训练过程中，每隔一定的训练步数（称为 log_steps）都会打印一条训练日志，每隔一定的训练步数（称为 eval_steps）在验证集上进行一次模型评估，并且保存在训练过程中评估效果最好的模型。

在验证集上进行评估的代码实现如下：

```
def evaluate(model, data_loader, metric):
    """
    模型评估函数

    输入：
        - model: 待评估的模型实例
        - data_loader: 待评估的数据集
        - metric: 用以统计评估指标的类实例
    """
    model.eval()
    metric.reset()
    precision, recall, f1_score = 0, 0, 0
    # 读取 dataloader 的数据
    for batch_data in data_loader:
        input_ids, token_type_ids, labels, seq_lens = batch_data["input_ids"], batch_data
["token_type_ids"], batch_data["label"], batch_data["seq_len"]
        # 模型前向计算
        logits = model(input_ids, token_type_ids)
        predictions = logits.argmax(axis = -1)
        # 模型评估
        num_infer_chunks, num_label_chunks, num_correct_chunks = metric.compute(seq_lens,
predictions, labels)
        metric.update(num_infer_chunks.numpy(), num_label_chunks.numpy(), num_correct_
chunks.numpy())
    precision, recall, f1_score = metric.accumulate()

    return precision, recall, f1_score
```

在训练过程中，使用 train_loss_record 保存损失函数的变化，使用 train_score_record 保存在验证集上的评估得分情况。模型训练的代码实现如下：

```
import os

def train(model):
    """
    模型训练函数

    输入:
        - model: 待训练的模型实例
    """

    # 开启模型训练模式
    model.train()
    global_step = 0
    best_score = 0.
    # 记录训练过程中的损失和在验证集上模型评估的分数
    train_loss_record = []
    train_score_record = []

    # 进行 num_epochs 轮训练
    for epoch in range(num_epochs):
        for step, batch_data in enumerate(train_loader):
            inputs, token_type_ids, labels = batch_data["input_ids"], batch_data["token_
type_ids"], batch_data["label"]
            # 获取模型预测
            logits = model(input_ids=inputs, token_type_ids=token_type_ids)
            loss = loss_fn(logits, labels) # 默认求 mean
            train_loss_record.append((global_step, loss.item()))
            # 梯度反向传播
            loss.backward()
            optimizer.step()
            optimizer.clear_grad()

            if global_step % log_steps == 0:
                print(f"[Train] epoch: {epoch}/{num_epochs}, step: {global_step}/{num_
training_steps}, loss: {loss.item():.5f}")

            if global_step != 0 and (global_step % eval_steps == 0 or global_step == (num_
training_steps - 1)):
                precision, recall, F1 = evaluate(model, dev_loader, metric)
                train_score_record.append((global_step, F1))

                model.train()

                # 如果当前指标为最优指标,保存该模型
                if F1 > best_score:
                    print(f"[Evaluate] best accuracy performence has been updated: {best_
score:.5f} -->{F1:.5f}")
                    best_score = F1
                    save_path = os.path.join(save_dir, "best.pdparams")
                    paddle.save(model.state_dict(), save_path)
```

```
                print(f"[Evaluate] precision: {precision: .5f}, recall: {recall: .5f}, dev
score: {F1:.5f}")

            global_step += 1

    save_path = os.path.join(save_dir, "final.pdparams")
    paddle.save(model.state_dict(), save_path)
    print("[Train] Training done!")

    return train_loss_record, train_score_record

train_loss_record, train_score_record = train(model)
```

输出结果为：

```
......
[Evaluate] precision: 0.97553, recall: 0.97483, dev score: 0.97518
[Train] epoch: 2/3, step: 3210/3387, loss: 0.00630
[Train] epoch: 2/3, step: 3220/3387, loss: 0.00668
[Train] epoch: 2/3, step: 3230/3387, loss: 0.00734
[Train] epoch: 2/3, step: 3240/3387, loss: 0.00483
[Train] epoch: 2/3, step: 3250/3387, loss: 0.00531
[Train] epoch: 2/3, step: 3260/3387, loss: 0.01206
[Train] epoch: 2/3, step: 3270/3387, loss: 0.00988
[Train] epoch: 2/3, step: 3280/3387, loss: 0.00269
[Train] epoch: 2/3, step: 3290/3387, loss: 0.01939
[Train] epoch: 2/3, step: 3300/3387, loss: 0.00770
[Evaluate] precision: 0.97763, recall: 0.97179, dev score: 0.97470
[Train] epoch: 2/3, step: 3310/3387, loss: 0.00763
[Train] epoch: 2/3, step: 3320/3387, loss: 0.01715
[Train] epoch: 2/3, step: 3330/3387, loss: 0.00506
[Train] epoch: 2/3, step: 3340/3387, loss: 0.00459
[Train] epoch: 2/3, step: 3350/3387, loss: 0.01350
[Train] epoch: 2/3, step: 3360/3387, loss: 0.00821
[Train] epoch: 2/3, step: 3370/3387, loss: 0.00393
[Train] epoch: 2/3, step: 3380/3387, loss: 0.01368
[Evaluate] best accuracy performence has been updated: 0.97518 --> 0.97525
[Evaluate] precision: 0.97649, recall: 0.97402, dev score: 0.97525
```

可视化训练过程的损失函数和F1值的变化，代码实现如下：

```
import matplotlib.pyplot as plt

def plot_training_loss(train_loss_record, fig_name, fig_size = (8, 6), sample_step = 10, loss_
legend_loc = "lower left"):
    """
    绘制损失函数变化图

    输入:
        - train_loss_record: 训练过程中的损失记录
        - fig_name: 图片保存路径
        - fig_size: 设置图像尺寸
        - sample_step: 每隔 sample_step 会采样一个损失点,用以绘制图像
```

```
        - loss_legend_loc: 图例说明的位置
    """
    plt.figure(figsize = fig_size)

    train_steps  =  [x[0] for x in train_loss_record][::sample_step]
    train_losses  =  [x[1] for x in train_loss_record][::sample_step]

    plt.plot(train_steps, train_losses, color = '#e4007f', label = "Train Loss")

    # 绘制坐标轴和图例
    plt.ylabel("Loss", fontsize = 'large')
    plt.xlabel("Step", fontsize = 'large')
    plt.legend(loc = loss_legend_loc, fontsize = 'x-large')

    plt.savefig(fig_name)
    plt.show()

def plot_training_acc(train_score_record, fig_name, fig_size = (8, 6), sample_step = 10, acc_
legend_loc = "lower left"):
    """
    绘制评估分数变化图

    输入:
        - train_score_record: 训练过程中的评估分数记录
        - fig_name: 图片保存路径
        - fig_size: 设置图像尺寸
        - sample_step: 每隔 sample_step 会采样一个损失点,用以绘制图像
        - acc_legend_loc: 图例说明的位置
    """
    plt.figure(figsize = fig_size)

    train_steps = [x[0] for x in train_score_record]
    train_losses  =  [x[1] for x in train_score_record]

    plt.plot(train_steps, train_losses, color = '#e4007f', label = "Dev Accuracy")

    # 绘制坐标轴和图例
    plt.ylabel("Accuracy", fontsize = 'large')
    plt.xlabel("Step", fontsize = 'large')
    plt.legend(loc = acc_legend_loc, fontsize = 'x-large')

    plt.savefig(fig_name)
    plt.show()
```

输出结果如图 7-5 所示。

在图 7-5(a)中,横坐标表示的是训练步数,纵坐标是损失函数的值,即预测结果和真实结果的交叉熵,图 7-5(b)中横坐标和纵坐标分别表示训练步数和预测 F1 值。从图 7-5 可以看出,随着训练的进行,训练集上的损失函数不断下降,并逐步收敛趋向于 0,同时在验证集上的 F1 值开始不断升高,在模型收敛后逐步平稳,最终 F1 值可达到 97.5%左右。

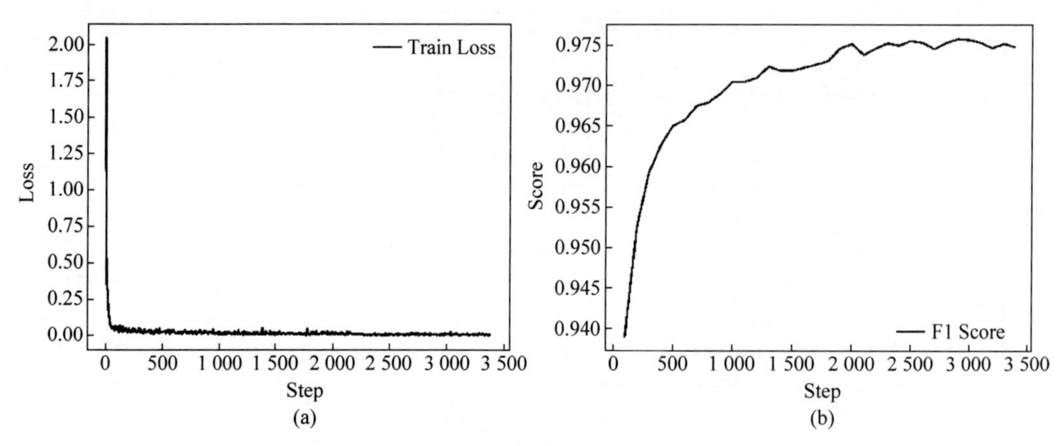

图 7-5 训练集的损失变化和验证集的 F1 值变化

(a) 在训练集上的损失变化情况；(b) 在验证集上的 F1 变化情况

说明：

plot_training_loss 函数和 plot_training_acc 函数被存放于 tools.py 文件中，后续不再展示，直接调用 tools.py 文件中的相应代码使用。

7.1.7 模型评估

使用测试集对训练过程中表现最好的模型进行评价，以验证模型训练效果。代码实现如下：

```
# 加载训练好的模型进行预测，重新实例化一个模型，然后将训练好的模型参数加载到新模型
saved_state = paddle.load("./checkpoints/best.pdparams")
model = AutoModelForTokenClassification.from_pretrained(model_name, num_classes=5)
model.load_dict(saved_state)

# 模型评估
precision, recall, F1 = evaluate(model, test_loader, metric)

# 输出模型评估结果
print(f"[Evaluate] precision: {precision:.5f}, recall: {recall:.5f}, dev score: {F1:.5f}")
```

输出结果为：

```
[Evaluate] precision: 0.97168, recall: 0.96239, dev score: 0.96701
```

7.1.8 模型预测

任意输入一个待分词文本，如"派出所民警在重点乡镇企业进行流动人口登记"，然后通过模型预测得到分词结果，代码实现如下：

```
from seqeval.metrics.sequence_labeling import get_entities

def parsing_label_sequence(tokens, label_sequence):
    """
    根据预测的标记序列获取对应的分词序列
```

```
    输入:
        - tokens: 使用 tokenize 处理后的 token 序列
        - label_sequence: 预测的词位标记序列
    """
    prev = 0
    words = []
    items = get_entities(label_sequence, suffix=False)
    for name, start, end in items:
        if prev != start:
            words.extend(tokens[prev:start])
        words.append("".join(tokens[start:end+1]))
        prev = end +1

    return words

def infer(model, text, tokenizer, id2label):
    """
    模型预测函数

    输入:
        - model: 用以中文分词预测的模型实例
        - text: 输入的待分词文本
        - tokenizer: Bert 的 tokenizer 实例
        - id2label: 用以将词位标记序号转为 label 的词典
    """

    model.eval()
    # 数据处理
    encoded_inputs = tokenizer(text, max_seq_len=max_seq_len)

    # 构造输入模型的数据
    input_ids = paddle.to_tensor(encoded_inputs["input_ids"], dtype="int64").unsqueeze(0)
    token_type_ids = paddle.to_tensor(encoded_inputs["token_type_ids"], dtype="int64").
unsqueeze(0)

    # 计算发射分数
    logits = model(input_ids=input_ids, token_type_ids=token_type_ids)
    predictions = logits.argmax(axis=-1).tolist()[0]
    label_sequence = [id2label[label_id] for label_id in predictions[1:-1]]

    # 解析出分数最大的标签
    tokens = tokenizer.convert_ids_to_tokens(input_ids[0].tolist()[1:-1])
    words = parsing_label_sequence(tokens, label_sequence)

    print("tokenize sequence:", " | ".join(words))

text ="派出所民警在重点乡镇企业进行流动人口登记"
id2label = {v:k for k, v in label2id.items()}
infer(model, text, tokenizer, id2label)
```

输出结果为：

```
tokenize sequence: 派出所 | 民警 | 在 | 重点 | 乡镇企业 | 进行 | 流动人口 | 登记
```

7.2 基于 BPE 算法实现子词切分

7.2.1 任务目标

正如本章开始时所述，子词是介于词与字符之间的粒度，是词的片段。BPE 是一种字符压缩算法，它通过计算相邻两个字符的出现次数，合并出现次数最大的相邻字符，用以缓解集外词问题。

由于子词表示可以有效缩小词表的大小，而且子词的出现频率显著高于单词的出现频率，因此在某种意义上说，子词可以提升语义表示的准确率。从形式上看，子词并不符合人的语言表达习惯，它仅仅是依据语料库统计数据而得到的切分结果。图 7-6 展示了基于 BPE 算法实现子词切分的过程。

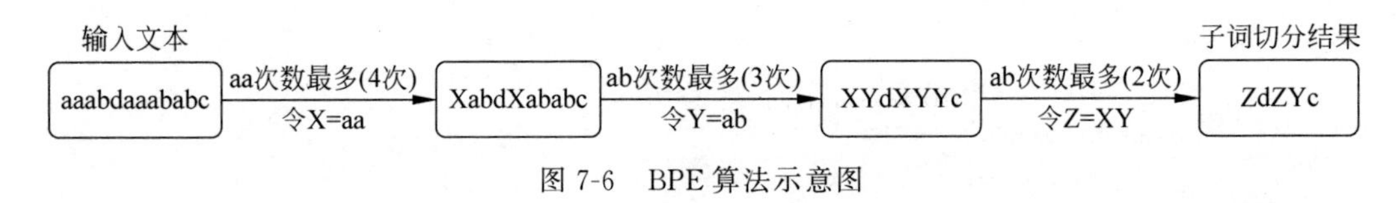

图 7-6　BPE 算法示意图

从图 7-6 中可以看出，BPE 子词切分过程与 7.1 节介绍的基于 BERT 的中文分词方法有很大的不同。

7.2.2 实现思路及流程

使用 BPE 算法对文本进行切分的流程如图 7-7 所示，分为如下两个步骤：

(1) 构建 BPE 子词词表，更新语料库，将原始语料转成字符形式，初始化 BPE 子词词表；同时不断统计和合并高频的邻近字符对，迭代更新 BPE 子词词表和语料库。

(2) 基于 BPE 子词词表完成文本切分。根据步骤(1)输出的 BPE 子词词表切分给定的文本序列，获取分词后的文本序列，然后解码此文本序列，还原原始语句。

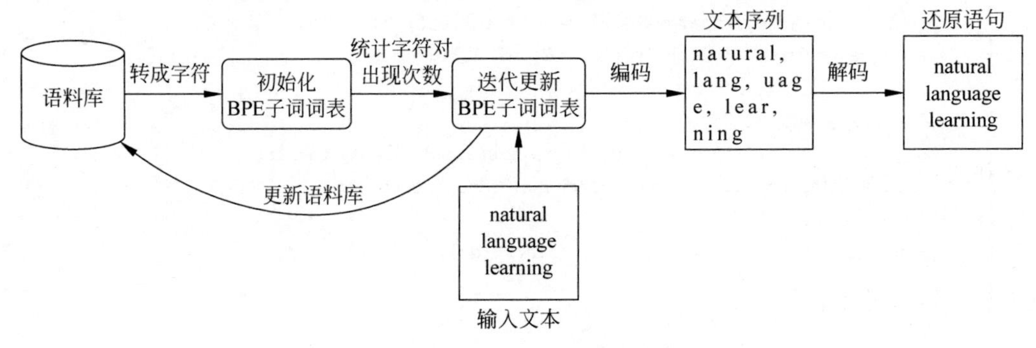

图 7-7　基于 BPE 算法实现文本分词流程

7.2.3　构建 BPE 词表

子词词表构建是 BPE 算法的核心，下面通过具体示例介绍其实现原理和对应代码。

1. 构建初始化 BPE 子词词表

图 7-8(a)是一个简单的语料库示例，由 5 个“d e e p”、7 个“l e a r n i n g”、6 个“n a t u r a l”、3 个“l a n g u a g e”和 7 个“p r o c e s s i n g”构成，'</w>'为单词结尾符号。将语料库中的单词转换成字符，得到初始化的 BPE 子词词表，如图 7-8(b)所示。

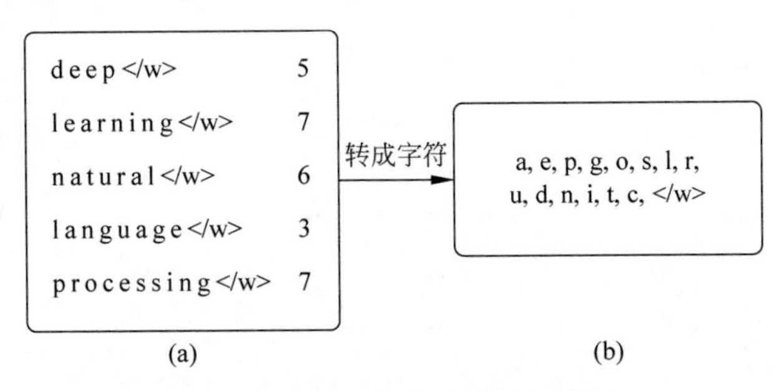

图 7-8　构建初始化 BPE 子词词表

(a) 原始语料库；(b) 初始化 BPE 子词词表

2. 迭代更新 BPE 子词词表和语料库

BPE 子词词表和语料库的迭代更新流程如下：

(1) 第 1 次迭代：统计连续字符对出现的次数，将出现次数最多的字符对合并成新的子词，并更新词表和语料库，其迭代过程和更新结果如图 7-9 所示。在第 1 次迭代中，连续字符对'n'和'g'出现了 17 次(7＋3＋7＝17)，出现的次数最多，因此将它们合并成一个新的词'ng'。

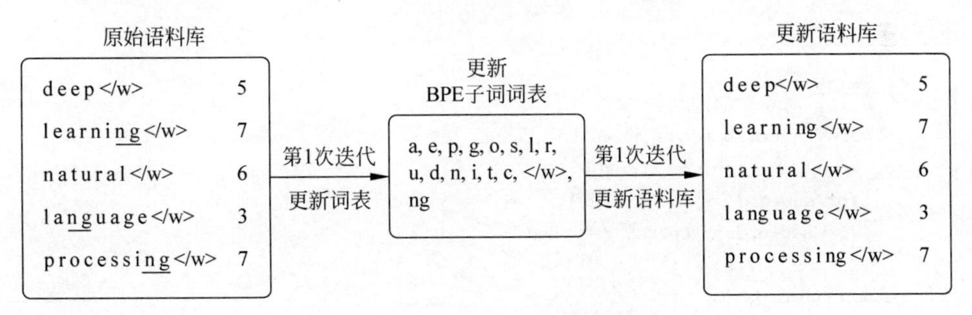

图 7-9　第 1 次迭代过程和更新结果

(2) 第 2 次迭代：连续字符对'i'和'ng'出现了 14 次(7＋7＝14)，出现的次数最多，将它们合并成新的词'ing'，其迭代过程和更新结果如图 7-10 所示。

(3) 第 3 次迭代：连续字符对'ing'和'</w>'出现了 14 次(7＋7＝14)，出现的次数最多，将它们合并成'ing</w>'，同时由于'ing'在语料库中不再存在，因此在词表中删除，其迭代过程和更新结果如图 7-11 所示。

(4) 重复上面的步骤(1)～步骤(3)，直到 BPE 子词词表的规模达到预先设定的数值，或达到设置的合并次数，或者语料中最高频的邻近字符对出现的次数为小于规定的阈值，如 2。

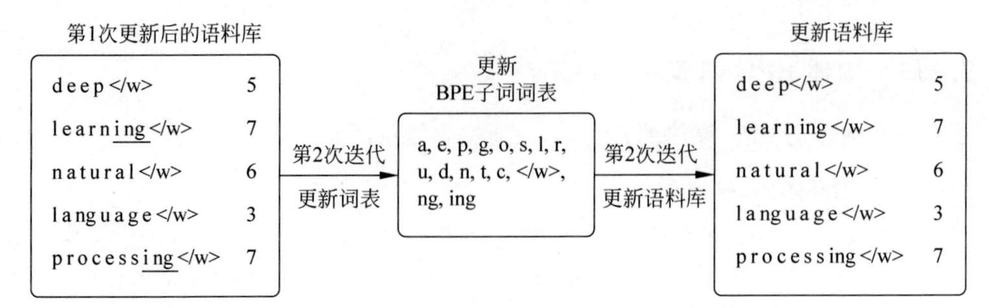

图 7-10　第 2 次迭代过程和更新结果

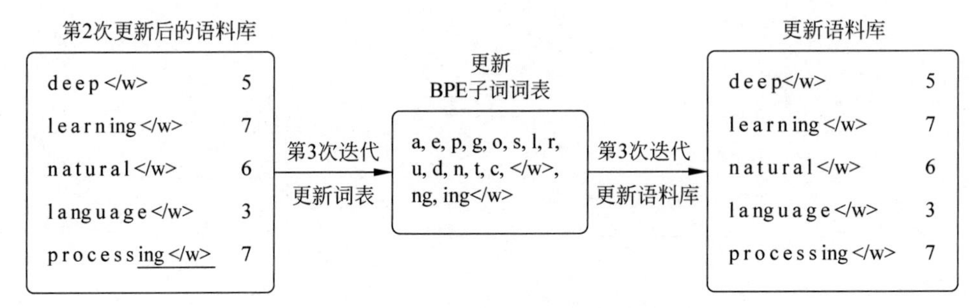

图 7-11　第 3 次迭代过程和更新结果

从上述解释可以看出，字符合并是在单词内部进行的，并不越界合并。

下面介绍上述示例的代码实现过程。

(1) 定义函数 get_subwords，将语料库中的词转成字符形式，并存储到 BPE 子词词表中，得到初始化的子词词表 bpe_vocab。代码实现如下：

```
import collections

def get_subwords(data):

    # 统计子词和对应的词频
    subwords = collections.defaultdict(int)
    for word, freq in data.items():
        for subword in word.split():
            subwords[subword] += freq

    return subwords

train_data = {'d e e p </w>': 5, 'l e a r n i n g </w>': 7, 'n a t u r a l </w>': 6, 'l a n g u a g
e </w>': 3,'p r o c e s s i n g </w>':7}
subwords = get_subwords(train_data)

# 获取初始化的子词词表
bpe_vocab = set(subwords.keys())
print("词表:", bpe_vocab)
```

输出结果为：

```
词表: {'n', '</w>', 'g', 'c', 'd', 'u', 's', 'i', 'p', 'a', 'o', 't', 'l', 'e', 'r'}
```

(2) 在构造 BPE 子词词表时，需要同步统计相邻字符对的出现次数，以便获取最高频的词对，代码实现如下：

```
def get_pair_with_frequency(data):

    #统计语料库中的字符对和其出现次数
    pairs = collections.defaultdict(int)
    for word, freq in data.items():
        sub_words = word.split()
        for i in range(len(sub_words) - 1):
            pair = (sub_words[i],sub_words[i+1])
            pairs[pair] += freq
    return pairs

pairs = get_pair_with_frequency(train_data)
print("字符对:", pairs)
best_pair = max(pairs, key=pairs.get)
print("出现次数最多的字符对: ", best_pair)
```

输出结果为：

```
字符对: defaultdict(<class 'int'>, {('d', 'e'): 5, ('e', 'e'): 5, ('e', 'p'): 5, ('p', '</w>'): 5, ('l', 'e'): 7, ('e', 'a'): 7, ('a', 'r'): 7, ('r', 'n'): 7, ('n', 'i'): 7, ('i', 'n'): 14, ('n', 'g'): 17, ('g', '</w>'): 14, ('n', 'a'): 6, ('a', 't'): 6, ('t', 'u'): 6, ('u', 'r'): 6, ('r', 'a'): 6, ('a', 'l'): 6, ('l', '</w>'): 6, ('l', 'a'): 3, ('a', 'n'): 3, ('g', 'u'): 3, ('u', 'a'): 3, ('a', 'g'): 3, ('g', 'e'): 3, ('e', '</w>'): 3, ('p', 'r'): 7, ('r', 'o'): 7, ('o', 'c'): 7, ('c', 'e'): 7, ('e', 's'): 7, ('s', 's'): 7, ('s', 'i'): 7})
```

出现次数最多的字符对： ('n','g')

(3) 将出现次数最多的字符对合并成新的子词，并更新语料库，代码实现如下：

```
def merge_data_with_pair(pair, data):
    """
    将语料中的最高频的字符对进行合并
    输入:
        - pair: 最高频字符对
        - data: 字典形式,上一次迭代更新后的语料库
    """
    result = {}
    bigram = re.escape(' '.join(pair))
    p = re.compile(r'(?<!\S)' + bigram + r'(?!\S)')
    for word in data:
        merged_word = p.sub(''.join(pair), word)
        result[merged_word] = data[word]
    return result

train_data = merge_data_with_pair(best_pair, train_data)
print("语料库: ", train_data)
```

输出结果为：

语料库：{'d e e p </w>': 5, 'l e a r n i n g </w>': 7, 'n a t u r a l </w>': 6, 'l a n g u a g e </w>': 3, 'p r o c e s s i n g </w>': 7}

(4) 定义构建词表函数 build_vocab，迭代更新步骤(1)～步骤(3)，代码实现如下：

```
def build_vocab(train_data, num_merges):
    """
    根据训练语料构建词表
    输入:
        - train_data: 字典形式,上一次迭代更新后的语料库
        - num_merges: 迭代次数
    """

    # 初始化 BPE 词表
    subwords = get_subwords(train_data)
    bpe_vocab = set(subwords.keys())
    print(bpe_vocab, len(bpe_vocab))
    i = 1
    # 迭代更新 BPE 词表
    for _ in range(num_merges):
        # 统计语料库中相邻字符对出现的次数
        pairs = get_pair_with_frequency(train_data)
        # 选取出现次数最多的字符对, 如果 pairs 为空或字符对出现的次数为 1,则停止
        if not pairs:
            break
        best_pair = max(pairs, key = pairs.get)
        if pairs[best_pair] == 1:
            break
        # 更新语料
        train_data = merge_data_with_pair(best_pair, train_data)
        # 将新的子词加入词表中
        merged_word = "".join(best_pair)
        bpe_vocab.add(merged_word)
        # 在词表中删除语料库中不存在的词
        subwords = get_subwords(train_data)
        if best_pair[0] not in subwords:
            bpe_vocab.remove(best_pair[0])
        if best_pair[1] not in subwords:
            bpe_vocab.remove(best_pair[1])

        print("Iter - {}, 出现次数最多的字符对: {}".format(i, best_pair))
        print("训练数据: ", train_data)
        print("词表: {}, {}\n".format(len(bpe_vocab), bpe_vocab))
        i += 1
    return bpe_vocab
# 设置字符对合并次数
num_merges = 14

train_data = {'d e e p </w>': 5, 'l e a r n i n g </w>': 7, 'n a t u r a l </w>': 6, 'l a n g u a g e </w>': 3,'p r o c e s s i n g </w>':7}
```

```
bpe_vocab = build_vocab(train_data, num_merges)
print("词表：", bpe_vocab)
```

输出结果为：

```
{'n', '</w>', 'g', 'c', 'd', 'u', 's', 'i', 'p', 'a', 'o', 't', 'l', 'e', 'r'} 15
Iter - 1, 出现次数最多的字符对：('n', 'g')
训练数据：{'d e e p </w>': 5, 'l e a r n i ng </w>': 7, 'n a t u r a l </w>': 6, 'l a ng u a g e </w>'
: 3, 'p r o c e s s i ng </w>': 7}
词表：16, {'n', '</w>', 'g', 'c', 'd', 'u', 's', 'i', 'p', 'a', 'o', 't', 'l', 'ng', 'e', 'r'}

Iter - 2,出现次数最多的字符对：('i', 'ng')
训练数据：{'d e e p </w>': 5, 'l e a r n ing </w>': 7, 'n a t u r a l </w>': 6, 'l a ng u a g e </w>':
3, 'p r o c e s s ing </w>': 7}
词表：16, {'n', '</w>', 'g', 'c', 'ing', 'd', 'u', 's', 'p', 'a', 'o', 't', 'l', 'ng', 'e', 'r'}

Iter - 3,出现次数最多的字符对：('ing', '</w>')
训练数据：{'d e e p </w>': 5, 'l e a r n ing</w>': 7, 'n a t u r a l </w>': 6, 'l a ng u a g e </w>':
3, 'p r o c e s s ing</w>': 7}
词表：16, {'n', '</w>', 'g', 'c', 'd', 'u', 's', 'p', 'a', 'o', 't', 'l', 'ng', 'ing</w>', 'e', 'r'}

Iter - 4,出现次数最多的字符对：('l', 'e')
训练数据：{'d e e p </w>': 5, 'le a r n ing</w>': 7, 'n a t u r a l </w>': 6, 'l a ng u a g e </w>': 3,
'p r o c e s s ing</w>': 7}
词表：17, {'</w>', 'c', 's', 'ng', 'ing</w>', 'o', 'g', 'd', 'u', 'a', 't', 'le', 'n', 'l', 'e', 'r', 'p'}

Iter - 5,出现次数最多的字符对：('le', 'a')
训练数据：{'d e e p </w>': 5, 'lea r n ing</w>': 7, 'n a t u r a l </w>': 6, 'l a ng u a g e </w>': 3,
'p r o c e s s ing</w>': 7}
词表：17, {'</w>', 'c', 's', 'ng', 'ing</w>', 'o', 'g', 'd', 'u', 'a', 't', 'lea', 'n', 'l', 'e', 'r', 'p'}

Iter - 6,出现次数最多的字符对：('lea', 'r')
训练数据：{'d e e p </w>': 5, 'lear n ing</w>': 7, 'n a t u r a l </w>': 6, 'l a ng u a g e </w>'
: 3, 'p r o c e s s ing</w>': 7}
词表：17, {'</w>', 'c', 's', 'ng', 'ing</w>', 'o', 'g', 'd', 'u', 'a', 't', 'n', 'l', 'e', 'r', 'p',
'lear'}

Iter - 7,出现次数最多的字符对：('lear', 'n')
训练数据：{'d e e p </w>': 5, 'learn ing</w>': 7, 'n a t u r a l </w>': 6, 'l a ng u a g e </w>':
3, 'p r o c e s s ing</w>': 7}
词表：17, {'</w>', 'c', 's', 'ng', 'ing</w>', 'o', 'g', 'd', 'u', 'a', 't', 'learn', 'n', 'l', 'e',
'r', 'p'}

Iter - 8,出现次数最多的字符对：('learn', 'ing</w>')
训练数据：{'d e e p </w>': 5, 'learning</w>': 7, 'n a t u r a l </w>': 6, 'l a ng u a g e </w>':
3, 'p r o c e s s ing</w>': 7}
词表：17, {'</w>', 'c', 's', 'ng', 'ing</w>', 'o', 'g', 'learning</w>', 'd', 'u', 'a', 't', 'n',
'l', 'e', 'r', 'p'}

Iter - 9,出现次数最多的字符对：('p', 'r')
训练数据：{'d e e p </w>': 5, 'learning</w>': 7, 'n a t u r a l </w>': 6, 'l a ng u a g e </w>':
```

```
3, 'pr o c e s s ing</w>': 7}
词表: 18, {'</w>', 'c', 's', 'ng', 'ing</w>', 'o', 'g', 'learning</w>', 'd', 'u', 'a', 't', 'n',
'l', 'pr', 'e', 'r', 'p'}

Iter - 10,出现次数最多的字符对: ('pr', 'o')
训练数据: {'d e e p</w>': 5, 'learning</w>': 7, 'n a t u r a l</w>': 6, 'l a ng u a g e</w>':
3, 'pro c e s s ing</w>': 7}
词表: 17, {'</w>', 'c', 's', 'ng', 'ing</w>', 'g', 'learning</w>', 'd', 'u', 'a', 't', 'n', 'pro', 'l',
'e', 'r', 'p'}

Iter - 11,出现次数最多的字符对: ('pro', 'c')
训练数据: {'d e e p</w>': 5, 'learning</w>': 7, 'n a t u r a l</w>': 6, 'l a ng u a g e</w>':
3, 'proc e s s ing</w>': 7}
词表: 16, {'</w>', 's', 'ng', 'ing</w>', 'g', 'learning</w>', 'd', 'u', 'a', 't', 'n', 'proc', 'l',
'e', 'r', 'p'}

Iter - 12,出现次数最多的字符对: ('proc', 'e')
训练数据: {'d e e p</w>': 5, 'learning</w>': 7, 'n a t u r a l</w>': 6, 'l a ng u a g e</w>':
3, 'proce s s ing</w>': 7}
词表: 16, {'</w>', 's', 'ng', 'ing</w>', 'g', 'learning</w>', 'd', 'u', 'a', 't', 'n', 'l', 'proce', 'e',
'r', 'p'}

Iter - 13,出现次数最多的字符对: ('proce', 's')
训练数据: {'d e e p</w>': 5, 'learning</w>': 7, 'n a t u r a l</w>': 6, 'l a ng u a g e</w>':
3, 'proces s ing</w>': 7}
词表: 16, {'</w>', 's', 'ng', 'ing</w>', 'g', 'learning</w>', 'd', 'u', 'a', 't', 'n', 'l', 'e',
'r', 'proces', 'p'}

Iter - 14,出现次数最多的字符对: ('proces', 's')
训练数据: {'d e e p</w>': 5, 'learning</w>': 7, 'n a t u r a l</w>': 6, 'l a ng u a g e</w>':
3, 'process ing</w>': 7}
词表: 15, {'</w>', 'ng', 'ing</w>', 'g', 'learning</w>', 'process', 'd', 'u', 'a', 't', 'n', 'l',
'e', 'r', 'p'}

词表: {'</w>', 'ng', 'ing</w>', 'g', 'learning</w>', 'process', 'd', 'u', 'a', 't', 'n', 'l', 'e',
'r', 'p'}
```

7.2.4 文本子词切分

子词切分是根据 7.2.3 节构建的 BPE 词表对输入的任意文本序列进行切分。这里采用贪心的思想，先按照长度从大到小的顺序，对 BPE 子词词表中的子词进行排序；然后将输入的文本序列，按照从前向后的顺序依次遍历词表中的子词，整个过程可以看成最大匹配切分方法，过程如下：

(1) 将该单词按照子词位置进行切分，此时将单词分成三个部分：子词、子词前部分和子词后部分。对于子词前和子词后的部分，按照同样的思路继续遍历，直到找到所有的单词子串为止。

(2) 如果在子词词表遍历完成之后，依然有一些字符没有被切分，则使用[UNK]进行替代。

假设 BPE 子词词表为['</w>','ng','ing</w>','g','learning</w>','process','d','u','a','t','n','l','e','r','p'],待分词的文本序列为 natural language processing。单词“processing”按照 BPE 子词词表中的顺序,会先被切分成'process',然后按照此方式继续遍历,子词后的部分被切分成'ing</w>',此时单词“processing”切分完成,结果为'process,ing</w>'。

下面介绍切分的实现过程,先定义函数 tokenize_word 用于对单词进行切分。

```
import re

def tokenize_word(word, sorted_vocab, unknown_token = '<unk>'):
    """
    使用 BPE 算法切分一个单词
    输入:
        - word: 待切分的单词
        - sorted_vocab: 排序后的子词词典
        - unknown_token: 不能被切分的子词替代符
    """
    # 如果传入的词为空,则返回为空列表
    if word == "":
        return []
    # 如果词表为空,则使用[UNK]替代输入的词
    if sorted_vocab == []:
        return [unknown_token] + len(string)

    word_tokens = []
    # 遍历词表拆分单词
    for i in range(len(sorted_vocab)):
        token = sorted_vocab[i]
        # 基于该 token 定义正则,同时将 token 里面包含句号的变成[.]
        token_reg = re.escape(token.replace('.', '[.]'))
        # 在当前词表中进行遍历,找到匹配的 token 的起始和结束位置
        matched_positions = [(m.start(0), m.end(0)) for m in re.finditer(token_reg, word)]
        # 如果当前 token 没有匹配到相应的子词,则跳过
        if len(matched_positions) == 0:
            continue

        # 获取匹配到的子词的起始位置
        end_positions = [matched_position[0] for matched_position in matched_positions]
        start_position = 0

        for end_position in end_positions:
            subword = word[start_position: end_position]
            word_tokens += tokenize_word(subword, sorted_vocab[i+1:], unknown_token)
            word_tokens += [token]
            start_position = end_position + len(token)
        # 匹配其余的子词
        word_tokens += tokenize_word(word[start_position:], sorted_vocab[i+1:], unknown_token)
        break
    else:
```

```
            # 如果子词没有被匹配,则映射为[UNK]
            word_tokens = [unknown_token] * len(word)

    return word_tokens
```

定义函数 tokenize 用于对文本进行切分。

```
def tokenize(text, bpe_vocab):

    #使用 BPE 对输入语句进行切分,对子词词表按照子词长度进行排序
    sorted_vocab = sorted(bpe_vocab, key = lambda subword: len(subword), reverse = True)
    print("待切分语句: ", text)
    tokens = []
    for word in text.split():
        word = word + "</w>"
        word_tokens = tokenize_word(word, sorted_vocab, unknown_token = '[UNK]')
        tokens.extend(word_tokens)

    return tokens

text = "natural language processing"
tokens = tokenize(text, bpe_vocab)
print("词表: ", bpe_vocab)
print("切分结果: ", tokens)
```

输出结果为：

```
待切分语句: natural language processing
词表: {'</w>', 'ng', 'ing</w>', 'g', 'learning</w>', 'process', 'd', 'u', 'a', 't', 'n', 'l', 'e', 'r',
'p'}
切分结果: ['n', 'a', 't', 'u', 'r', 'a', 'l', '</w>', 'l', 'a', 'ng', 'u', 'a', 'g', 'e', '</w>', 'process',
'ing</w>']
```

7.2.5 语料还原

如何还原切分后的文本呢？此时单词结尾的'\< w >'至关重要。其逻辑是一直合并分词后的子词，直到遇到'</w>'便可以解码出一个完整的单词。假设根据 BPE 子词词表切分后的文本序列是['the</w>','deep</w>','lear','ning</w>']，那么对应的文本还原结果为['the','deep','learning']，代码实现如下：

```
def restore(tokens):

    #将分词后的结果还原为原始语句
    text = []
    word = []
    for token in tokens:
        if token[-4:] == "</w>":
            if token != "</w>":
                word.append(token[:-4])
            text.append("".join(word))
            word.clear()
```

```
        else:
            word.append(token)
    return text

tokens = ["the</w>", "deep</w>", "lear", "ning</w>"]
text = restore(tokens)
print("还原结果: ", text)
```

输出结果为：

```
还原结果: ['the', 'deep', 'learning']
```

在使用 BPE 子词词表进行切分的过程中，需要遍历整个子词词表，这是一个比较耗时的过程，在实际应用时，可以设置缓存记录常用单词的分词结果，从而提高切分效率。

7.3　实验思考

(1) 在本章的实验中，我们使用预训练模型 BERT 实现了中文分词任务，请尝试更换模型结构，如使用 Bi-LSTM+CRF 完成中文分词任务。Bi-LSTM+CRF 的代码实现可以参考第 9 章。

(2) 在本章的实验中，我们对于中文文本的子词切分通常是在分词结果的基础上进行的，即首先采用某个分词工具对给定的文本进行词语切分，然后对切分结果执行 BPE 算法。请读者结合 7.2 节介绍的中文分词方法，或者借助已有分词工具，实现中文的 BPE 切分算法。

第8章 文本情感分类方法实践

文本分类是自然语言处理重要的应用任务。常见的文本分类任务包括文本主题分类、情感/情绪分类和垃圾邮件识别等。这里所说的文本可以是一个句子、一个段落或者一篇文章。文本主题分类的目的是对于给定的文本自动识别出文本的主题。文本情感分类(sentiment classification)和情绪分类(emotion classification)的目的是自动识别给定文本的情感或情绪极性。垃圾邮件识别则是自动判断给定的邮件是否属于垃圾信息。

无论是文本主题分类、情感或情绪分类,还是垃圾邮件分类等,都属于模式分类任务,其基本方法包括知识工程方法(基于模板或规则等表示的先验知识)、统计学习方法和深度学习方法。目前基于深度学习的文本分类方法是应用最广泛的方法,因此本章主要介绍基于LSTM的情感分类方法和基于BERT预训练语言模型的情感分类方法。

需要说明的是,根据输入文本的粒度和语言,文本分类任务又可进一步细分为句子级、篇章级或者多文档级,甚至跨语言等多种类型。尽管这些任务多种多样,但从神经网络方法的角度看,不同文本分类任务所采用的神经网络结构、目标函数和训练方式均高度相似。因此,本章仅以句子级别情感分类为例子进行方法介绍,其他分类任务仅需要将输入文本和对应标签替换成任务所需的标注数据即可。

对于文本分类基本方法的详细介绍,可参阅文献(宗成庆等,2022)。

8.1 基于LSTM模型的情感分类方法

8.1.1 任务目标

在自然语言中,一段对话或者一个句子往往都能蕴含丰富的感情色彩,比如高兴、快乐、喜欢、讨厌、忧伤等。对于企业而言,如果能够根据用户对其产品的评论文本自动分析出用户的情感倾向,不但有助于企业了解消费者对其产品的感受,为改进产品的用户体验提供依据,而且有助于企业及时了解商业伙伴们的态度,以便更好地做出商业决策。

在情感分析任务中,通常将情感划分为三个极性:正面积极情绪(positive)、中立情绪(neutral)和负面消极情绪(negative)。图8-1给出了三种情绪的简单示例。

图 8-1　情感类别示例

本节以对 IMDB[①] 电影评论为例，介绍在飞桨平台上如何实现基于 LSTM 模型的情感分类方法。

8.1.2　实现思路及流程

基于 LSTM 模型的情感分类方法实现思路如图 8-2 所示。模型的输入是文本数据，输出是文本的情感标签。在建模过程中，首先需要对输入的电影评论文本进行数据处理，然后使用 LSTM 对文本进行编码，获得文本的语义向量表示。最后，经过线性层处理得到文本情感类别标签的分数。

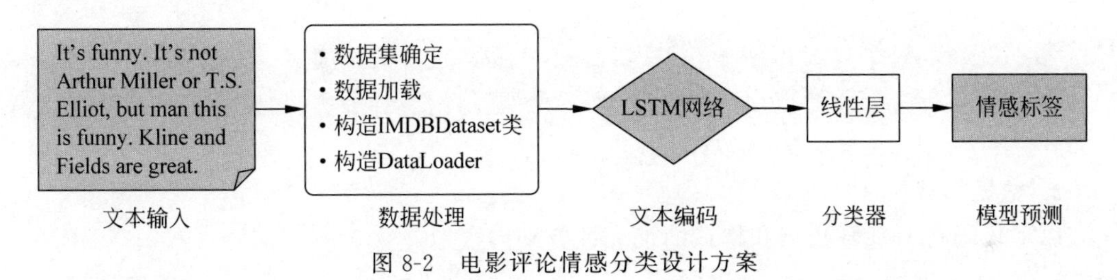

图 8-2　电影评论情感分类设计方案

根据上述思路，基于飞桨框架实现评论文本情感分类的主要流程包括如下 6 步：

(1) 数据处理：对输入的文本数据进行处理，包括词语切分、文本截取和填充、词到词号的转换(word2id)等，然后将数据组装成批(minibatch)格式，传入 LSTM 网络。

(2) 模型构建：按照约定，我们使用 LSTM 网络获取文本序列的向量表示。

(3) 训练配置：将模型实例化，选择模型的计算资源(CPU 或者 GPU)，指定模型迭代的优化算法。

(4) 模型训练：训练模型的参数，以达到最优效果。

(5) 模型评估：对训练好的模型进行评估测试，观察准确率和损失函数的变化情况。

(6) 模型预测：任意给定一段评论文本，通过模型预测其情感标签。

以下分别介绍每一步的具体实现过程。

8.1.3　数据处理

数据处理包括数据集确定、数据加载、构造 IMDBDataset 类和构造 DataLoader 等步

① IMDB 数据集开源于 Kaggle，数据集获取地址：https://www.kaggle.com/c/word2vec-nlp-tutorial/data。读者也可以在本书配套的 AI Studio 在线课程中获取该数据集。

骤，最终将同一批的数据处理成等长的特征序列，使用 DataLoader 逐批迭代传入 LSTM 模型。

1. 数据集确定

在系统实现之前必须首先明确任务所在的领域、数据来源和数据集中对情感倾向性的划分原则。按照前面的约定，我们已经确定以电影评论领域的 IMDB 数据集为例进行系统构建。

电影观众对一部电影进行评论时可以进行打分，分值范围通常为 1～10 分。其中，1 分是观众给予的最差评分，表示对电影非常不满；10 分是满分，表示对电影非常满意。IMDB 数据集将消费者对电影的评论按照评分的高低筛选出了积极的和消极的两类评论，如果评分高于或等于 7 分，则认为是积极的评论；如果评分低于或等于 4 分，则认为是消极的评论。因此，IMDB 是一份关于情感分析的二分类数据集。图 8-1 中给出了情感分析类别为三类，即正面、中立和负面。这里以情感二分类为例(正面和负面)进行介绍。

原始的 IMDB 数据集中训练集和测试集各为 25 000 条，每条样本都包含用户关于某一部电影的真实评价和对该电影的情感倾向。本实践基于全量的 IDMB 数据集生成了词表，并将测试集按各 50%的比例分为两份，分别作为验证集和测试集，各包含 12 500 条评论。下面是训练集中一条真实的积极评论：

```
"The only thing serious about this movie is the humor. Well worth the rental price. I'll bet you watch it twice. It's obvious that Sutherland enjoyed his role."
```

2. 数据加载

以下代码将 IMDB 数据和构造的词表读取到内存中。

```python
# 定义数据加载函数
def load_dataset(path):
    examples = []
    with open(path, "r", encoding="utf-8") as fr:
        for line in fr:
            sentence_label, sentence = line.strip().lower().split("\t", maxsplit=1)
            examples.append((sentence, sentence_label))
    return examples

train_data = load_dataset("./dataset/train.txt")
dev_data = load_dataset("./dataset/dev.txt")
test_data = load_dataset("./dataset/test.txt")

# 打印第一条数据,查看数据格式:(句子,label)
print(train_data[0])
```

输出结果为：

```
('it does seem like this film is polarizing us. you either love it or hate it. i loved it. I agree with the comment(s) that said, you just gotta "feel" this one. … but if you do like what i described, then you will surely enjoy it.', '1')
```

从输出的结果可以看出，每条样本包含两部分内容：文本序列和对应的情感标签（“1”表示积极情绪，“0”表示消极情绪）。

以下代码将词表加载到字典 word2id_dict 中。

```
import os

# 加载词表
def load_dict(path):
    assert os.path.exists(path)
    words = []
    with open(path, "r", encoding="utf-8") as f:
        words = f.readlines()
        words = [word.strip() for word in words if word.strip()]
    word2id = dict(zip(words, range(len(words))))
    return word2id

word2id_dict = load_dict("./dataset/vocab.txt")

for idx, (word, word_id) in enumerate(word2id_dict.items()):
    print("word: {}, word_id: {}".format(word, word_id))
    if idx > 7:
        break
```

输出结果为：

```
word: [PAD], word_id: 0
word: [UNK], word_id: 1
word: the, word_id: 2
word: a, word_id: 3
word: and, word_id: 4
word: of, word_id: 5
word: to, word_id: 6
word: is, word_id: 7
word: in, word_id: 8
```

在词表中有两个特殊字符：“[PAD]”和“[UNK]”，其中，[PAD]的作用是为批处理的单词填充。当前神经网络一般采用批处理的方式，即模型一次训练多个句子。考虑到同一批次中的句子长度往往不一样，便对较短的句子在其后面填充特殊字符[PAD]，强制同一批次中的句子长度一致。具体实现方法请见本节后面第 4 部分“构造 DataLoader”。

考虑到神经网络变换时的运算量和执行效率的问题，在构建词表时并没有保留语料中的所有词汇，而是仅选取出现频率排在前面的 N 个单词，后面的低频词均用[UNK]代替。

3. 构造 IMDBDataset 类

构造 IMDBDataset 类的目的是用于数据管理，它继承自 paddle.io.Dataset 类。IMDBDataset 类中包括如下两个操作：

（1）词语切分：模型无法直接处理文本数据，常规的做法是先将文本数据进行词语切分，然后将每个词映射为在词典中的索引（ID 号），以方便模型后续根据这个 ID 号找到该词对应的向量表示。由于 IMDB 数据集是英文的，因此本实践直接使用空格作为词的分隔符。

（2）word2id：在 IMDBDataset 类中定义 convert_tokens_to_ids 方法将单词转换为字表中的索引号（ID）。利用词表 word2id_dict 将序列中的每个词都映射为对应的索引号（ID），以便于进一步转为词向量。如果文本中的某些词没有包含在词表中，默认使用[UNK]代替。

构造 IMDBDataset 类的代码如下：

```
from paddle.io import Dataset

class IMDBDataset(Dataset):
    def __init__(self, examples, word2id_dict):
        super(IMDBDataset, self).__init__()
        # 构造词典,用于将单词转为字典索引的数字
        self.word2id_dict = word2id_dict
        self.examples = self.convert_tokens_to_ids(examples)

    def convert_tokens_to_ids(self, examples):
        tmp_examples = []
        for idx, example in enumerate(examples):
            seq, label = example
        # 将单词映射为字典索引的 ID,对于词表中没有出现的词用[UNK]对应的 ID 替代
            seq = [self.word2id_dict.get(word, self.word2id_dict['[UNK]']) for word in
seq.split(" ")]
            label = int(label)
            tmp_examples.append([seq, label])
        return tmp_examples

    def __getitem__(self, idx):
        seq, label = self.examples[idx]
        return seq, label

    def __len__(self):
        return len(self.examples)

# 实例化 Dataset
train_set = IMDBDataset(train_data, word2id_dict)
dev_set = IMDBDataset(dev_data, word2id_dict)
test_set = IMDBDataset(test_data, word2id_dict)

print('训练集样本数量:', len(train_set))
print('验证集样本数量:', len(dev_set))
print('测试集样本数量:', len(test_set))
print('样本示例:', train_set[4])
```

输出结果为：

```
训练集样本数: 25000
验证集样本数: 12500
测试集样本数: 12500
样本示例:([2, 976, 5, 32, 6860, 618, 7673, 8, 2, 13073, 2525, 724, 14, 22837, 18, 164, 416,
```

```
8, 10, 24, 701, 611, 1743, 7673, 7, 3, 56391, 21652, 36, 271, 3495, 5, 2, 11373, 4, 13244, 8,
2, 2157, 350, 4, 328, 4118, 12, 48810, 52, 7, 60, 860, 43, 2, 56, 4393, 5, 2, 89, 4152, 182, 5,
2, 461, 7, 11, 7321, 7730, 86, 7931, 107, 72, 2, 2830, 1165, 5, 10, 151, 4, 2, 272, 1003, 6,
91, 2, 10491, 912, 826, 2, 1750, 889, 43, 6723, 4, 647, 7, 2535, 38, 39222, 2, 357, 398, 1505,
5, 12, 107, 179, 2, 20, 4279, 83, 1163, 692, 10, 7, 3, 889, 24, 11, 141, 118, 50, 6, 28642, 8,
2, 490, 1469, 2, 1039, 98975, 24541, 344, 32, 2074, 11852, 1683, 4, 29, 286, 478, 22, 823, 6,
5222, 2, 1490, 6893, 883, 41, 71, 3254, 38, 100, 1021, 44, 3, 1700, 6, 8768, 12, 8, 3, 108, 11,
146, 12, 1761, 4, 92295, 8, 2641, 5, 83, 49, 3866, 5352], 0)
```

从输出结果可以看出，文本被分词后每个单词都被转换成了字典中的 ID 号。

4. 构造 DataLoader

在训练模型时，通常将数据分批传入模型分别训练，每批数据作为一个批（minibatch）传入模型进行处理，每个批数据包含两部分：文本数据和对应的情感标签。可以使用飞桨框架中的 paddle.io.DataLoader 实现批量加载和迭代数据的功能。

观察每批数据的特点可以发现，一个批数据中通常包含若干条文本，每条文本的长度不一致。需要采用文本截断和文本填充技术将每批数据中的文本统一成固定的长度。

（1）文本截断：在训练过程中设置一个序列最大长度 max_seq_len，对过长的文本进行截断，避免由于数据过长影响整体的模型训练效果。

（2）文本填充：统计该批数据的序列最大长度 max_seq_len，当序列长度小于 max_seq_len 时，使用[PAD]进行填充，将该序列补齐到 max_seq_len 的长度。

图 8-3 是批大小（batch size）为 2 时，文本截断和文本填充的示例。以上两种技术可以保证 DataLoader 迭代的每批数据长度都是固定的。

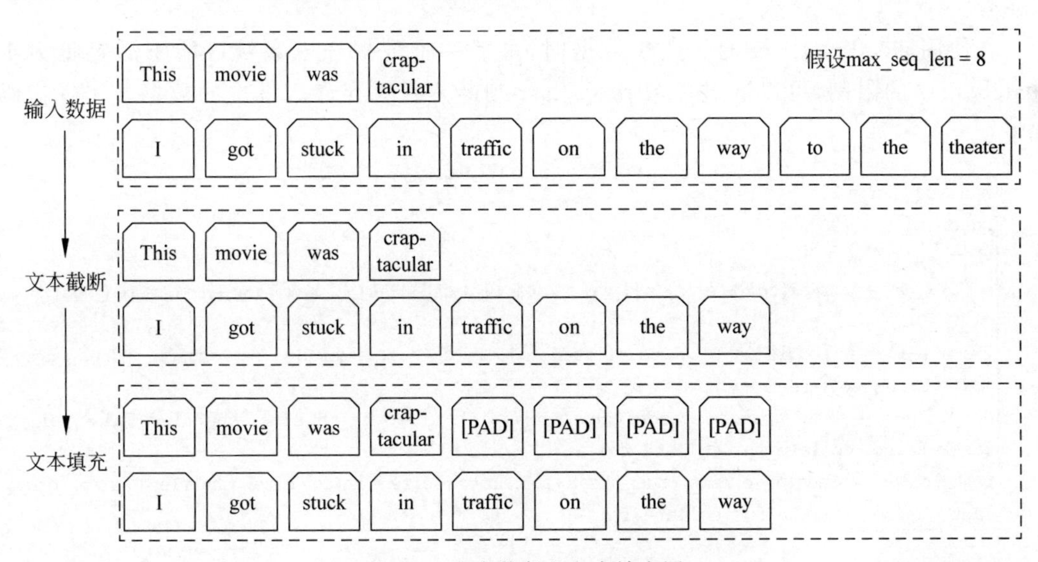

图 8-3 文本截断和文本填充图

我们定义 collate_fn 函数用于文本截断和文本填充，该函数可以作为回调函数传入 DataLoader。DataLoader 在返回每一批数据之前都调用 collate_fn 进行数据处理，返回处理后的文本数据和对应的标签。以下是实现 collate_fn 函数的代码。

```
import paddle
from functools import partial

#最大序列长度 max_seq_len 设置为 256
def collate_fn(batch_data, pad_val = 0, max_seq_len = 256):
    seqs, seq_lens, labels = [], [], []
    max_len = 0
    for example in batch_data:
        seq, label = example
        # 文本序列进行截断
        seq = seq[:max_seq_len]
        # 数据截断并保存在 seqs 中
        seqs.append(seq)
        seq_lens.append(len(seq))
        labels.append(label)
        # 保存序列最大长度
        max_len = max(max_len, len(seq))
    # 对数据序列进行填充至最大长度
    for i in range(len(seqs)):
        seqs[i] = seqs[i] + [pad_val] * (max_len - len(seqs[i]))

    return paddle.to_tensor(seqs), paddle.to_tensor(labels), paddle.to_tensor(seq_lens)
```

collate_fn 函数中包含两个关键字参数：pad_val 和 max_seq_len，可以通过 partial 函数进行固定，然后再将 collate_fn 作为回调函数传入 DataLoader 中。本实践设置最大序列长度(max_seq_len)为 256，批大小(batch size)为 128。感兴趣的读者也可以尝试其他的参数组合。

在使用 DataLoader 按批次迭代数据时，最后一批数据样本数量可能不满足批大小(batch size)的限制，可以通过参数 drop_last 判断是否丢弃最后批次的数据。实现代码如下：

```
max_seq_len = 256
batch_size = 128

collate_fn = partial(collate_fn, pad_val = word2id_dict["[PAD]"], max_seq_len = max_seq_len)

train_loader = paddle.io.DataLoader(train_set, batch_size = batch_size, shuffle = True, drop_
last = False, collate_fn = collate_fn)
dev_loader = paddle.io.DataLoader(dev_set, batch_size = batch_size, shuffle = False, drop_
last = False, collate_fn = collate_fn)
test_loader = paddle.io.DataLoader(test_set, batch_size = batch_size, shuffle = False, drop_
last = False, collate_fn = collate_fn)
```

8.1.4 模型构建

LSTM 模型根据时序关系依次处理每次输入的批数据。首先，文本序列中的所有单词被传入 LSTM 模型，LSTM 模型输出的隐状态可以被看作融合了之前所有单词的状态向量，因此这个状态变量也可以看作该文本序列的语义向量表示。然后，将该语义向量传入线性层，进而获得输入文本属于各情感类别（积极或消极）的分数，如图 8-4 所示。

关于情感分类模型构建的更详细介绍，可参阅（宗成庆等，2022）第 7 章。

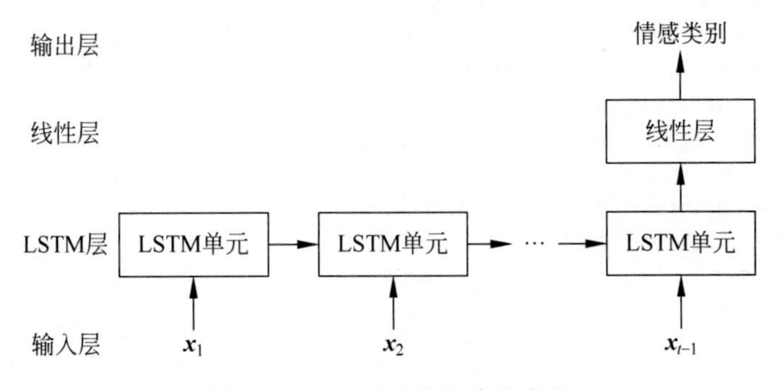

图 8-4　LSTM 网络构建示意图

在实践中可以使用 paddle.nn.LSTM API 调用 LSTM 模型，代码更加简洁，运行效率高，实现代码如下：

```
import paddle
import paddle.nn.functional as F

# 定义一个用于情感分类的网络,SentimentClassifier
class SentimentClassifier(paddle.nn.Layer):

    def __init__(self, input_size, hidden_size, num_embeddings, num_classes = 2, num_layers = 1,
init_scale = 0.1, dropout_rate = None):
        super(SentimentClassifier, self).__init__()

        # 表示输入词向量的维度
        self.input_size = input_size
        # 表示 LSTM 的状态向量的维度
        self.hidden_size = hidden_size
        # 表示词向量的个数,对应词表大小
        self.num_embeddings = num_embeddings
        # 情感类型数量,本实践为二分类任务
        self.num_classes = num_classes
        # 表示网络的层数
        self.num_layers = num_layers
        # 表示使用 dropout 过程中失活的神经元比例
        self.dropout_rate = dropout_rate
        # 表示 LSTM 网络参数的初始化范围
        self.init_scale = init_scale

        # 定义 embedding 层,用来把句子中的每个词转换为向量
        self.embedding = paddle.nn.Embedding(num_embeddings = num_embeddings, embedding_dim =
input_size, padding_idx = 0)
        self.dropout_layer = paddle.nn.Dropout(p = self.dropout_rate, mode = 'upscale_in_train')
        self.lstm_layer = paddle.nn.LSTM(input_size = input_size, hidden_size = hidden_
size, num_layers = num_layers)
        self.cls_layer = paddle.nn.Linear(self.hidden_size, self.num_classes)
```

```
    def forward(self, inputs, seq_lens = None):
        # 获取词向量
        inputs_emb = self.embedding(inputs)
        if self.dropout_rate is not None and self.dropout_rate > 0.0:
            inputs_emb = self.dropout_layer(inputs_emb)
        # 使用 LSTM 网络获取文本的语义信息
        sequence_output, (hidden_states, cell_states) = self.lstm_layer(inputs_emb,
sequence_length = seq_lens)
        hidden_states = hidden_states.squeeze(axis = 0)
        # 输出情感分类的标签
        logits = self.cls_layer(hidden_states)

        return logits
```

8.1.5 训练配置

确定模型训练时用到的计算资源、模型、优化器、损失函数和评估指标等。

(1) 模型：使用单层 LSTM 模型，参数 num_layers 设置为 1。读者也可以尝试设置 num_layers 大于 1，使用多层 LSTM 网络，观察模型训练效果。

(2) 优化器：Adam 优化器。

(3) 损失函数：交叉熵(cross-entropy)。

(4) 评估指标：准确率(accuracy)。

实现代码如下：

```
# 定义训练参数
num_epochs = 10
learning_rate = 0.0001
eval_steps = 50
log_steps = 10
save_dir = "./checkpoints"

# 实例化模型
input_size = 256
hidden_size = 256
num_embeddings = len(word2id_dict)
num_layers = 1
dropout_rate = 0.2
num_classes = 2

model = SentimentClassifier(input_size, hidden_size, num_embeddings, num_classes = num_
classes, num_layers = num_layers, dropout_rate = dropout_rate)

# 指定优化策略,更新模型参数
optimizer = paddle.optimizer.Adam(learning_rate = learning_rate, beta1 = 0.9, beta2 = 0.999,
parameters = model.parameters())

# 指定损失函数
loss_fn = paddle.nn.CrossEntropyLoss()

# 指定评估指标
metric = paddle.metric.Accuracy()
```

8.1.6　模型训练

在训练过程中，每隔 log_steps 步会打印一条训练日志，每隔 eval_steps 步会在验证集上进行一次模型评估，并且保存在训练过程中评估效果最好的模型。

在验证集上进行评估的实现代码如下：

```
def evaluate(model, data_loader, metric):
    # 将模型设置为评估模式
    model.eval()
    # 重置评价
    metric.reset()

    # 遍历验证集的每个批次
    for batch_id, data in enumerate(dev_loader):
        inputs, labels, seq_lens = data
        # 计算模型输出
        logits = model(inputs, seq_lens)
        # 累积评价
        correct = metric.compute(logits, labels)
        metric.update(correct)

    dev_score = metric.accumulate()

    return dev_score
```

模型训练的实现代码如下：

```
def train(model):
    # 开启模型训练模式
    model.train()
    global_step = 0
    best_score = 0.
    # 记录训练过程中的损失函数值和在验证集上模型的准确率
    train_loss_record = []
    train_score_record = []
    num_training_steps = len(train_loader) * num_epochs
    # 进行 num_epochs 轮训练
    for epoch in range(num_epochs):
        for step, data in enumerate(train_loader):
            inputs, labels, seq_lens = data
            # 获取模型预测
            logits = model(inputs, seq_lens)
            # 计算损失函数的平均值
            loss = loss_fn(logits, labels)
            train_loss_record.append((global_step, loss.item()))

            # 梯度反向传播
            loss.backward()
            optimizer.step()
```

```
            optimizer.clear_grad()

            if global_step % log_steps == 0:
                print(f"[Train] epoch: {epoch}/{num_epochs}, step: {global_step}/{num_
training_steps}, loss: {loss.item():.5f}")

            if global_step != 0 and (global_step % eval_steps == 0 or global_step == (num_
training_steps - 1)):
                dev_score = evaluate(model, dev_loader, metric)
                train_score_record.append((global_step, dev_score))
                print(f"[Evaluate] dev score: {dev_score:.5f}")
                model.train()

                # 如果当前指标为最优指标,保存该模型
                if dev_score > best_score:
                    save_path = os.path.join(save_dir, "best.pdparams")
                    paddle.save(model.state_dict(), save_path)
                    print(f"[Evaluate] best accuracy performence has been updated: {best_
score:.5f} -->{dev_score:.5f}")
                    best_score = dev_score

            global_step += 1

    save_path = os.path.join(save_dir, "final.pdparams")
    paddle.save(model.state_dict(), save_path)
    print("[Train] Training done!")

    return train_loss_record, train_score_record

train_loss_record, train_score_record = train(model)
```

保存训练过程中的损失变化情况(train_loss_record)和在验证集上的得分变化情况(train_score_record),并可视化训练过程,实现代码如下:

```
import matplotlib.pyplot as plt

def plot_training_loss(train_loss_record, fig_name, fig_size = (8, 6), sample_step = 10, loss_
legend_loc = "lower left", acc_legend_loc = "lower left"):
    plt.figure(figsize = fig_size)

    train_steps = [x[0] for x in train_loss_record][::sample_step]
    train_losses = [x[1] for x in train_loss_record][::sample_step]

    plt.plot(train_steps, train_losses, color = '#e4007f', label = "Train Loss")
    #绘制坐标轴和图例
    plt.ylabel("Loss", fontsize = 'large')
    plt.xlabel("Step", fontsize = 'large')
    plt.legend(loc = loss_legend_loc, fontsize = 'x-large')

    plt.savefig(fig_name)
    plt.show()
```

```
def plot_training_acc(train_score_record, fig_name, fig_size = (8, 6), sample_step = 10, loss_legend_loc = "lower left", acc_legend_loc = "lower left"):
    plt.figure(figsize = fig_size)

    train_steps = [x[0] for x in train_score_record]
    train_losses  =  [x[1] for x in train_score_record]

    plt.plot(train_steps, train_losses, color = '#e4007f', label = "Dev Accuracy")
    # 绘制坐标轴和图例
    plt.ylabel("Accuracy", fontsize = 'large')
    plt.xlabel("Step", fontsize = 'large')
    plt.legend(loc = loss_legend_loc, fontsize = 'x-large')

    plt.savefig(fig_name)
    plt.show()
```

输出结果如图 8-5 所示。

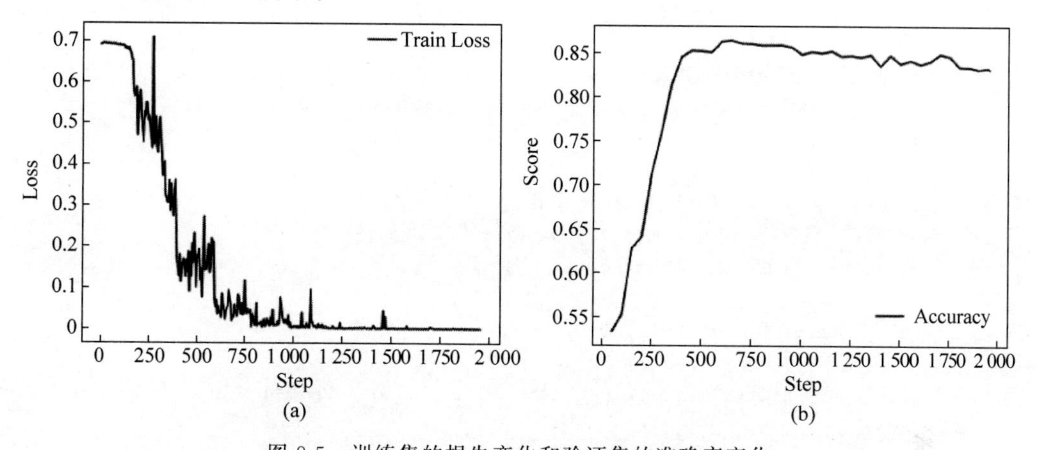

图 8-5 训练集的损失变化和验证集的准确率变化

(a) 在训练集上的损失变化情况；(b) 在验证集上的准确率变化情况

在图 8-5(a)中，横坐标表示的是训练步数，纵坐标是损失函数的值，即预测结果和真实结果的交叉熵，图 8-5(b)中横坐标和纵坐标分别表示训练步数和预测准确率。从图 8-5 可以看出，随着训练的进行，在训练集上的损失函数值不断下降，逐步收敛，直到数值趋向于0，同时在验证集上的准确率得分开始不断升高。

8.1.7 模型评估

使用测试集对训练过程中表现最好的模型进行评价，以验证模型的训练效果。实现代码如下：

```
# 加载训练好的模型进行评估。重新实例化一个模型，然后将训练好的模型参数加载到新模型中
saved_state  =  paddle.load("./checkpoints/final.pdparams")
model  = SentimentClassifier(input_size, hidden_size, num_embeddings, num_classes = num_classes, num_layers = num_layers, dropout_rate = dropout_rate)
model.load_dict(saved_state)

# 评估模型
evaluate(model, test_loader, metric)
```

输出结果为：

```
0.83 312
```

8.1.8 模型预测

任意输入一个电影评论文本，如“It’s funny. It’s not Arthur Miller or T. S. Elliot，but man this is funny. Kline and Fields are great. ”，模型推理后即可得到该输入文本的情感极性。实现代码如下：

```
def infer(model, text):
    model.eval()
    # 数据处理
    words = [word2id_dict.get(word, word2id_dict['[UNK]']) for word in text.split(" ")]
    # 构造输入模型的数据
    words = paddle.to_tensor(words, dtype = "int64").unsqueeze(0)

    # 计算模型输出分类的对数几率
    logits = model(words, paddle.to_tensor([len(words[0])], dtype = "int64"))

    # 解析出分数最大的标签
    id2label = {0:"消极情绪", 1:"积极情绪"}
    max_label_id = paddle.argmax(logits, axis = 1).numpy()[0]
    pred_label = id2label[max_label_id]

    print("Label: ", pred_label)

text = "It's funny. It's not Arthur Miller or T.S. Elliot, but man this is funny. Kline and
Fields are great.
"
infer(model, text)
```

输出结果为：

```
Label: 积极情绪
```

8.2 基于BERT模型实现情感分类

8.1节介绍了基于长短时神经网络实现情感分类的方法。本节将基于预训练模型BERT实现情感分析任务，其中任务目标、实现思路和数据集与8.1节相同，这里不再赘述。

8.2.1 数据处理

数据处理包括数据加载、数据索引(ID)化、构造DataLoader等步骤，最终将同一批的数据处理成等长的特征序列，使用DataLoader将固定长数据批次传入BERT模型。

1. 数据加载

使用datasets工具加载IMDB数据集，实现代码如下：

```
# 安装 dataset
%pip install datasets
```

```
import paddlenlp
from datasets import load_dataset

# 使用 dataset 加载训练集、验证集和测试集
train_path = "data/data175000/train.json"
dev_path = "data/data175000/dev.json"
test_path = "data/data175000/test.json"
dataset = load_dataset("json", data_files = {"train":train_path, "dev":dev_path, "test":
test_path})

# 打印训练集的第 1 条数据
print(dataset["train"][:1])
```

输出结果为：

```
{'text': ['It does seem like this film is polarizing us. You either love it or hate it. I loved it.
<br /><br /> I agree with the comment(s) that said, you just gotta "feel" this one.<br /><br />
Also, early in the film, Tom Cruise shows his girlfriend a painting done by Monet -- an
impressionist painter. Monet\'s style is to paint in little dabs so up close the painting looks
like a mess, but from a distance, you can tell what the subject is. Cruise mentions that the
painting has a "vanilla sky". I believe this is a hint to the moviegoer. This movie is like that
impressionist painting. It\'s impressionist filmmaking! And it\'s no coincidence that the title
of the movie refers to that painting.<br /><br /> This is not your typical linear plot. It
requires more thought. There is symbolism and there are scenes that jump around and no, you\'re
not always going to be sure what\'s going on. But at the end, all is explained.<br /><br /> You
will need to concentrate on this movie but I think people are making the mistake of concentrating
way too hard on it. After it ends is when you should think about it. If you try to figure it out as
it\'s unfolding, you will overwhelm yourself. Just let it happen..."go" with it...keep an open
mind. Remember what you see and save the analysis for later.<br /><br /> I found all the
performances top notch and thought it to be tremendously unique, wildly creative, and
spellbinding.<br /><br /> But I will not critize the intelligence of those of you who didn\'t
enjoy it. It appeals to a certain taste. If you like existential, psychedelic, philosophical,
thought-provoking, challenging, spiritual movies, then see it. If you prefer something a
little lighter, then skip it.<br /><br /> But if you DO like what I described, then you will
surely enjoy it.'], 'label': [1]}
```

从输出结果看，数据结构由文本数据 text 和对应的情感标签 label 组成。在上面的输出结果中，text 和 label 中包含了训练集的第 1 条数据。

2. 数据索引(ID)化

定义 convert_example_to_feature 函数，并通过加载 tokenizer 将输入的文本数据转换成特征形式，便于后续模型的读取。在 7.1 节的实践中提到，利用 datasets 的 map 函数将文本数据转换成特征形式时，可以逐条处理，也可以批量处理。本节使用批量处理的方式，因此需要设置 convert_example_to_feature 接收批量的样本，然后进行解析。实现代码如下：

```
from paddlenlp.transformers import AutoTokenizer

def convert_example_to_feature(examples, tokenizer, max_seq_len = 512, is_infer = False):
    encoded_inputs = tokenizer(examples["text"], max_seq_len = max_seq_len)

    if not is_infer:
        encoded_inputs["labels"] = [label for label in examples["label"]]

    return encoded_inputs

# 初始化 tokenizer,由于 IMDB 是英文数据集,因此 model_name 设置为 bert - base - uncased;如果是中文数据集,model_name 设置为 bert - base - chinese
model_name = "bert - base - uncased"
tokenizer = AutoTokenizer.from_pretrained(model_name)

# 以 1 条数据为例,查看数据转换后的特征数据
example = {"text":["this movie is so amazing."], "label":[1]}
features = convert_example_to_feature(example, tokenizer)
print(features)
```

输出结果为：

```
{'input_ids': [[101, 2023, 3185, 2003, 2061, 6429, 1012, 102]], 'token_type_ids': [[0, 0, 0, 0, 0, 0, 0, 0]], 'labels': [1]}
```

从输出结果看，tokenizer 将文本数据转换成了三项特征：input_ids、token_type_ids 和 labels。

下面基于 convert_example_to_feature 函数将加载的训练集、验证集和测试集依次转换为对应的特征形式。这里需要用到函数 partial，用于设置 convert_example_to_feature 函数中的参数，然后基于 map 函数进行批量数据转换。实现代码如下：

```
from functools import partial
max_seq_len = 512
trans_fn = partial(convert_example_to_feature, tokenizer = tokenizer, max_seq_len = max_seq_len)

# 将输入的训练集、验证集和测试集数据统一转换成特征形式
columns = ["text", "label"]
train_dataset = dataset["train"].map(trans_fn, batched = True, remove_columns = columns)
dev_dataset = dataset["dev"].map(trans_fn, batched = True, remove_columns = columns)
test_dataset = dataset["test"].map(trans_fn, batched = True, remove_columns = columns)

# 输出每个数据集中的样本数量
print("train_dataset:", len(train_dataset))
print("dev_dataset:", len(dev_dataset))
print("test_dataset:", len(test_dataset))
```

输出结果为：

```
train_dataset: 25000
```

```
dev_dataset: 12500
test_dataset: 12500
```

3. 构造 DataLoader

下面构造 DataLoader 用于批量迭代数据。使用 PaddleNLP 的 DataCollatorWithPadding 函数将数据统一成相同的长度，shuffle 设置为 True，对数据进行随机打乱。实现代码如下：

```
from paddle.io import BatchSampler, DataLoader
from paddlenlp.data import DataCollatorWithPadding


batch_size = 16
train_sampler = BatchSampler(train_dataset, batch_size = batch_size, shuffle = True)
dev_sampler = BatchSampler(dev_dataset, batch_size = batch_size, shuffle = False)

# 使用 PaddleNLP 的 DataCollatorWithPadding 函数将加载的训练集、验证集和测试集数据处理成相同的长度
data_collator = DataCollatorWithPadding(tokenizer)
# 构造 DataLoader,按 batch size 大小,批量迭代训练集、验证集和测试集数据
train_loader = DataLoader(dataset = train_dataset, batch_sampler = train_sampler, collate_fn = data_collator)
dev_loader = DataLoader(dataset = dev_dataset, batch_sampler = dev_sampler, collate_fn = data_collator)
test_loader = DataLoader(dataset = test_dataset, batch_sampler = dev_sampler, collate_fn = data_collator)

for step, batch in enumerate(train_loader):
    if step > 2:
        break
    print(batch)
```

输出结果为：

```
{'input_ids': Tensor(shape = [16, 512], dtype = int64, place = Place(gpu:0), stop_gradient = True,
       [[101 , 1045 , 2428 , ..., 0 ,     0 ,     0 ],
        [101 , 2508 , 5980 , ..., 0 ,     0 ,     0 ],
        [101 , 1045 , 2134 , ..., 0 ,     0 ,     0 ],
        ...,
        [101 , 2023 , 2003 , ..., 0 ,     0 ,     0 ],
        [101 , 2054 , 2057 , ..., 14315, 1996 ,  102 ],
        [101 , 2023 , 2003 , ..., 0 ,     0 ,     0 ]]), 'token_type_ids': Tensor(shape = [16,
512], dtype = int64, place = Place(gpu:0), stop_gradient = True,
       [[0, 0, 0, ..., 0, 0, 0],
        [0, 0, 0, ..., 0, 0, 0],
        [0, 0, 0, ..., 0, 0, 0],
        ...,
        [0, 0, 0, ..., 0, 0, 0],
        [0, 0, 0, ..., 0, 0, 0],
        [0, 0, 0, ..., 0, 0, 0]]), 'labels': Tensor(shape = [16], dtype = int64, place = Place
(gpu:0), stop_gradient = True,
```

```
        [1, 1, 0, 0, 1, 0, 1, 1, 0, 1, 0, 0, 0, 1, 1, 0])}
{'input_ids': Tensor(shape = [16, 512], dtype = int64, place = Place(gpu:0), stop_gradient = True,
        [[101 , 2043 , 1045 , ..., 0 ,     0 ,     0 ],
         [101 , 2123 , 1005 , ..., 0 ,     0 ,     0 ],
         [101 , 1037 , 26352, ..., 0 ,     0 ,     0 ],
         ...,
         [101 , 10768, 3217 , ..., 12338, 6431 ,  102 ],
         [101 , 2292 , 2033 , ..., 0 ,     0 ,     0 ],
         [101 , 8670 , 8670 , ..., 0 ,     0 ,     0 ]]), 'token_type_ids': Tensor(shape = [16,
512], dtype = int64, place = Place(gpu:0), stop_gradient = True,
        [[0, 0, 0, ..., 0, 0, 0],
         [0, 0, 0, ..., 0, 0, 0],
         [0, 0, 0, ..., 0, 0, 0],
         ...,
         [0, 0, 0, ..., 0, 0, 0],
         [0, 0, 0, ..., 0, 0, 0],
         [0, 0, 0, ..., 0, 0, 0]]), 'labels': Tensor(shape = [16], dtype = int64, place = Place
(gpu:0), stop_gradient = True,
        [0, 0, 0, 1, 1, 1, 0, 1, 0, 0, 1, 1, 0, 1, 0, 0])}
{'input_ids': Tensor(shape = [16, 512], dtype = int64, place = Place(gpu:0), stop_gradient = True,
        [[101 , 1026 , 7987 , ..., 0 ,     0 ,     0 ],
         [101 , 1996 , 3185 , ..., 2000 , 2022 ,  102 ],
         [101 , 17453, 5875 , ..., 0 ,     0 ,     0 ],
         ...,
         [101 , 2034 , 1010 , ..., 0 ,     0 ,     0 ],
         [101 , 2026 , 3129 , ..., 0 ,     0 ,     0 ],
         [101 , 1996 , 3484 , ..., 1037 , 4438 ,  102 ]]), 'token_type_ids': Tensor(shape = [16,
512], dtype = int64, place = Place(gpu:0), stop_gradient = True,
        [[0, 0, 0, ..., 0, 0, 0],
         [0, 0, 0, ..., 0, 0, 0],
         [0, 0, 0, ..., 0, 0, 0],
         ...,
         [0, 0, 0, ..., 0, 0, 0],
         [0, 0, 0, ..., 0, 0, 0],
         [0, 0, 0, ..., 0, 0, 0]]), 'labels': Tensor(shape = [16,512], dtype = int64, place =
Place(gpu:0), stop_gradient = True,
        [0, 0, 0, 0, 0, 0, 0, 1, 1, 0, 1, 0, 1, 1, 0, 0])}
```

从输出结果看，同一批次的数据长度相同。

8.2.2 模型构建

BERT 模型依次处理输入的批数据。对于输入的文本序列，默认会在前后拼接[CLS]和[SEP]，然后输入 BERT 模型。BERT 模型所输出的[CLS]位置的隐层向量可以看作这条文本序列的语义向量，然后将该语义向量传入线性层，进而获取文本属于不同情感类别(积极或消极)的分数，如图 8-6 所示。

基于图 8-6 所示的建模思路，实现代码如下：

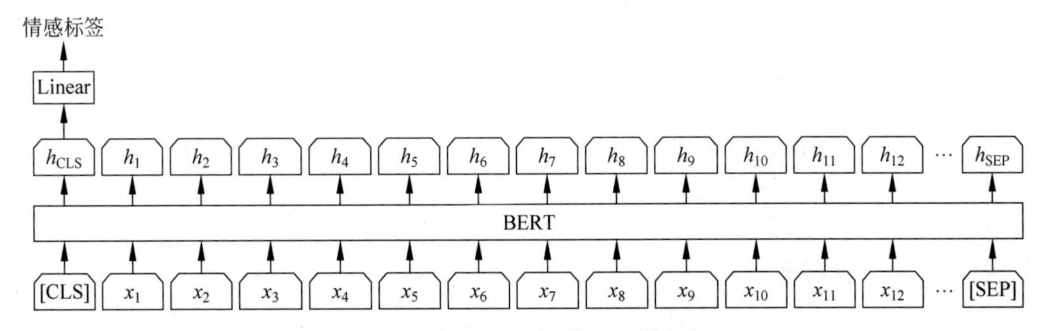

图 8-6 电影评论情感分析设计方案

```
import paddle.nn as nn

# 定义 BertForSequenceClassification,继承 nn.Layer 类
class BertForSequenceClassification(nn.Layer):

    def __init__(self, bert, num_classes = 2, dropout = None):
        super(BertForSequenceClassification, self).__init__()
        self.num_classes = num_classes
        self.bert = bert
        self.dropout = nn.Dropout(dropout if dropout is not None else self.bert.
                                  config["hidden_dropout_prob"])
        self.classifier = nn.Linear(self.bert.config["hidden_size"],
                                    num_classes)

    def forward(self,
                input_ids,
                token_type_ids = None,
                position_ids = None,
                attention_mask = None):

        # 将输入文本序列的特征数据传入 BERT 模型进行编码
        outputs = self.bert(input_ids,
                            token_type_ids = token_type_ids,
                            position_ids = position_ids,
                            attention_mask = attention_mask)
        # 获取[CLS]位置对应的向量表示
        pooled_output = outputs[1]

        pooled_output = self.dropout(pooled_output)
        # 通过线性层获取情感类别
        logits = self.classifier(pooled_output)

        return logits
```

在 7.1.4 节中介绍了 PaddleNLP 的一些常用的类,直接调用这些类即可完成模型构建。下面通过 AutoModelForSequenceClassification 类直接调用获取文本分类模型。该类能够自动获取指定模型的文本分类功能。实现代码如下:

```
from paddlenlp.transformers import AutoModelForSequenceClassification

# 本实验包含正、负两类数据,因此 num_classes 设置为 2
num_classes = 2
model = AutoModelForSequenceClassification.from_pretrained(model_name, num_classes = num_
classes)
```

8.2.3 训练配置

定义模型训练时的超参数、优化器、损失函数和评估指标等。

(1) 模型：使用 BERT 模型。

(2) 优化器：AdamW 优化器。

(3) 损失函数：交叉熵(cross-entropy)。

(4) 评估指标：准确率(accuracy)。

实现代码如下：

```
import paddle

from paddlenlp.transformers import LinearDecayWithWarmup

# 设置训练轮次
num_epochs = 2
# 设置学习率
learning_rate = 1e-5
# 设置每隔多少步在验证集上进行一次模型评估
eval_steps = 100
# 设置每隔多少步打印一次日志
log_steps = 10
# 设置模型保存路径,自动保存训练过程中效果最好的模型
save_dir = "./checkpoints"

# 设置训练过程中的权重衰减系数
weight_decay = 0.01
# 设置训练过程中的暖启动训练比例
warmup_proportion = 0.1
# 设置共需要的训练步数
num_training_steps = len(train_loader) * num_epochs

#除 bias 和 LayerNorm 的参数外,其他参数在训练过程中执行衰减操作
decay_params = [p.name for n, p in model.named_parameters() if not any(nd in n for nd
in ["bias", "norm"])]

# 定义优化器
optimizer = paddle.optimizer.AdamW(learning_rate = learning_rate,
parameters = model.parameters(), weight_decay = weight_decay,
apply_decay_param_fun = lambda x: x in decay_params)

# 定义损失函数
```

```
paddle.nn.CrossEntropyLoss()

# 定义评估指标的计算方式
metric = paddle.metric.Accuracy()
```

8.2.4　模型训练

在训练过程中，每隔 log_steps 打印一条训练日志，每隔 eval_steps 在验证集上进行一次模型评估，并且保存在训练过程中评估效果最好的模型。

在验证集上进行评估的实现代码如下：

```
from tqdm import tqdm

def evaluate(model, data_loader, metric):
    # 将模型设置为评估模式
    model.eval()
    # 重置评价
    metric.reset()

    # 遍历验证集每个批次
    for data in tqdm(data_loader, desc = "[Evaluation Progression]"):
        inputs, token_type_ids, labels = data["input_ids"], data["token_type_ids"],
data["labels"]
        logits = model(input_ids = inputs, token_type_ids = token_type_ids)
        # 累积评价
        correct = metric.compute(logits, labels)
        metric.update(correct)

    dev_score = metric.accumulate()

    return dev_score
```

模型训练的实现代码如下：

```
import os

def train(model):
    # 开启模型训练模式
    model.train()
    global_step = 0
    best_score = 0.
    # 记录训练过程中的损失函数和在验证集上模型的准确率
    train_loss_record = []
    train_score_record = []
    num_training_steps = len(train_loader) * num_epochs
    # 进行 num_epochs 轮训练
    for epoch in range(num_epochs):
        for step, data in enumerate(train_loader):
            inputs, token_type_ids, labels = data["input_ids"], data["token_type_ids"],
data["labels"]
```

```
            # 获取模型预测
            logits = model(input_ids = inputs, token_type_ids = token_type_ids)

            loss = loss_fn(logits, labels)
            train_loss_record.append((global_step, loss.item()))

            # 梯度反向传播
            loss.backward()
            optimizer.step()
            optimizer.clear_grad()

            if global_step % log_steps == 0:
                print(f"[Train] epoch: {epoch}/{num_epochs}, step: {global_step}/{num_
training_steps}, loss: {loss.item():.5f}")

            if global_step != 0 and (global_step % eval_steps == 0 or global_step == (num_
training_steps - 1)):
                dev_score = evaluate(model, dev_loader, metric)
                train_score_record.append((global_step, dev_score))

                model.train()
                # 如果当前指标为最优指标，保存该模型
                if dev_score > best_score:
                    print(f"[Evaluate] best accuracy performence has been updated: {best_
score:.5f} -->{dev_score:.5f}")
                    best_score = dev_score
                    save_path = os.path.join(save_dir, "best.pdparams")
                    paddle.save(model.state_dict(), save_path)
                print(f"[Evaluate] dev score: {dev_score:.5f}")

            global_step += 1

    save_path = os.path.join(save_dir, "final.pdparams")
    paddle.save(model.state_dict(), save_path)
    print("[Train] Training done!")

    return train_loss_record, train_score_record

train_loss_record, train_score_record = train(model)
```

输出结果为：

```
......
[Train] epoch: 0/2, step: 110/3126, loss: 0.47537
[Train] epoch: 0/2, step: 120/3126, loss: 0.31041
[Train] epoch: 0/2, step: 130/3126, loss: 0.35236
[Train] epoch: 0/2, step: 140/3126, loss: 0.29467
[Train] epoch: 0/2, step: 150/3126, loss: 0.37072
[Train] epoch: 0/2, step: 160/3126, loss: 0.24420
[Train] epoch: 0/2, step: 170/3126, loss: 0.25741
[Train] epoch: 0/2, step: 180/3126, loss: 0.20653
```

```
[Train] epoch: 0/2, step: 190/3126, loss: 0.42518
[Train] epoch: 0/2, step: 200/3126, loss: 0.34494
[Evaluate] best accuracy performence has been updated: 0.87240 --> 0.90312
[Evaluate] dev score: 0.90312
 ......
```

使用 tools.py 文件中定义的 plot_training_loss 和 plot_training_acc 可视化训练过程，实现代码如下：

```
from tools import plot_training_loss, plot_training_acc

fig_path = "./images/chapter7_bert_loss.pdf"
plot_training_loss(train_loss_record, fig_path, loss_legend_loc = "upper right", sample_
step = 60)

fig_path = "./images/chapter7_bert_acc.pdf"
plot_training_acc(train_score_record, fig_path, sample_step = 1,
loss_legend_loc = "lower right")
```

输出结果如图 8-7 所示。

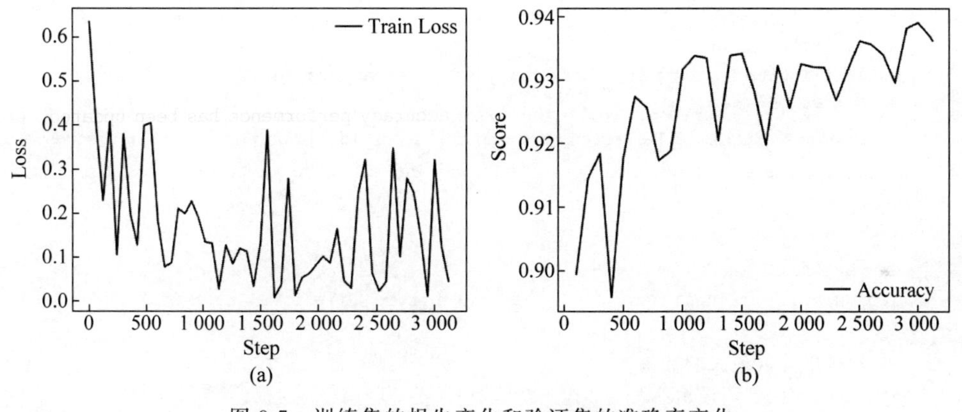

图 8-7　训练集的损失变化和验证集的准确率变化

(a) 在训练集上的损失变化情况；(b) 在验证集上的准确率变化情况

在图 8-7(a)中，横坐标表示训练步数，纵坐标表示损失函数的值，即预测结果和真实结果的交叉熵，图 8-7(b)中横坐标和纵坐标分别表示训练步数和预测准确率。从图 8-7 可以看出，随着训练的进行，在训练集上损失函数的曲线整体呈现逐步下降的趋势，同时在验证集上的准确率也在逐步提高。

8.2.5　模型评估

使用测试集对训练过程中表现最好的模型进行评价，以验证模型训练效果。实现代码如下：

```
# 加载训练好的模型进行预测，重新实例化一个模型，然后将训练好的模型参数加载到新模型
saved_state = paddle.load("./checkpoints/best.pdparams")
num_classes = 2
model = AutoModelForSequenceClassification.from_pretrained(model_name, num_classes = num_classes)
```

```
model.load_dict(saved_state)

# 评估模型
test_score = evaluate(model, test_loader, metric)
print(f"[Evaluate] test score: {test_score:.5f}")
```

输出结果为：

```
[Evaluate] test score: 0.93960
```

从输出结果看，8.1节中基于LSTM网络完成IMDB数据集的情感分类任务，在测试集上的准确率大约是86.6%，然而基于BERT模型可以达到94%，这足以证明BERT模型具有更强的建模能力。

8.2.6 模型预测

任意输入一个电影评论方面的文本，如“this movie is so good that I watch it several times.”，通过模型预测验证模型训练效果，实现代码如下：

```
def infer(model, text):
    model.eval()
    # 数据处理
    encoded_inputs = tokenizer(text, max_seq_len = max_seq_len)
    # 构造输入模型的数据
    input_ids = paddle.to_tensor(encoded_inputs["input_ids"], dtype = "int64").unsqueeze(0))
    token_type_ids = paddle.to_tensor(encoded_inputs["token_type_ids"], dtype = "int64").
unsqueeze(0))

    # 计算分数
    logits = model(input_ids = input_ids, token_type_ids = token_type_ids)

    # 解析出分数最大的标签
    id2label = {0:"消极情绪", 1:"积极情绪"}
    max_label_id = paddle.argmax(logits, axis = 1).numpy()[0]
    pred_label = id2label[max_label_id]

    print("Label: ", pred_label)

text = "this movie is so good that I watch it several times. "
infer(model, text)
```

输出结果为：

```
Label: 积极情绪
```

8.3 基于BERT的属性级情感分类

8.3.1 任务目标

8.1节和8.2节分别使用LSTM模型和BERT模型完成了句子级的情感分类任务。

本节介绍属性级的情感分类任务实现方法，即针对给定的文本，抽取出文本中的属性、观点词和评论观点。属性级的情感分类又包含多项子任务，如属性抽取（aspect term extraction）、观点抽取（opinion term extraction）、属性级情感分类（aspect based sentiment classification）等。假如给定一个待评价的语句："蛋糕味道很甜，外观很漂亮，店家服务也很热情"，那么句子级的情感分类和属性级情感分类的结果如图 8-8 所示，其中属性抽取模块将抽取出句子中的所有属性，该例子中的属性包括三项：味道、外观和服务；观点抽取模块抽取出每个属性对应的观点词，如味道属性对应的观点词为"甜"，外观属性对应的观点词为"漂亮"，服务属性对应的观点词为"热情"；属性级情感分类模块则是判断每项属性的情感极性。这个例子中三项属性的情感极性都为正向。

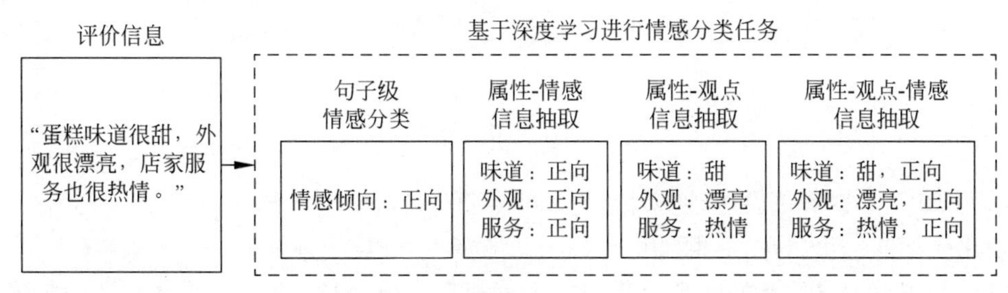

图 8-8 情感分类任务示意图

随着互联网业务的兴起，情感分类任务逐渐成为国内外研究的热点，通过对用户的真实评价的分析、归纳和推理，为企业消费决策、舆情分析、个性化推荐等业务提供数据支撑。相比于句子级的情感分析任务，属性级情感分析能够更加细粒度地对文本中蕴含的情感极性进行分析，因此有着更广泛的应用。本节介绍如何基于 BERT 模型实现属性级情感分析方法。

8.3.2 实现思路及流程

属性级情感分类的实现流程如图 8-9 所示，模型的输入是文本数据，输出是该文本数据中蕴含的〈属性、观点、情感分类〉三元组数据。在建模过程中，由如下两个子任务组成：

(1) 属性和观点抽取任务：对于输入的文本评论信息，使用 BERT 模型，采用基于序列标注的方法抽取评论中的属性和对应观点。

(2) 情感分类任务：将任务(1)输出的评论属性-观点信息和文本评论信息进行拼接，作为任务(2)的输入数据。使用 BERT 对文本进行编码，获取文本的语义向量表示，然后将[CLS]位置的隐层向量传入线性层，得到最终的情感分类结果。

最后，将(1)和(2)两个任务获取的信息进行汇总，获得〈属性、观点、情感分类〉三元组数据。

以下分别介绍每一步骤的具体实现过程。

8.3.3 属性和观点抽取

对于输入的文本评论信息，基于序列标注的方法抽取评论中的属性和对应观点。在实

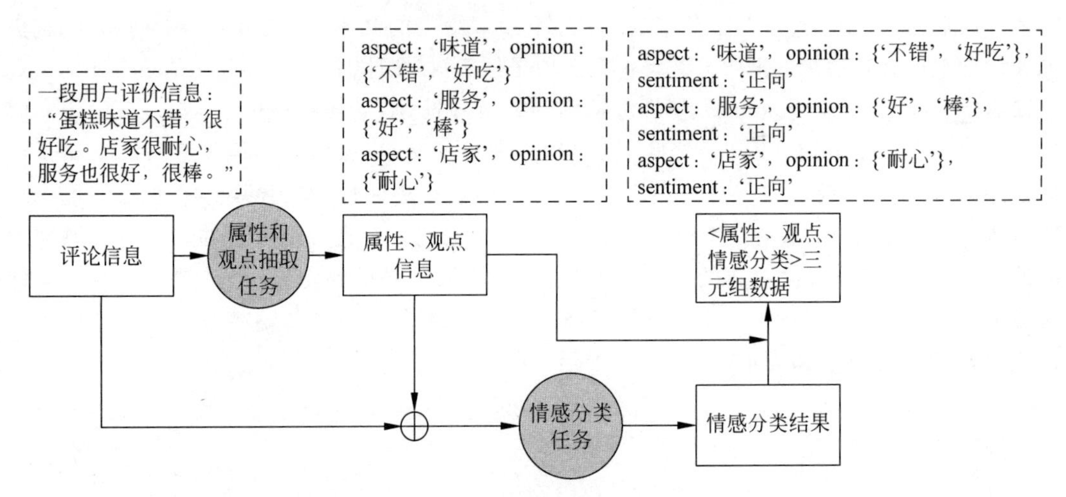

图 8-9 属性级情感分类流程图

践中采用 BIO 标签来建模序列标注：B-Aspect，I-Aspect，B-Opinion，I-Opinion，O。其中，前两者用于标注评论属性，后两者用于标注相应观点，O 用于标注其他字。

属性和观点抽取任务的实现流程与 7.1 节和 7.2 节保持一致，下面分别介绍具体的实现方法。

1. 数据处理

数据处理包括数据集确定、数据加载、数据索引(ID)化、构造 DataLoader 等步骤，最终将同一批的数据处理成等长的特征序列，使用 DataLoader 逐批迭代传入 BERT 模型。

(1) 数据集确定

为了方便读者学习使用，我们将数据进行了预处理，将原始的中文分词数据转换成了序列标注的格式。下面是训练集中的 3 条样本数据，一行数据代表一条样本，每个样本包含文本数据 text 和对应的词位标签序列 label，并使用空格进行字符分割。

本实践使用的数据集由飞桨 PaddleNLP 自建，包含 800 条训练集数据、100 条验证集数据和 100 条测试集数据，每条数据都由文本数据和对应的词位标签序列 label 构成，并使用空格进行字符分割。样本数据示例如下：

```
{'text': '商品质量不错,服务挺周到的', 'label': 'B - Aspect I - Aspect I - Aspect I - Aspect B - Opinion I - Opinion O B - Aspect I - Aspect O B - Opinion I - Opinion O'}
```

由标签信息可以看到，该实例包含了两条“属性-观点”信息，分别为“商品质量-不错”和“服务-周到”。

(2) 数据加载

使用 datasets 加载训练集、验证集和测试集数据。实现代码如下：

```
import paddlenlp
from datasets import load_dataset

# 加载训练集、验证集、测试集数据
```

```
train_path = "./data/data178684/train_ext.json"
dev_path = "./data/data178684/dev_ext.json"
test_path = "./data/data178684/test_ext.json"
dataset = load_dataset("json", data_files = {"train":train_path, "dev":dev_path, "test":
test_path})

# 打印训练集的前 3 条数据
print(dataset["train"][:3])
```

输出结果为：

```
{'text': ['兑换很方便,', '跑到水里摸螺丝,总体感觉很不错,空气也比较清新,是个周末度假的好
地方', '骑车不错的地方'], 'label': ['B-Aspect I-Aspect O B-Opinion I-Opinion O', 'O O O O O
O O O B-Aspect I-Aspect I-Aspect I-Aspect O B-Opinion I-Opinion O B-Aspect I-Aspect O O
O B-Opinion I-Opinion O O O O O O O O B-Opinion B-Aspect I-Aspect', 'O O B-Opinion I-
Opinion O B-Aspect I-Aspect']}
```

从输出结果看，每条样本都包括文本信息 text 和对应的属性-观点标签 label 两部分信息，其中 label 采用 BIO 结构进行标注。

(3) 数据索引(ID)化

定义 convert_example_to_feature 函数，并通过加载 Tokenizer 将输入的文本数据转换成特征数据，并构建词典 label2id，将标签数据转换为数字序列。BIO 词位标签的映射规则如下："B-Aspect"映射为 1，"I-Aspect"映射为 2，"B-Opinion"映射为 3，"I-Opinion"映射为 4，其中"O"主要用于将非属性和观点字符或者部分特殊 token 映射为 0，如[CLS]、[SEP]、[PAD]等。实现代码如下：

```
from functools import partial
from paddlenlp.transformers import AutoTokenizer

def convert_example_to_feature(example, tokenizer, label2id, max_seq_len = 512, is_infer =
False):
    """
    将输入样本转换成适合 BERT 模型的输入特征

    输入:
        - example: 单个输入样本
        - tokenizer: Bert 模型的 tokenizer 实例
        - label2id: 用于将标签转为 id 的字典
        - max_seq_len: 模型处理文本的最大序列长度
        - is_infer: 是否为模型预测,对于预测数据,不会处理标签数据
    """

    # 利用 tokenizer 将输入数据转换成特征形式
    text = example["text"].split()
    label = example["label"].split()
    assert len(text) == len(label), "The length of text is not equal to label's: {} != {}".
format(len(text), len(label))
    encoded_inputs = tokenizer(text, is_split_into_words = True, max_seq_len = max_seq_len,
return_length = True)
```

```
    if not is_infer:
        encoded_inputs["label"] = [label2id["O"]] + [label2id[item] for item in label
[:max_seq_len - 2]] + [label2id["O"]]

    return encoded_inputs

# 最大序列长度
max_seq_len = 512
# 定义模型名称
model_name = "bert-base-chinese"
# 初始化 AutoTokenizer
tokenizer = AutoTokenizer.from_pretrained(model_name)
# 定义词典 label2id,将 BIO 结构的标签数据转成数字序列
ext_label2id = {"O":0, "B-Aspect":1, "I-Aspect":2, "B-Opinion":3, "I-Opinion":4}
ext_id2label = {v: k for k, v in ext_label2id.items()}

# 将训练集、验证集和测试集数据转换成特征形式。由于本实践数据量不大,因此设置 batched 为
False,逐条处理数据
trans_fn = partial(convert_example_to_feature, tokenizer = tokenizer, label2id = ext_
label2id, max_seq_len = max_seq_len)
columns = ["text", "label"]
train_dataset = dataset["train"].map(trans_fn, batched = False, remove_columns = columns)
dev_dataset = dataset["dev"].map(trans_fn, batched = False, remove_columns = columns)
test_dataset = dataset["test"].map(trans_fn, batched = False, remove_columns = columns)

# 打印每个数据集中的样本数量
print("train_dataset:", len(train_dataset))
print("dev_dataset:", len(dev_dataset))
print("test_dataset:", len(test_dataset))

# 打印训练集中第 1 条数据
print("train example:", train_dataset[:1])
```

输出结果为：

```
train_dataset: 800
dev_dataset: 100
test_dataset: 100
train example: {'label': [[0, 1, 2, 0, 3, 4, 0, 0]], 'input_ids': [[101, 1050, 2940, 2523, 3175,
912, 8024, 102]], 'token_type_ids': [[0, 0, 0, 0, 0, 0, 0, 0]], 'length': [8], 'seq_len': [8]}
```

从输出结果看,文本数据和标签已经转换成了相应的特征数据。

(4) 构造 DataLoader

构造 DataLoader,DataLoader 以 batch 的形式将加载的数据进行划分,并传入 BERT 模型。本实践使用 PaddleNLP 中预先定义的 DataCollatorForTokenClassification 函数,将一批数据统一成相同长度。实现代码如下：

```
from paddle.io import BatchSampler, DataLoader
from paddlenlp.data import DataCollatorForTokenClassification
```

```
batch_size = 2
train_sampler = BatchSampler(train_dataset, batch_size = batch_size, shuffle = True)
dev_sampler = BatchSampler(dev_dataset, batch_size = batch_size, shuffle = False)

# 使用预置的 DataCollator
data_collator = DataCollatorForTokenClassification(tokenizer, label_pad_token_id = ext_
label2id["O"])
# 构造 DataLoader,按 batch size 大小,批量迭代训练集、验证集和测试集数据
train_loader = DataLoader(dataset = train_dataset, batch_sampler = train_sampler, collate_fn =
data_collator)
dev_loader = DataLoader(dataset = dev_dataset, batch_sampler = dev_sampler, collate_fn =
data_collator)
test_loader = DataLoader(dataset = test_dataset, batch_sampler = dev_sampler, collate_fn =
data_collator)

# 打印训练集中的第 1 个批数据
print(next(iter(train_loader)))
```

输出结果为：

```
{'label': Tensor(shape = [2, 30], dtype = int64, place = CUDAPlace(0), stop_gradient = True,
       [[0, 1, 2, 0, 3, 4, 0, 0, 0, 0, 0, 1, 0, 0, 3, 4, 0, 0, 0, 0, 0, 0, 0,
         0, 0, 0, 0, 0, 0],
        [0, 0, 0, 0, 0, 0, 0, 0, 0, 0, 0, 0, 0, 0, 0, 0, 1, 2, 3, 4, 0, 0, 0, 0,
         0, 0, 0, 0, 0, 0]]), 'input_ids': Tensor(shape = [2, 30], dtype = int64, place =
CUDAPlace(0), stop_gradient = True,
       [[101 , 817 , 3419, 2923, 6844, 704 , 4638, 671 , 702 , 1765, 3175, 8024,
         6983, 738 , 2523, 679 , 7231, 102 , 0 , 0 , 0 , 0 , 0 , 0 ,
         0 , 0 , 0 , 0 , 0 , 0 ],
        [101 , 1377, 5543, 7479, 6818, 691 , 3175, 3209, 4403, 857 , 2162, 6963,
         6586, 8043, 7305, 7481, 4692, 4708, 679 , 7231, 852 , 3221, 6392, 3177,
         1348, 4788, 1348, 3191, 8024, 102 ]]), 'token_type_ids': Tensor(shape = [2, 30],
dtype = int64, place = CUDAPlace(0), stop_gradient = True,
       [[0, 0, 0, 0, 0, 0, 0, 0, 0, 0, 0, 0, 0, 0, 0, 0, 0, 0, 0, 0, 0, 0, 0, 0,
         0, 0, 0, 0, 0, 0],
        [0, 0, 0, 0, 0, 0, 0, 0, 0, 0, 0, 0, 0, 0, 0, 0, 0, 0, 0, 0, 0, 0, 0, 0,
         0, 0, 0, 0, 0, 0]]), 'length': Tensor(shape = [2], dtype = int64, place = CUDAPlace(0),
stop_gradient = True,
       [18, 30]), 'seq_len': Tensor(shape = [2], dtype = int64, place = CUDAPlace(0), stop_
gradient = True,
[18, 30])}
```

2. 模型构建

首先,将处理后的特征数据传入 BERT 模型进行编码,并输出对应的隐层向量序列。然后将这些向量序列传入线性层(向量序列乘以权重,再加上偏置),经过 softmax 处理后得到与输入对应的词位标签序列。这里在对每个 token 位置输出对应标签时,默认使用贪心的方式,即选择在当前位置得分最大的标签作为该位置的输出。如图 8-10 所示。

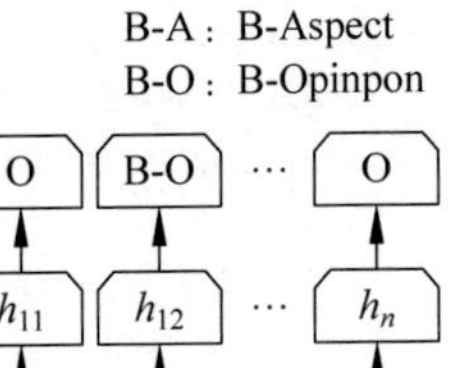

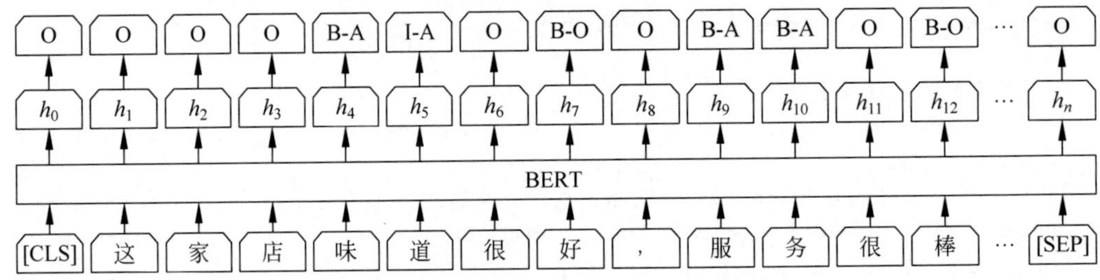

图 8-10 属性和观点抽取模型构建

基于图 8-10 所示的建模思路，使用 AutoModelForTokenClassification 类自动加载 BertForTokenClassification，实现代码如下：

```
from paddlenlp.transformers import AutoModelForTokenClassification

# num_classes 设置为 5，与 BIO 词位标签类别数一致
ext_model = AutoModelForTokenClassification.from_pretrained(model_name, num_classes = 5)
print(ext_model.__class__)
```

输出结果为：

```
<class 'paddlenlp.transformers.bert.modeling.BertForTokenClassification'>
```

从输出结果看，AutoModelForTokenClassification 通过指定的 model_name 自动找到了 BertForTokenClassification 类。

3. 训练配置

定义和配置属性和观点抽取模型的训练环境，包括：配置训练参数、配置模型参数、设置训练时的优化器、定义损失函数和评估指标。

(1) 模型：使用 BERT 模型。

(2) 优化器：AdamW 优化器。

(3) 损失函数：交叉熵(cross-entropy)。

(4) 评估指标：精准率(Precision)、召回率(Recall)和 F1 值。

使用 paddlenlp.metrics.ChunkEvaluator 类对验证集和测试集进行指标统计。从真实的标签序列和预测的标签序列中分别定位出对应的属性和观点词，计算相应的精准率(Precision)、召回率(Recall)和 F1 值。

假设对于一条评论数据，其真实和预测的标签序列为：

真实标签序列	B-Aspect	I-Aspect	O	O	B-Opinion	O	B-Aspect	I-Aspect	O	O	B-Opinion
预测标签序列	B-Aspect	I-Aspect	O	O	O	B-Aspect	I-Aspect	O	O	O	B-Opinion

定位其对应的属性和观点词为：真实标签序列：('Aspect',0,1),('Opinion',4,4),('Aspect',6,7),('Opinion',10,10)；预测标签序列：('Aspect',0,1),('Aspect',5,6),('Opinion',10,10)。

从二者的对比结果看,真实标签序列中应该预测出4个词,但预测结果中只有3个,并且预测正确的个数为2个,预测错误的为1个,则其对应的精准率(Precision)、召回率(Recall)和F1值分别为

$$\text{Precision} = \frac{2}{3}$$

$$\text{Recall} = \frac{2}{4} = \frac{1}{2}$$

$$\text{F1} = \frac{2 \times \text{Precision} \times \text{Recall}}{\text{Precision} + \text{Recall}} = \frac{4}{7}$$

训练配置的实现代码如下：

```
import os
import paddle
import paddle.nn as nn
from paddlenlp.metrics import ChunkEvaluator
from paddlenlp.transformers import LinearDecayWithWarmup

# 训练轮数
num_epochs = 5
# 学习率
learning_rate = 3e-5
# 设定每隔多少步进行一次模型评估
eval_steps = 10
# 设定每隔多少步进行打印一次日志
log_steps = 10
# 模型保存目录
save_dir = "./checkpoints"

AdamW 优化器权重衰减系数
weight_decay = 0.01
# 学习率热启动比例
warmup_proportion = 0.1
# 共需要的训练步数
num_training_steps = len(train_loader) * num_epochs

# 如果 save_dir 不存在,则新建一个
if not os.path.exists(save_dir):
    os.mkdir(save_dir)

#除 bias 和 LayerNorm 的参数外,其他参数在训练过程中执行衰减操作
decay_params = [
        p.name for n, p in ext_model.named_parameters()
```

```
        if not any(nd in n for nd in ["bias", "norm"])
    ]

# 定义 lr_scheduler, 在 warmup 阶段学习率线性增加,warmup 阶段之后,学习率会逐步衰减
lr_scheduler = LinearDecayWithWarmup(learning_rate = learning_rate, total_steps = num_
training_steps, warmup = warmup_proportion)

# 初始化优化器
optimizer = paddle.optimizer.AdamW(
        learning_rate = lr_scheduler,
        parameters = ext_model.parameters(),
        weight_decay = weight_decay,
        apply_decay_param_fun = lambda x: x in decay_params)

# 定义损失函数
loss_fn = nn.CrossEntropyLoss()

# 定义评估指标计算方式
metric = ChunkEvaluator(label_list = ext_label2id.keys())
```

4. 模型训练

定义 train 函数和 evaluate 函数，分别用于模型训练和评估。在训练过程中，每隔 log_steps 步打印一次日志，每隔 eval_steps 步评估一次模型，在过程中保存在验证集上训练效果最好的模型。代码实现如下：

```
import paddle.nn.functional as F

def evaluate(model, data_loader, metric):
    """
    模型评估函数

    输入:
        - model: 待评估的模型实例
        - data_loader: 待评估的数据集
        - metric: 用以统计评估指标的类实例
    """
    model.eval()
    metric.reset()
    # 读取 dataloader 的数据
    for idx, batch_data in enumerate(data_loader):
        input_ids, token_type_ids, labels, seq_lens = batch_data["input_ids"], batch_data
["token_type_ids"], batch_data["label"], batch_data["seq_len"]
        # 定义前向计算
        logits = model(input_ids, token_type_ids = token_type_ids)
        predictions = logits.argmax(axis = 2)
        # 模型评估
        num_infer_chunks, num_label_chunks, num_correct_chunks = metric.compute(seq_lens,
predictions, labels)
```

```
        metric.update(num_infer_chunks.numpy(), num_label_chunks.numpy(), num_correct_
chunks.numpy())

    precision, recall, f1 = metric.accumulate()
    return precision, recall, f1

def train(model):
    # 开启模型训练
    model.train()
    global_step, best_f1 = 1, 0.
    # 记录训练过程中的损失和在验证集上模型评估的分数
    train_loss_record = []
    train_score_record = []
    # 进行 num_epochs 轮训练
    for epoch in range(1, num_epochs + 1):
        for batch_data in train_loader():
            input_ids, token_type_ids, labels = batch_data["input_ids"], batch_data
["token_type_ids"], batch_data["label"]
            # 模型预测
            logits = model(input_ids, token_type_ids = token_type_ids)

            loss = F.cross_entropy(logits.reshape([-1, len(ext_label2id)]), labels.
reshape([-1]), ignore_index = -1)
            train_loss_record.append((global_step, loss.item()))
            # 梯度反向传播
            loss.backward()
            lr_scheduler.step()
            optimizer.step()
            optimizer.clear_grad()

            if global_step > 0 and global_step % log_steps == 0:
                print(f"epoch: {epoch} - global_step: {global_step}/{num_training_steps} -
loss:{loss.numpy().item():.6f}")
            if (global_step > 0 and global_step % eval_steps == 0) or global_step == num_
training_steps:
                precision, recall, f1 = evaluate(model, dev_loader, metric)
                train_score_record.append((global_step, f1))
                model.train()
                # 如果当前指标为最优指标,则该模型进行保存
                if f1 > best_f1:
                    print(f"best F1 performence has been updated: {best_f1:.5f} -->{f1:.5f}")
                    best_f1 = f1
                    paddle.save(model.state_dict(), f"{save_dir}/best_ext.pdparams")
                print(f'evalution result: precision: {precision:.5f}, recall: {recall:.
5f}, F1: {f1:.5f}')

            global_step += 1

    paddle.save(model.state_dict(), f"{save_dir}/final_ext.pdparams")

    return train_loss_record, train_score_record

train_loss_record, train_score_record = train(ext_model)
```

输出结果为：

```
epoch: 1 - global_step: 10/250 - loss:0.829542
evalution result: precision: 0.00000, recall: 0.00000, F1: 0.00000
……
epoch: 5 - global_step: 240/250 - loss:0.073503
evalution result: precision: 0.73804, recall: 0.84682, F1: 0.78869
epoch: 5 - global_step: 250/250 - loss:0.083309
evalution result: precision: 0.73804, recall: 0.84682, F1: 0.78869
```

训练过程中保存了损失 train_loss_record 和在验证集上的得分 train_score_record，可视化训练过程的损失函数和准确率的变化。实现代码如下：

```
from tools import plot_training_acc, plot_training_loss

fig_path = "./images/chapter7_loss.pdf"
plot_training_loss(train_loss_record, fig_path, loss_legend_loc = "upper right", sample_step = 5)

fig_path = "./images/chapter7_acc.pdf"
plot_training_acc(train_score_record, fig_path, sample_step = 1,
acc_legend_loc = "lower right")
```

输出结果如图 8-11 所示。

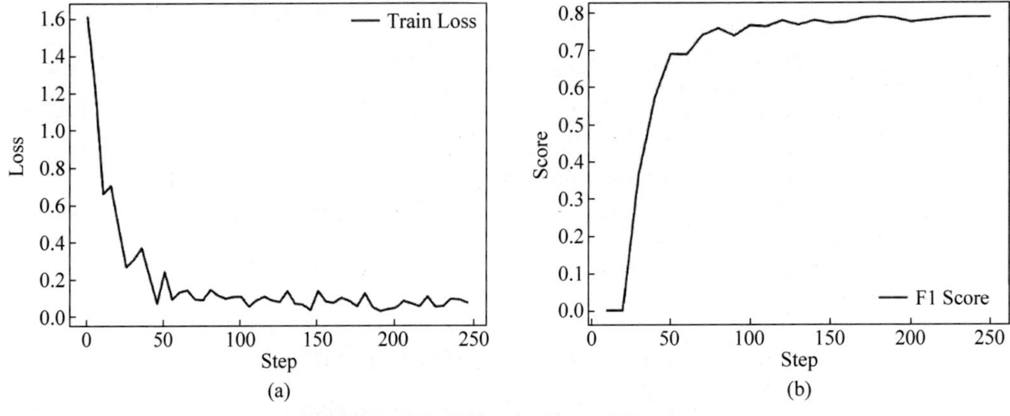

图 8-11 抽取模型在训练集的损失变化和验证集的准确率变化

(a) 在训练集上的损失变化情况；(b) 在验证集上的 F1 值变化情况

在图 8-11(a)中，横坐标表示的是训练步数，纵坐标表示损失函数的值，即预测结果和真实结果的交叉熵，图 8-11(b)中横坐标和纵坐标分别表示训练步数和预测 F1 值。从图 8-11 可以看出，随着训练的进行，训练集上的损失函数不断下降，并逐步收敛趋近于0，同时在验证集上的 F1 得分起初不断升高，在模型收敛后逐步平稳，最终 F1 值可达到77%左右。

5. 模型评估

接下来，我们将加载训练过程中评估效果最好的模型，并使用测试集进行测试。相关代码如下：

```
#加载训练好的模型进行预测,重新实例化一个模型,然后将训练好的模型参数加载到新模型
model_path = "./checkpoints/best_ext.pdparams"

loaded_state_dict = paddle.load(model_path)
ext_model = AutoModelForTokenClassification.from_pretrained(model_name, num_classes=5)
ext_model.load_dict(loaded_state_dict)

precision, recall, f1 = evaluate(ext_model, test_loader, metric)
print(f'evalution result: precision: {precision:.5f}, recall: {recall:.5f}, F1: {f1:.5f}')
```

输出结果为:

```
evalution result: precision: 0.72308, recall: 0.84685, F1: 0.78008
```

6. 模型预测

任意输入一串文本评论,如"蛋糕的味道不错,很棒,店家的服务也很热情",然后通过模型推理得到对应的预测标签序列。实现代码如下:

```
def predict(input_text, ext_model, tokenizer, ext_id2label, max_seq_len=512):

    encoded_inputs = tokenizer(list(input_text),
is_split_into_words=True, max_seq_len=max_seq_len,)
    input_ids = paddle.to_tensor([encoded_inputs["input_ids"]])
    token_type_ids =
paddle.to_tensor([encoded_inputs["token_type_ids"]])

    logits = ext_model(input_ids, token_type_ids=token_type_ids)
    predictions = logits.argmax(axis=2).numpy()[0]
    tag_seq = [ext_id2label[idx] for idx in predictions][1:-1]

    print("text: ", input_text)
    print("预测结果: ", tag_seq)

max_seq_len = 512

input_text = "蛋糕的味道不错,很棒,店家的服务也很热情"
predict(input_text, ext_model, tokenizer, ext_id2label,
max_seq_len=max_seq_len)
```

输出结果为:

```
text: 蛋糕的味道不错,很棒,店家的服务也很热情
预测结果: ['O', 'O', 'O', 'B-Aspect', 'I-Aspect', 'B-Opinion', 'I-Opinion', 'O', 'O', 'B-Opinion', 'O', 'O', 'O', 'O', 'B-Aspect', 'I-Aspect', 'O', 'O', 'B-Opinion', 'I-Opinion']
```

7. 属性和观点匹配

从例子"蛋糕的味道不错,很棒,店家的服务也很热情"中可以看到,文本评论中往往涉及多个属性和观点,因此需要对属性和观点进行匹配,例如上文输入结果中,属性词"味道"与观点词"不错""棒"是匹配的。我们采用启发式的方法进行匹配,规则如下:

(1) 若一个短句中出现了属性词和观点词,优先将其进行匹配。

(2) 若一个短句中只出现了观点词,则默认将其匹配到文本序列中的前一个属性上。

下面定义函数decoding实现上述功能。实现代码如下：

```
from seqeval.metrics.sequence_labeling import get_entities

def decoding(text, tag_seq):
    # 确保输入序列和标签序列长度一致
    assert len(text) == len(tag_seq), f"text len: {len(text)}, tag_seq len: {len(tag_seq)}"

    # 通过标点找到语句分割位置
    puncs = list(",.?;!,.?;!")
    splits = [idx for idx in range(len(text)) if text[idx] in puncs]

    # 通过上述分割位置,分割文本和标签序列
    prev = 0
    sub_texts, sub_tag_seqs = [], []
    for i, split in enumerate(splits):
        sub_tag_seqs.append(tag_seq[prev:split])
        sub_texts.append(text[prev:split])
        prev = split
    sub_tag_seqs.append(tag_seq[prev:])
    sub_texts.append((text[prev:]))

    # 分析分割后的短句和标签序列,获取相关属性或观点词
    ents_list = []
    for sub_text, sub_tag_seq in zip(sub_texts, sub_tag_seqs):
        ents = get_entities(sub_tag_seq, suffix=False)
        ents_list.append((sub_text, ents))

    # 属性和观点词匹配策略
    # 保存分析的属性和观点
    aps = []
    # 保存当前没有匹配到属性词的观点词
    no_a_words = []
    for sub_text_seq, ent_list in ents_list:
        sub_aps = []
        sub_no_a_words = []
        for ent in ent_list:
            ent_name, start, end = ent
          if ent_name == "Aspect":
                aspect = sub_text_seq[start:end+1]
                sub_aps.append([aspect])
                if len(sub_no_a_words) > 0:
                    sub_aps[-1].extend(sub_no_a_words)
                    sub_no_a_words.clear()
            else:
                ent_name == "Opinion"
                opinion = sub_text_seq[start:end + 1]
                if len(sub_aps) > 0:
                    sub_aps[-1].append(opinion)
                else:
```

```
                    sub_no_a_words.append(opinion)

        # 如果当前 sub_aps 非空,则将其添加至 aps
        if sub_aps:
            aps.extend(sub_aps)
            if len(no_a_words) > 0:
                aps[-1].extend(no_a_words)
                no_a_words.clear()
        elif sub_no_a_words:
            if len(aps) > 0:
                aps[-1].extend(sub_no_a_words)
            else:
                no_a_words.extend(sub_no_a_words)

    # 处理未匹配到属性词的观点词
    if no_a_words:
        no_a_words.insert(0, "None")
        aps.append(no_a_words)

    return aps

text = "蛋糕的味道不错,很棒,店家的服务也很热情"
tag_seq = ['O', 'O', 'O', 'B-Aspect', 'I-Aspect', 'B-Opinion', 'I-Opinion', 'O', 'O', 'B-Opinion', 'O', 'O', 'O', 'O', 'B-Aspect', 'I-Aspect', 'O', 'O', 'B-Opinion', 'I-Opinion']

aps = decoding(text, tag_seq)

for ap in aps:
    aspect, opinion = ap[0], set(ap[1:])
    print(f"aspect: {aspect}, opinion: {opinion}\n")
```

输出结果为：

```
aspect: 味道, opinion: {'不错', '棒'}
aspect: 服务, opinion: {'热情'}
```

8.3.4　属性级情感分类

在抽取属性和观点后，需要进行属性级情感分析任务，该任务使用 BERT 对文本进行编码，获取文本的语义向量表示，经过线性层处理得到每个属性的情感类别标签的分数。属性级情感分类任务的实现流程与 8.3.3 节保持一致，下面分别介绍具体的实现方法。

1. 数据处理

数据处理包括数据集确定、数据加载、将数据转换成特征形式、构造 DataLoader 等步骤，最终将同一批的数据处理成等长的特征序列，使用 DataLoader 逐批迭代传入 BERT 模型。

(1) 数据集确定

本实践使用的是飞桨 PaddleNLP 自建的属性级情感分类数据集，其中包括 800 条训练集、100 条验证集和 100 条测试集。每条数据包括 3 项内容：原文本、属性文本和标签数据，其中属性文本由属性和观点词构成。下面给出了一些训练样本示例。

```
{"text": "不错很好的公园", "aspect_text": "好公园,很好公园", "label": "正向"}
{"text": "位置特别好,而且房间比一般的快捷酒店大一点", "aspect_text": "房间一般",
"label":"负向"}
{"text": "位置特别好,而且房间比一般的快捷酒店大一点", "aspect_text": "位置好",
"label":"正向"}
```

说明：

本任务使用了已经构建好的属性情感分析数据集，读者也可以根据 8.3.3 节的输出信息，将属性和观点信息拼接成 aspect_text 后传入模型，进行模型训练。

（2）数据加载

使用 datasets 加载训练集、验证集和测试集数据。

```
import paddlenlp
from datasets import load_dataset

# 加载训练集、验证集、测试集数据
train_path = "./data/data178685/train_cls.json"
dev_path = "./data/data178685/dev_cls.json"
test_path = "./data/data178685/test_cls.json"
dataset = load_dataset("json", data_files = {"train":train_path,
"dev":dev_path, "test":test_path})

# 打印训练集的第 1 条数据
print(dataset["train"][:1])
```

输出结果为：

```
{'text': ['服务和环境都不错,......服务态度挺好的,还给吹了一个不错的造型...'], 'aspect_text':
['环境不错', '不错造型', '服务态度挺好'], 'label': ['正向', '正向', '正向']}
```

（3）将数据转换成特征形式

定义 convert_example_to_feature 函数，并通过加载的 AutoTokenizer 将输入的文本数据转换成特征形式，定义一个标签词典 cls_label2id，将标签序列转换成 ID 形式。代码实现如下：

```
from functools import partial
from paddlenlp.transformers import AutoTokenizer

def convert_example_to_feature(example, tokenizer, label2id, max_seq_len = 512, is_infer = False):
    encoded_inputs = tokenizer(text = example["aspect_text"], text_pair = example["text"],
max_seq_len = max_seq_len, return_length = True)

    if not is_infer:
        encoded_inputs["label"] = label2id[example["label"]]

    return encoded_inputs
```

```
# 最大序列长度
max_seq_len = 512
# 定义模型名称
model_name = "bert-base-chinese"
# 定义 Bert Tokenizer
tokenizer = AutoTokenizer.from_pretrained(model_name)
# 定义词典
cls_label2id = {"负向":0, "正向":1}
cls_id2label = {v: k for k, v in cls_label2id.items()}

# 将数据转化成 ID 形式
trans_fn = partial(convert_example_to_feature, tokenizer=tokenizer, label2id=cls_
label2id, max_seq_len=max_seq_len)
columns = ["text", "aspect_text", "label"]
train_dataset = dataset["train"].map(trans_fn, batched=False, remove_columns=columns)
dev_dataset = dataset["dev"].map(trans_fn, batched=False, remove_columns=columns)
test_dataset = dataset["test"].map(trans_fn, batched=False, remove_columns=columns)

# 打印每个数据集中的样本数量
print("train_dataset:", len(train_dataset))
print("dev_dataset:", len(dev_dataset))
print("test_dataset:", len(test_dataset))

# 打印训练集的第 1 条数据
print("train example:", train_dataset[:1])
```

输出结果为：

```
train_dataset: 800
dev_dataset: 100
test_dataset: 100
train example: {'label': [1], 'input_ids': [[101, 4384, 1862, 679, 7231, 102, 3302, 1218,
1469, 4384, 1862, 6963, 679, 7231, 100, 100, 102]], 'token_type_ids': [[0, 0, 0, 0, 0, 0, 1, 1,
1, 1, 1, 1, 1, 1, 1, 1, 1]], 'length': [17], 'seq_len': [17]}
```

(4) 构造 DataLoader

构造 DataLoader，并使用 PaddleNLP 中预先定义的 DataCollatorWithPadding 函数，将一批数据统一成相同长度。实现代码如下：

```
from paddle.io import BatchSampler, DataLoader
from paddlenlp.data import DataCollatorWithPadding

batch_size=16
train_sampler = BatchSampler(train_dataset, batch_size=batch_size, shuffle=True)
dev_sampler = BatchSampler(dev_dataset, batch_size=batch_size, shuffle=False)

# 使用 DataCollatorWithPadding 规范批次数据
data_collator = DataCollatorWithPadding(tokenizer)
train_loader = DataLoader(dataset=train_dataset, batch_sampler=train_sampler, collate_
fn=data_collator)
```

```
dev_loader = DataLoader(dataset = dev_dataset, batch_sampler = dev_sampler, collate_fn =
data_collator)
test_loader = DataLoader(dataset = test_dataset, batch_sampler = dev_sampler, collate_fn =
data_collator)

# 打印训练集中的第 1 个批的数据
print(next(iter(train_loader)))
```

输出结果为：

```
{'input_ids': Tensor(shape = [16, 81], dtype = int64, place = CUDAPlace(0), stop_gradient = True,
        [[101 , 1962, 1456, ..., 0 , 0 , 0 ],
         [101 , 3302, 1218, ..., 0 , 0 , 0 ],
         [101 , 1914, 3952, ..., 5763, 8024, 102 ],
         ...,
         [101 , 6392, 3177, ..., 0 , 0 , 0 ],
         [101 , 7650, 1501, ..., 0 , 0 , 0 ],
         [101 , 5439, 2360, ..., 0 , 0 , 0 ]]), 'token_type_ids': Tensor(shape = [16, 81],
dtype = int64, place = CUDAPlace(0), stop_gradient = True,
        [[0, 0, 0, ..., 0, 0, 0],
         [0, 0, 0, ..., 0, 0, 0],
         [0, 0, 0, ..., 1, 1, 1],
         ...,
         [0, 0, 0, ..., 0, 0, 0],
         [0, 0, 0, ..., 0, 0, 0],
         [0, 0, 0, ..., 0, 0, 0]]), 'length': Tensor(shape = [16], dtype = int64, place =
CUDAPlace(0), stop_gradient = True,
        [73, 18, 81, 21, 47, 22, 33, 15, 16, 22, 13, 35, 72, 17, 72, 18]), 'seq_len': Tensor
(shape = [16], dtype = int64, place = CUDAPlace(0), stop_gradient = True,
        [73, 18, 81, 21, 47, 22, 33, 15, 16, 22, 13, 35, 72, 17, 72, 18]), 'labels': Tensor
(shape = [16], dtype = int64, place = CUDAPlace(0), stop_gradient = True,
        [1, 1, 1, 1, 1, 1, 1, 1, 1, 0, 0, 1, 1, 1, 0, 1])}
```

2. 模型构建

本节的建模方式如图 8-12 所示，先将每一项属性文本（即属性词和观点词）和用户评价文本进行拼接，构建“[CLS]属性文本[SEP]整体评价文本 [SEP]”的输入句子。在这里的例子中该输入句子为：“[CLS] 味道好[SEP]这家店味道很好[SEP]”，其中“[CLS]”表示整个句子的特征，“[SEP]”表示两个句子的间隔标记。这样我们可以将属性级情感分类任务转换为一个输入句子的分类问题。然后将拼接后的信息传入 BERT 模型，将[CLS]位置的向量传入线性层，得到最终的属性级情感分类结果。

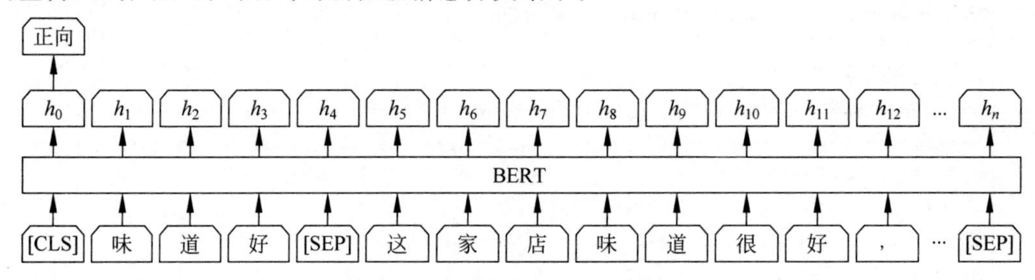

图 8-12 属性级情感分类模型构建

本节任务可以使用 AutoModelForSequenceClassification 类实现上述模型构建功能，同时由于本节需要将文本评论分类为正向或负向，是个二分类过程，因此需要设置分类类别数为 2。相应的代码如下：

```
from paddlenlp.transformers import AutoModelForSequenceClassification

# 本案例中有正面、负面两类数据，因此需要设置类别数量为 2
num_classes = 2
cls_model = AutoModelForSequenceClassification.from_pretrained(model_name, num_classes =
num_classes)
```

输出结果为：

```
[2022-11-22 20:35:37,708] [INFO] - We are using <class 'paddlenlp.transformers.bert.
modeling.BertForSequenceClassification'> to load 'bert-base-chinese'.
[2022-11-22 20:35:37,710] [INFO] - Already cached /home/aistudio/.paddlenlp/models/bert-
base-chinese/bert-base-chinese.pdparams
```

3. 训练配置

接下来，定义和配置属性级情感分类模型的训练环境，包括：配置训练参数、配置模型参数、设置训练时的优化器、定义损失函数和评估指标。

(1) 模型：使用 BERT 模型。

(2) 优化器：AdamW 优化器。

(3) 损失函数：交叉熵(cross-entropy)。

(4) 评估指标：准确率(accuracy)。

实现代码如下：

```
import os
import paddle
import paddle.nn as nn
from paddlenlp.transformers import LinearDecayWithWarmup


# 训练轮数
num_epochs = 5
# 学习率
learning_rate = 3e-5
# 设定每隔多少步进行一次模型评估
eval_steps = 10
# 设定每隔多少步进行打印一次日志
log_steps = 10
# 模型保存目录
save_dir = "./checkpoints"

# 训练过程中的 AdamW 优化器权重衰减系数
weight_decay = 0.01
# 训练过程中的暖启动训练比例
```

```
warmup_proportion = 0.1
# 共需要的训练步数
num_training_steps = len(train_loader) * num_epochs

# 如果 save_dir 尚不存在,则新建一个
if not os.path.exists(save_dir):
    os.mkdir(save_dir)

# 除 bias 和 LayerNorm 的参数外,其他参数在训练过程中执行衰减操作
decay_params = [
        p.name for n, p in cls_model.named_parameters()
        if not any(nd in n for nd in ["bias", "norm"])
    ]

# 定义 lr_scheduler, 在 warmup 阶段学习率线性增加,warmup 阶段之后,学习率会逐步衰减
lr_scheduler = LinearDecayWithWarmup(learning_rate = learning_rate, total_steps = num_
training_steps, warmup = warmup_proportion)

# 初始化优化器
optimizer = paddle.optimizer.AdamW(
        learning_rate = lr_scheduler,
        parameters = cls_model.parameters(),
        weight_decay = weight_decay,
        apply_decay_param_fun = lambda x: x in decay_params)

# 定义损失函数
loss_fn = nn.CrossEntropyLoss()

# 定义评估指标计算方式
metric = paddle.metric.Accuracy()
```

4. 模型训练

定义 train 函数和 evaluate 函数,分别进行训练和在训练过程中评估模型。代码如下：

```
def evaluate(model, data_loader, metric):

    model.eval()
    metric.reset()
    for batch_data in data_loader:
        input_ids, token_type_ids, labels = batch_data["input_ids"], batch_data["token_
type_ids"], batch_data["labels"]
        logits = model(input_ids, token_type_ids = token_type_ids)

        correct = metric.compute(logits, labels)
        metric.update(correct)

    accuracy = metric.accumulate()

    return accuracy
```

```
def train(model):
    # 开启模型训练模式
    model.train()
    global_step, best_acc = 1, 0.
    # 记录训练过程中的损失函数和在验证集上准确率的分数
    train_loss_record = []
    train_score_record = []
    for epoch in range(1, num_epochs + 1):
        for batch_data in train_loader():
            input_ids, token_type_ids, labels = batch_data["input_ids"], batch_data
["token_type_ids"], batch_data["labels"]
            logits = model(input_ids, token_type_ids=token_type_ids)

            loss = F.cross_entropy(logits, labels)
            train_loss_record.append((global_step, loss.item()))

            loss.backward()
            lr_scheduler.step()
            optimizer.step()
            optimizer.clear_grad()

            if global_step > 0 and global_step % log_steps == 0:
                print(f"epoch: {epoch} - global_step: {global_step}/{num_training_steps} -
loss:{loss.numpy().item():.6f}")
            if (global_step > 0 and global_step % eval_steps == 0) or global_step == num_
training_steps:
                accuracy = evaluate(model, dev_loader, metric)
                train_score_record.append((global_step, accuracy))
                model.train()
                if accuracy > best_acc:
                    print(f"best accuracy performence has been updated: {best_acc:.5f} -->
{accuracy:.5f}")
                    best_acc = accuracy
                    paddle.save(model.state_dict(), f"{save_dir}/best_cls.pdparams")
                print(f'evalution result: accuracy:{accuracy:.5f}')

            global_step += 1

    paddle.save(model.state_dict(), f"{save_dir}/final_cls.pdparams")

    return train_loss_record, train_score_record

train_loss_record, train_score_record = train(cls_model)
```

输出结果为：

```
epoch: 1 - global_step: 10/250 - loss:0.632661
best accuracy performence has been updated: 0.00000 --> 0.79000
evalution result: accuracy:0.79000
epoch: 1 - global_step: 20/250 - loss:0.524497
evalution result: accuracy:0.79000
```

```
epoch: 1 - global_step: 30/250 - loss:0.463366
evalution result: accuracy:0.79000
epoch: 1 - global_step: 40/250 - loss:0.394368
best accuracy performence has been updated: 0.79000 --> 0.91000
evalution result: accuracy:0.91000
epoch: 1 - global_step: 50/250 - loss:0.285122
best accuracy performence has been updated: 0.91000 --> 0.92000
evalution result: accuracy:0.92000
……
epoch: 5 - global_step: 210/250 - loss:0.011691
evalution result: accuracy:0.96000
epoch: 5 - global_step: 220/250 - loss:0.005244
evalution result: accuracy:0.95000
epoch: 5 - global_step: 230/250 - loss:0.005973
evalution result: accuracy:0.95000
epoch: 5 - global_step: 240/250 - loss:0.008304
evalution result: accuracy:0.95000
epoch: 5 - global_step: 250/250 - loss:0.026805
evalution result: accuracy:0.95000
```

训练过程中保存了损失 train_loss_record 和在验证集上的得分 train_score_record、可视化训练过程的损失函数和准确率的变化。代码实现如下：

```
from tools import plot_training_acc, plot_training_loss

fig_path = "./images/chapter7_loss2.pdf"
plot_training_loss(train_loss_record, fig_path, loss_legend_loc = "upper right", sample_step = 5)

fig_path = "./images/chapter7_acc2.pdf"
plot_training_acc(train_score_record, fig_path, sample_step = 1, acc_legend_loc = "lower right")
```

输出结果如图 8-13 所示。

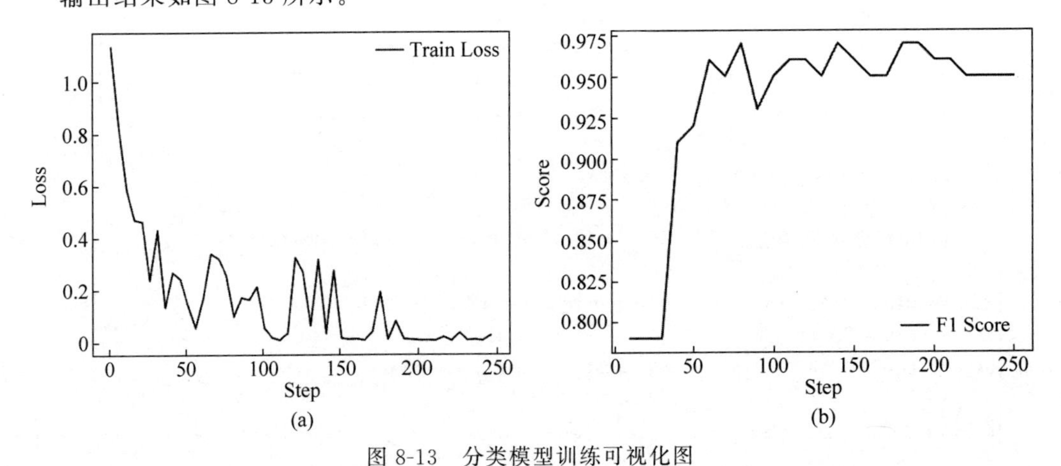

图 8-13 分类模型训练可视化图

(a) 在训练集上的损失变化情况；(b) 在验证集上的准确率值变化情况

在图 8-13(a)中，横坐标表示训练步数，纵坐标表示损失函数的值，即预测结果和真实结果的交叉熵，图 8-13(b)中横坐标和纵坐标分别表示训练步数和预测准确率。从图 8-13 可以看出，随着训练的进行，训练集上的损失函数不断下降，整体收敛趋向于0，同时在验证集上的准确率得分起初不断升高，在模型收敛后逐步平稳，最终准确率可达到97.5%左右。

5. 模型评估

加载训练过程中评估效果最好的模型，并使用测试集进行测试。代码如下：

```
# 加载保存的模型参数
model_path = "./checkpoints/best_cls.pdparams"

loaded_state_dict = paddle.load(model_path)
cls_model = AutoModelForSequenceClassification.from_pretrained(model_name, num_classes = 2)
cls_model.load_dict(loaded_state_dict)

accuracy = evaluate(cls_model, test_loader, metric)
print(f'evalution result: accuracy:{accuracy:.5f}')
```

输出结果为：

```
evalution result: accuracy:0.94000
```

6. 模型预测

任意输入一段文本评论信息和属性文本，如“蛋糕的味道不错，就是外观有点差”和“外观差”，然后通过模型推理得到其中属性对应的情感标签。代码如下：

```
def predict(input_text, aspect_text, cls_model, tokenizer, cls_id2label, max_seq_len = 512):

    # 将输入的文本信息转成 ID 模式
    encoded_inputs = tokenizer(text = aspect_text, text_pair = text, max_seq_len = max_seq_len)
    input_ids = paddle.to_tensor([encoded_inputs["input_ids"]])
    token_type_ids = paddle.to_tensor([encoded_inputs["token_type_ids"]])

    #计算情感类别
    logits = cls_model(input_ids, token_type_ids = token_type_ids)
    label_id = logits.argmax(axis = -1).numpy()[0]
    sentiment = cls_id2label[label_id]

    print("text: ", text)
    print("aspect_text: ", aspect_text)
    print("预测结果: ", sentiment)

max_seq_len = 512
input_text = "蛋糕的味道不错,就是外观有点差"
aspect_text = "外观差"

predict(input_text, aspect_text, cls_model, tokenizer, cls_id2label, max_seq_len = max_seq_len)
```

输出结果为：

```
text: 蛋糕的味道不错,很棒,店家的服务也很热情
aspect_text: 外观差
预测结果: 负向
```

8.3.5 全流程模型推理

8.3.3节和8.3.4节分别完成了属性+观点抽取模型和属性级情感分类模型的训练、评估和预测，并且保存了训练过程中评估效果最好的模型。接下来，本节可以基于保存的模型实现全流程的推理，即任意输入一段评价信息，预测出该信息对应的属性、观点和情感倾向。

首先将属性和观点抽取模型、情感分类模型及其他需要用到的数据和组件加载至内存，代码实现如下：

```
# 加载词典数据
ext_label2id = {"O":0, "B-Aspect":1, "I-Aspect":2, "B-Opinion":3, "I-Opinion":4}
ext_id2label = {v: k for k, v in ext_label2id.items()}
cls_label2id = {"负向":0, "正向":1}
cls_id2label = {v: k for k, v in cls_label2id.items()}

# 加载 Tokenizer
model_name = "bert-base-chinese"
tokenizer = AutoTokenizer.from_pretrained(model_name)
print("tokenizer loaded.")

# 加载属性和观点抽取模型
ext_model_path = "./checkpoints/best_ext.pdparams"
ext_state_dict = paddle.load(ext_model_path)
ext_model = AutoModelForTokenClassification.from_pretrained(model_name, num_classes=5)
ext_model.load_dict(ext_state_dict)
print("extraction model loaded.")

# 加载属性级情感分类模型
cls_model_path = "./checkpoints/best_cls.pdparams"
cls_state_dict = paddle.load(cls_model_path)
cls_model = AutoModelForSequenceClassification.from_pretrained(model_name, num_classes=2)
cls_model.load_dict(cls_state_dict)
print("classification model loaded.")
```

然后使用加载的词典、tokenizer和模型进行预测。代码实现如下：

```
def concate_aspect_and_opinion(text, aspect, opinions):
    # 拼接属性词和观点词
    aspect_text = ""
    for opinion in opinions:
        if text.find(aspect) <= text.find(opinion):
            aspect_text += aspect + opinion + ","
        else:
            aspect_text += opinion + aspect + ","
    aspect_text = aspect_text[:-1]

    return aspect_text

def predict(input_text, ext_model, cls_model, tokenizer, ext_id2label, cls_id2label, max_seq_
len=512):
```

```
    ext_model.eval()
    cls_model.eval()

    # 处理输入文本数据
    encoded_inputs = tokenizer(list(input_text), is_split_into_words = True, max_seq_len =
max_seq_len,)
    input_ids = paddle.to_tensor([encoded_inputs["input_ids"]])
    token_type_ids = paddle.to_tensor([encoded_inputs["token_type_ids"]])

    # 抽取属性和观点词
    logits = ext_model(input_ids, token_type_ids = token_type_ids)
    predictions = logits.argmax(axis = 2).numpy()[0]
    tag_seq = [ext_id2label[idx] for idx in predictions][1: - 1]
    aps = decoding(input_text, tag_seq)

    # 针对属性进行情感分类
    results = []
    for ap in aps:
        aspect = ap[0]
        opinion_words = list(set(ap[1:]))
        aspect_text = concate_aspect_and_opinion(input_text, aspect, opinion_words)
        # 拼接属性和观点词
        aspect_text = ""
        for opinion_word in opinion_words:
            if text.find(aspect) <= text.find(opinion_word):
                aspect_text += aspect + opinion_word + ","
            else:
                aspect_text += opinion_word + aspect + ","
        aspect_text = aspect_text[: - 1]

        encoded_inputs = tokenizer(aspect_text, text_pair = input_text, max_seq_len = max_
seq_len, return_length = True)
        input_ids = paddle.to_tensor([encoded_inputs["input_ids"]])
        token_type_ids = paddle.to_tensor([encoded_inputs["token_type_ids"]])

        logits = cls_model(input_ids, token_type_ids = token_type_ids)
        prediction = logits.argmax(axis = 1).numpy()[0]

        result = {"aspect": aspect, "opinions": opinion_words, "sentiment": cls_id2label
[prediction]}
        results.append(result)

    # 输出预测结果
    for result in results:
        aspect, opinions, sentiment = result["aspect"], result["opinions"], result["sentiment"]
        print(f"aspect: {aspect}, opinions: {opinions}, sentiment: {sentiment}")

max_seq_len = 512
input_text = "蛋糕的味道不错,很棒,店家的服务也很热情"
predict(input_text, ext_model, cls_model, tokenizer, ext_id2label, cls_id2label, max_seq_
len = max_seq_len)
```

输出结果为：

```
aspect: 味道, opinions: ['不错', '棒'], sentiment: 正向
aspect: 服务, opinions: ['热情'], sentiment: 正向
```

可以看到，在上述例子中，模型成功地抽取了属性“味道”和“服务”的观点词，并正确预测了对应的情感极性。

8.4 实验思考

（1）在本章的实践中，我们使用了1层的LSTM进行情感分析任务，然而LSTM在实际应用中可以叠加多层。请读者进行实验，使用多层的LSTM进行情感分析任务。

（2）在本章的实践中，我们使用了飞桨提供的LSTM API进行建模。请读者自己实现一个LSTM模型，并基于该模型进行情感分析实验。

（3）在本章的实验中，我们采用了一些启发式的方式将属性和观点进行了匹配，请读者思考是否还有其他的方式进行属性和观点之间的匹配。

第9章 信息抽取实践

信息抽取(information extraction,IE)指将非结构化文本中包含的重要信息进行处理和抽取,并将其转化成结构化形式的过程。该任务的输入是文本,输出是具有固定结构的信息片段。信息片段从不同的文档中被抽取出来,然后以统一的格式集成在一起。信息抽取技术并不需要理解整篇文档的全部信息,只是对文档中包含的相关信息进行分析,具体由任务目标而定,主要包括命名实体识别、关系抽取和事件抽取等子任务。

本章重点介绍前两个子任务的实现方法。

命名实体识别(named entity recognition,NER)也称为命名实体识别和分类(named entity recognition and classification,NERC),其目的是识别出文本中的命名实体和对应的类别。命名实体(named entity)概念在第六届消息理解会议(The Sixth Message Understanding Conferences,MUC-6)被首次提出,当时主要聚焦在人名、地名和组织机构名等实体的抽取和识别。随着命名实体识别技术的快速发展,实体类型也不断地增加和细化,MUC-7定义了三大类命名实体:命名实体(如人名、地名、机构名等)、时间表达式(如日期、时间、持续时间等)和数字表达式(如百分比、长度、面积、体积和货币金额等度量数据及基数等)。比如:

第24届冬奥会于2022年2月4日在北京开幕

其中"冬奥会"是赛事名称,"北京"是地方名,"2022年2月4日"是日期。当前命名实体识别任务主要通过序列建模的方式识别出文本中包含的实体信息。

实体关系抽取简称关系抽取(relation extraction,RE),是指从无结构或半结构的文本中识别实体并抽取实体之间的语义关系,如地名与地名之间的位置关系、人名与人名之间的社会关系等,这种关系通过三元组表示,即〈主体,谓语,客体〉。例如,

赵弘殷在后周时期去世,并没有等到他的儿子赵匡胤建立宋朝

这句话中可以抽取出三元组:〈赵弘殷,孩子,赵匡胤〉、〈赵匡胤,父亲,赵弘殷〉。

本章主要介绍基于深度学习的信息抽取方法,包括两方面内容:①基于双向LSTM模

型(bi-directional long short-term memory,Bi-LSTM)和 CRF 的实体抽取方法,通过神经网络建模文本上下文特征,完成命名实体识别任务；②基于预训练语言模型 ERNIE-UIE(Lu et al., 2022)的实体关系抽取方法。

9.1 基于 Bi-LSTM 和 CRF 的命名实体识别方法

9.1.1 任务目标和实现流程

命名实体识别过程可以看作一个序列标注问题,其基本思路是：首先将给定的文本切分为单词或者字符(本章以字符(或汉字)为例进行介绍),然后对文本中的每个单词或字符逐个进行标注,最后根据序列标注结果得到文本中的命名实体。

CRF 模型属于有监督的学习方法,能够将文本输入的字符序列转化为实体标注序列,通常采用 BISO 的标签体系,见表 9-1。在"姚明担任中国篮协主席"这句话中,"姚明"对应人名(person)实体,其中"姚"是人名实体的起始字,使用"B-person"表示,"明"是属于人名实体的字,使用"I-person"表示；"中国篮协"是组织(organization)实体,分别用标签"B-organization"和"I-organization"表示该实体的初始字和归属字,与人名实体的标记方式一致。"S"表示某个单字独立构成一个实体。其他非实体类型的字则使用标签"O"表示,表明该字不属于任何一类实体。在识别出文本的标签序列后,通过标签序列可以得到文本中的实体边界和类型。

表 9-1　字和标签对应关系

原句	姚明担任中国篮协主席									
分词	姚	明	担	任	中	国	篮	协	主	席
标记	B-person	I-person	O	O	B-organization	I-organization	I-organization	I-organization	O	O

基于 Bi-LSTM 和 CRF 的命名实体识别方法如图 9-1 所示。模型的输入是文本,输出是该文本对应的标签序列。在建模过程中,首先对输入的文本进行数据处理,然后使用 Bi-LSTM 对文本序列进行编码,在 LSTM 每个步骤都能获得一个与输入对应的语义向量表示,将这些向量传入线性层处理,得到语义向量的发射分数,最后将发射分数传给 CRF 模型进行解码,从而得到原始输入对应的实体标签。

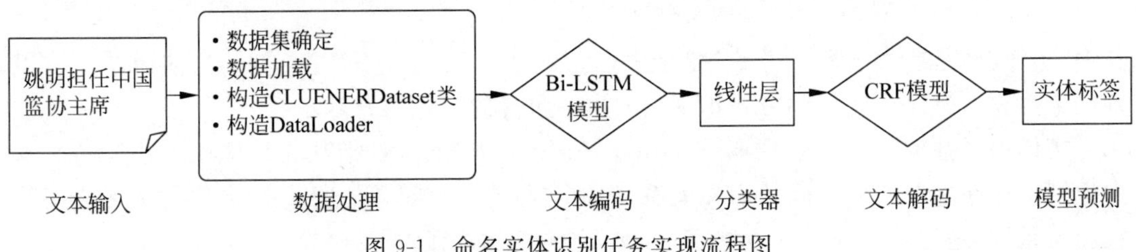

图 9-1　命名实体识别任务实现流程图

需要说明的是,假设文本序列的长度为 n,标签的个数为 k,那么将存在共计 k^n 条不同的标签序列,CRF 的作用就是在众多候选路径中选择一条得分最高的路径,是一种全局择优的策略,如图 9-2 所示。

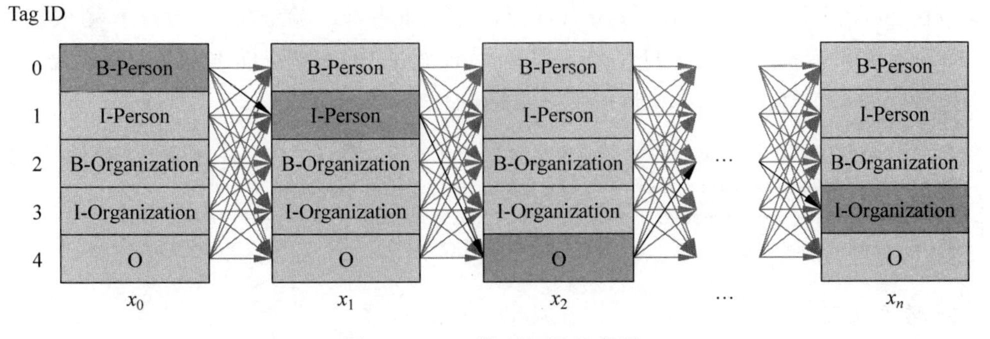

图 9-2 CRF 模型解码示意图

9.1.2 数据处理

数据处理包括数据集确定、数据加载、构造 CLUENERDataset 类、构造 DataLoader 等步骤，最终将同一批的数据处理成等长的特征序列，使用 DataLoader 逐批迭代传入 Bi-LSTM 模型。

1. 数据集确定

本实践使用 CLUENER2020① 数据集介绍命名实体识别方法，该数据集是在清华大学开源的文本分类数据集 THUCTC 的基础上，选出部分数据进行了更细粒度的命名实体标注。CLUENER2020 数据集包含 12 091 条数据，其中 9 405 条训练样本、1 343 条测试样本和 1 343 条验证样本。该数据集包含 10 个不同实体类别，分别是：地址(address)、书名(book)、公司(company)、游戏(game)、政府(government)、电影(movie)、姓名(name)、组织机构(organization)、职位(position)和景点(scene)。本实验使用 BISO 标签对实体进行标注，“B”代表一个多字实体词的开头字符，“I”代表一个多字实体词的中间或结束字符，“S”代表一个单字实体词的字符，“O”代表非实体字，见表 9-2。

表 9-2 CLUENER2020 数据集标签集

B 开头	I 开头	S 单字	其他
B-address	I-address	S-address	O
B-book	I-book	S-book	
B-company	I-company	S-company	
B-government	I-government	S-government	
B-movie	I-movie	S-movie	
B-game	I-game	S-game	
B-name	I-name	S-name	
B-organization	I-organization	S-organization	
B-position	I-position	S-position	
B-scene	I-scene	S-scene	

为了方便读者学习使用，我们将数据进行了预处理，生成了标签词典 tag. dict 和字符词

① CLUENER2020 数据集获取地址：https://www.cluebenchmarks.com/introduce.html。读者也可以在本书配套的 AI Studio 在线课程中获取该数据集。

典 vocab. dict，相关的数据包括：train. json 训练集、dev. json 验证集、test. json 测试集、tag. dict 标签字典和 vocab. dict 字符字典。下面是训练集中的 1 条样本数据，包含文本数据 text 和对应的词位标记序列 label，并使用空格进行分割。

```
{'text': '石家庄市住房保障和房产管理局针对市民近期比较关注的热点问题——进行了解答。',
'tag': 'B-government I-government I-government I-government I-government I-government
I-government I-government I-government I-government I-government I-government I-
government I-government 000000000000000000000000'}
```

2. 数据加载

以下代码将 CLUENER2020 数据和构造的标签词典、字符词典读取到内存中：

```
import os
import json

# 定义数据加载函数
def load_dataset(path,mode="train"):
    assert mode in ["train", "dev", "test"]
    data_path = os.path.join(path, mode+".json")
    examples = []
    with open(data_path, "r", encoding="utf-8") as f:
        for idx, line in enumerate(f):
            example = {}
            line = json.loads(line.strip())
            text = line["text"]
            tag_entities = line.get("label", None)
            words = list(text)
            tags = ["O"] * len(words)
            if tag_entities is not None:
                for tag_name, tag_value in tag_entities.items():
                    for entity_name, entity_index in tag_value.items():
                        for start_index, end_index in entity_index:
                            assert"".join(words[start_index:end_index+1]) == entity_name
                            if start_index == end_index:
                                tags[start_index] = "S-" + tag_name
                            else:
                                tags[start_index] = "B-" + tag_name
                                tags[start_index +1:end_index +1] = ["I-"+ tag_name] *
(len(entity_name) -1)
            example["text"] = " ".join(words)
            example["tag"] = " ".join(tags)
            examples.append(example)
    return examples

# 加载训练集、验证集和测试集
root_path = "./dataset/"
train_data = load_dataset(root_path,mode="train")
dev_data = load_dataset(root_path,mode="dev")
test_data = load_dataset(root_path,mode="test")
```

```
# 打印第一条数据,查看数据格式:(句子,tag)
print(train_data[0])
```

输出结果为:

```
'text': '金贸中心"2009城市建筑综合体高端财智峰会"的直播报道,带领网友走进"西城之巅"金贸中心。', 'tag': 'B-address I-address I-address I-address 000000000000000000000000000000000000 B-address I-address I-address I-address O'}
```

从输出的结果可以看出,每条样本包含两部分内容:文本序列和标签,其中"金"字对应标签 B-address,"贸"对应标签 I-address,依此类推。

以下代码将词表和标签加载到字典 word2id_dict 和 tag2id_dict 中。

```
import os

# 加载词典
def load_dict(path,dict_name):
    assert dict_name in ["tag", "vocab"]
    data_path = os.path.join(path, dict_name + ".dict")
    data_dict = {}
    with open(data_path, "r", encoding = "utf-8") as f:
        lines = [item.strip().split("\t") for item in f.readlines()]
        data_dict = dict([(item[1], int(item[0])) for item in lines])

    return data_dict

word2id_dict = load_dict(root_path,dict_name = "vocab")
tag2id_dict = load_dict(root_path,dict_name = "tag")

#查看数据集的实体标签和 id 的映射关系
train_example_list = []

for train_tag in train_data[0]['tag'].split():

    if train_tag in tag2id_dict:

        train_example_list.append(str(tag2id_dict[train_tag]))

    else:

        train_example_list.append(str(train_tag))

print('tag2id:', ' '.join(train_example_list))
```

输出结果为:

```
tag2id: 1 11 11 11 0 0 0 0 0 0 0 0 0 0 0 0 0 0 0 0 0 0 0 0 0 0 0 0 0 0 0 0 0 0 0 0 0 0 0 0 1 11 11 11 0
```

3. 构造 CLUENERDataset 类

构造 CLUENERDataset 类用于数据管理,它继承自 paddle.io.Dataset 类。代码实现如下:

```
from paddle.io import Dataset

class CLUENERDataset(Dataset):
    def __init__(self, examples, word2id_dict, tag2id_dict):
        super(CLUENERDataset, self).__init__()

        # 词典,用于将单词转为字典索引的数字
        self.word2id_dict = word2id_dict
        self.tag2id_dict = tag2id_dict

        # 加载后的数据集
        self.examples = self.convert_tokens_to_ids(examples, self.word2id_dict, self.
tag2id_dict)
        self.examples = self.split_data()

    def split_data(self):
        # 根据样本的长度对数据进行排序
        self.examples = sorted(self.examples, key = lambda x: x[2], reverse = True)
        return self.examples

    def convert_tokens_to_ids(self,data, word2id_dict, tag2id_dict):
        examples = []
        for example in data:
            text = example['text']
            tokens = [word2id_dict.get(w, word2id_dict["[UNK]"]) for w in text.split(" ")]
            text_real_len = len(tokens)
            tag = example['tag']
            tag_ids = [tag2id_dict.get(t, tag2id_dict["O"]) for t in tag.split(" ")]
            examples.append((tokens, tag_ids, text_real_len))
        return examples

    def __getitem__(self, idx):
        tokens, tag_ids, text_real_len = self.examples[idx]
        return tokens, tag_ids, text_real_len

    def __len__(self):
        return len(self.examples)

# 实例化 Dataset
train_set = CLUENERDataset(train_data, word2id_dict, tag2id_dict)
dev_set = CLUENERDataset(dev_data, word2id_dict, tag2id_dict)
test_set = CLUENERDataset(test_data, word2id_dict, tag2id_dict)

print('训练集样本数量:', len(train_set))
print('验证集样本数量:', len(dev_set))
print('测试集样本数量:', len(test_set))
print('样本示例:', train_set[4])
```

输出结果为：

```
训练集样本数量: 9405
验证集样本数量: 1343
测试集样本数量: 1343
样本示例: ([2616, 2617, 37, 18, 27, 630, 281, 765, 37, 18, 27, 288, 1481, 37, 18, 27, 24, 387,
```

```
173, 1284, 37, 6, 691, 274, 5, 153, 56, 5, 24, 391, 22, 11, 263, 26, 222, 200, 1729, 11, 388,
314, 585, 484, 639, 51, 13, 391, 426, 538, 133, 12], [0, 0, 0, 0, 0, 0, 0, 0, 0, 0, 0, 0, 0, 0,
0, 0, 0, 0, 0, 0, 0, 0, 0, 0, 0, 0, 0, 0, 0, 0, 0, 0, 0, 0, 7, 17, 17, 0, 9, 19, 0, 0, 0, 0, 6, 16,
16, 16, 16, 16], 50)
```

从输出结果看,文本按照字符切分后,每个字符都被转换成了字典中的 ID 号。

4. 构造 DataLoader

在训练模型时,通常将数据分批传入模型分别训练,每批数据作为一个批(minibatch)传入模型进行处理,每个批数据包含两部分:文本数据和对应的标签。可以使用飞桨框架中的 paddle.io.DataLoader 实现批量加载和迭代数据的功能。此外,我们还需要定义 collate_fn 函数用于文本截断和文本填充,该函数可以作为回调函数传入 DataLoader。DataLoader 在返回每一批数据之前都调用 collate_fn 进行数据处理,返回处理后的文本数据和对应的标签。实现代码如下:

```
import paddle
from functools import partial

def collate_fn(batch, pad_val, mask = None):
    #通过添加[Padding],将一个批次中的样本填充到最大长度
    batch = list(zip( * batch))
    tokens_list, tags_list, lens = batch
    max_len = max(lens)
    batch_size = len(lens)

    #初始化需要传入的数据
    batch_token = paddle.full(shape = [batch_size, max_len], fill_value = 0, dtype = "int64")
    batch_tag = paddle.full(shape = [batch_size, max_len], fill_value = 0, dtype = "int64")
    batch_mask = paddle.full(shape = [batch_size, max_len], fill_value = 0, dtype = "int64")

    #对每个批次中的数据进行填充
    for i in range(batch_size):
        batch_token[i, :lens[i]] = paddle.to_tensor(tokens_list[i], dtype = "int64")
        batch_tag[i, :lens[i]] = paddle.to_tensor(tags_list[i], dtype = "int64")

        if mask:
            batch_mask[i, :lens[i]] = paddle.to_tensor([1] * lens[i], dtype = "int64")
    if mask:
        batch_lens = paddle.to_tensor(lens)
        return (batch_token, batch_tag, batch_mask, batch_lens)
    batch_lens = paddle.to_tensor(lens)
    return (batch_token, batch_tag, batch_lens)
```

接下来构造 DataLoader 用于批量迭代数据,并指定批大小(batch size)。在迭代数据时,可以通过参数 shuffle 指定是否进行样本乱序。代码实现如下:

```
from paddle.io import DataLoader as DataLoader

batch_size = 32
collate_fn = partial(collate_fn, pad_val = 0, mask = True)

# 构造 DataLoader,按批大小,批量迭代训练集、验证集和测试集数据
```

```
train_loader = DataLoader(train_set, batch_size = batch_size, shuffle = True, drop_last =
False, collate_fn = collate_fn)
dev_loader = DataLoader(dev_set, batch_size = batch_size, shuffle = False, drop_last =
False, collate_fn = collate_fn)
test_loader = DataLoader(test_set, batch_size = batch_size, shuffle = False, drop_last =
False, collate_fn = collate_fn)

# 打印训练集中的第 1 个批次的数据
print(next(iter(train_loader)))
```

输出结果为：

```
[Tensor(shape = [32, 49], dtype = int64, place = CUDAPlace(0), stop_gradient = True,
       [[540 , 609 , 866 , ..., 0 , 0 , 0 ],
        [146 ,  60 ,  25 , ..., 0 , 0 , 0 ],
        [17 ,    9 ,   9 , ..., 0 , 0 , 0 ],
        ...,
        [103 ,  78 ,  63 , ..., 209 , 1412, 5 ],
        [25 ,   75 , 213 , ...,   0 ,   0 , 0 ],
        [123 , 243 , 328 , ...,   0 ,   0 , 0 ]]), Tensor(shape = [32, 49], dtype = int64, place
= CUDAPlace(0), stop_gradient = True,
       [[0 , 1 , 11, ..., 0 , 0 , 0 ],
        [0 , 0 , 0 , ..., 0 , 0 , 0 ],
        [0 , 0 , 0 , ..., 0 , 0 , 0 ],
        ...,
        [0 , 0 , 0 , ..., 0 , 0 , 0],
        [8 , 18, 18, ..., 0 , 0 ,0],
        [0 , 0 , 0 , ..., 0 , 0 , 0]]), Tensor(shape = [32, 49], dtype = int64, place =
CUDAPlace(0), stop_gradient = True,
       [[1, 1, 1, ..., 0, 0, 0],
        [1, 1, 1, ..., 0, 0, 0],
        [1, 1, 1, ..., 0, 0, 0],
        ...,
        [1, 1, 1, ..., 1, 1, 1],
        [1, 1, 1, ..., 0, 0, 0],
        [1, 1, 1, ..., 0, 0, 0]]), Tensor(shape = [32], dtype = int64, place = CUDAPlace(0),
stop_gradient = True,
       [46, 36, 42, 32, 36, 38, 16, 32, 47, 47, 42, 46, 37, 45, 47, 26, 41, 43, 47, 47, 49, 39,
14, 41, 32, 23, 19, 32, 49, 49, 21, 46])]
```

从输出结果可以看出，同一批次的数据长度相同。

9.1.3 模型构建

基于 Bi-LSTM 和 CRF 的实体识别方法如图 9-3 所示。具体过程如下：Bi-LSTM 模块和 CRF 模块依次处理每次传入的批数据。首先 Bi-LSTM 模块将处理后的文本特征数据进行编码，并得到文本的上下文向量序列，然后将每个位置的上下文向量传入线性层（向量序列乘以权重，再加上偏置），并输出每个向量对应的发射分数，表示该位置对应的标签分数。之后模型将每个位置的发射分数传入 CRF 模块。在模型训练阶段，CRF 会计算真实标签路径的分数和所有路径的分数，并输出损失函数的值进行模型迭代，而在模型测试阶段，CRF 会从所有潜在的标签路径中，解析分数最大的那一条路径，并输出对应的标签序列。

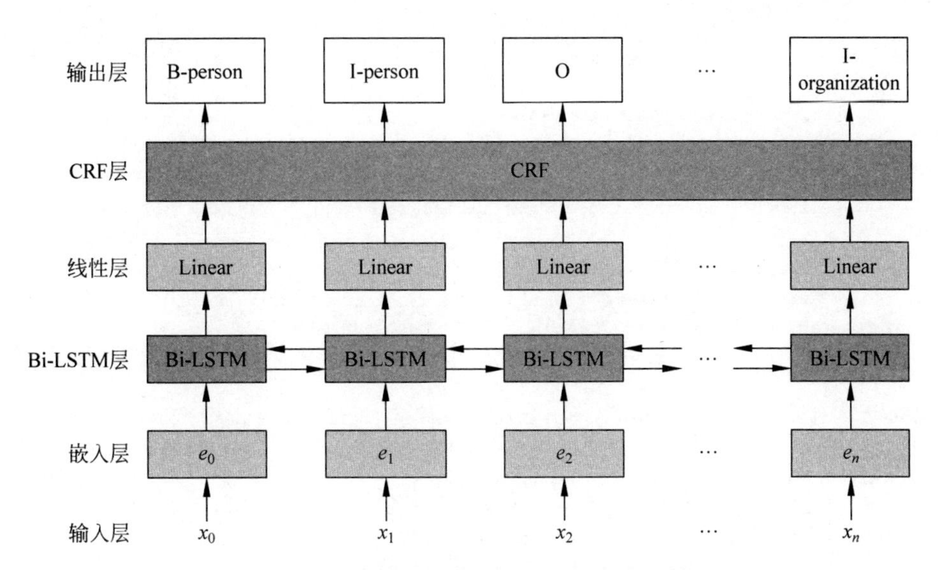

图 9-3 基于 Bi-LSTM 和 CRF 的命名实体识别方法框架图

基于图 9-3 所示的建模思路，代码实现如下：

```
import paddle
import paddle.nn as nn
from paddlenlp.layers import crf
from utils.metric import SeqEntityScore

class NERModel(nn.Layer):
    def __init__(self, vocab_size, embedding_size, hidden_size, label2id, n_layers = 2, drop_p =
0.1):
        super(NERModel, self).__init__()
        self.vocab_size = vocab_size
        self.embedding_size = embedding_size
        self.hidden_size = hidden_size
        self.label2id = label2id

        self.embedding = paddle.nn.Embedding(vocab_size, embedding_size)
        self.bilstm = paddle.nn.LSTM(input_size = embedding_size, hidden_size = hidden_
size, direction = "bidirectional", num_layers = n_layers, dropout = drop_p)
        self.layer_norm = paddle.nn.LayerNorm(hidden_size * 2)
        self.dropout_emb = paddle.nn.Dropout(p = drop_p)
        # 在 CRF 的具体实现时，会引入 2 个辅助性标签< START >和< STOP >
        self.classifier = paddle.nn.Linear(hidden_size * 2, len(label2id) + 2)

        """
        将标签数量传入 CRF 中，生成 CRF 实例，这里需要注意一下 n_labels 不包含< START >和
< STOP >标签
        num_labels (int):标签的数量
        crf_lr (float, optional):CRF 层学习率，默认值为 0.1
        with_start_stop_tag (bool, optional):如果设置为 True，包含< START >和< STOP >标签
        """
        self.crf = crf.LinearChainCrf(len(label2id), crf_lr = 0.001, with_start_stop_tag = True)
```

```
        """
        定义 CRF 的负对数似然损失函数
        crf (LinearChainCrf):LinearChainCf 对象,其参数将用于计算损失
        """
        self.crf_loss = crf.LinearChainCrfLoss(self.crf)

        """
        ViterbiDecoder 可以解码最高得分的标签序列,它应该在测试时使用
        transitions (Tensor):转换矩阵.其数据类型为 float32
        with_start_stop_tag (bool, optional):如果设置为 True,包含<START>和<STOP>标签
        """
        self.viterbi_decoder = crf.ViterbiDecoder(self.crf.transitions)

    def forward(self, input_ids, input_mask):
        # 该前向计算将会输出 Bi-LSTM 最后一层的序列隐状态
        # input_ids: [batch_size, seq_len]
        # embs: [batch_size, seq_len, embedding_size]
        embs = self.embedding(input_ids)
        embs = self.dropout_emb(embs)
        embs = embs * paddle.to_tensor(input_mask, dtype = "float32").unsqueeze(2)
        last_layer_hiddens, _ = self.bilstm(embs)
        last_layer_hiddens = self.layer_norm(last_layer_hiddens)
        features = self.classifier(last_layer_hiddens)

        return features

    def forward_loss(self, input_ids, input_mask, input_lens, input_tags = None):

        features = self.forward(input_ids, input_mask)

        if input_tags is not None:
            return features, self.crf_loss(features, input_lens, input_tags)
        return features
```

9.1.4 训练配置

我们需要确定模型训练时用到的计算资源、模型、优化器、损失函数和评估指标等。

(1) 模型：使用 Bi-LSTM 模型和 CRF 模型。

(2) 优化器：Adam 优化器。

(3) 损失函数：负对数似然损失函数。

(4) 评估指标：F1 值。

实现代码如下：

```
from utils.utils import set_seed

# 设置训练轮次
num_epochs = 30
vocab_size = len(word2id_dict.keys())
```

```
embedding_size = 256
hidden_size = 256
n_layers = 2
dropout_rate = 0.1

# 设置学习率
learning_rate = 0.001

seed = 0

# 设置每隔多少步打印一次日志
log_steps = 100

# 设置每隔多少步在验证集上进行一次模型评估
eval_steps = 500

# 设置模型保存路径,自动保存训练过程中效果最好的模型
checkpoint = "./checkpoint"

# 固定随机种子
set_seed(seed)

# 反向转换映射关系 tag2id, 得到 id2tag 字典
id2tag = dict([items[1], items[0]] for items in tag2id_dict.items())

# 实例化模型
ner_model = NERModel(vocab_size = vocab_size, embedding_size = embedding_size,
                     hidden_size = hidden_size, label2id = tag2id_dict, n_layers = n_layers,
drop_p = dropout_rate)

# 指定优化策略,更新模型参数
optimizer = paddle.optimizer.Adam(learning_rate = learning_rate, beta1 = 0.9, beta2 = 0.99,
                                  parameters = ner_model.parameters())

#实例化评估指标对象,该对象用于接收数据、真实标签、运算得到评估指标的准确率、召回率和F1值
metric = SeqEntityScore(id2tag)
```

9.1.5 模型训练

模型训练过程中,每隔一定的 log_steps 都会打印一条训练日志,每隔一定的 eval_steps 在验证集上进行一次模型评估,并且保存在训练过程中评估效果最好的模型。

在模型训练过程中,我们将统计每个实体类型的精确率、召回率和 F1 值。假设集样本中所有的真实人名(person)实体数量为 T,所有预测为人名实体的数量为 P,其中预测正确的人名实体数量为 C,计算方法为

$$精确率:\text{Precision}=\frac{C}{P}\times 100\%$$

$$召回率:\text{Recall}=\frac{C}{T}\times 100\%$$

$$\text{F1}=\frac{2\times \text{Precision}\times \text{Recall}}{\text{Precision}+\text{Recall}}$$

其他类型的实体计算方式相同，全部实体类型指标的统计是汇总所有类型标签的数据后进行计算的，这里不再赘述。在验证集上进行评估的实现代码如下：

```
def evaluate(model,test_loader, metric):
    # 重置评估指标的类
    metric.reset()
    model.eval()
    with paddle.no_grad():

        for step, batch in enumerate(test_loader):
            # 获取数据
            batch_ids, batch_tags, batch_mask, batch_lens = batch
            features, loss = model.forward_loss(batch_ids, batch_mask, batch_lens, batch_tags)

            # 根据发射分数,使用 CRF 进行解码
            scores, pred_paths = model.viterbi_decoder(features, batch_lens)
            pred_paths = pred_paths.tolist()
            # 将这些预测的标签序列进行 id2tag,即转换为相应的标签
            pred_paths = [[id2tag[tag_id] for tag_id in tag_seq] for tag_seq in pred_paths]
            batch_tags = batch_tags.numpy().tolist()
            real_paths = [tag_seq[:tag_len] for tag_seq, tag_len in zip(batch_tags, batch_lens)]

            # 更新统计指标相关数据
            metric.update(pred_paths = pred_paths, real_paths = real_paths)

        # 根据 metric 统计的数据,计算最终的 F1 值
        result = metric.get_result()

    return result
```

模型训练的实现代码如下：

```
def train(model, train_loader):
    global_step, best_f1 = 1, 0.
    # 记录训练过程中的损失函数值和在验证集上模型的分数
    train_loss_record = []
    train_score_record = []
    for epoch in range(1, 1 + num_epochs):
        model.train()
        for batch in train_loader:
            batch_ids, batch_tags, batch_mask, batch_lens = batch
            # 执行模型的前向计算,并计算损失
            features, loss = model.forward_loss(batch_ids, batch_mask, batch_lens, batch_tags)
            loss = paddle.mean(loss)
            train_loss_record.append((global_step, loss.item()))

            # 梯度计算和反向参数更新
            loss.backward()
            optimizer.step()
            optimizer.clear_gradients()
```

```
            # 训练过程中打印信息
            if global_step % log_steps == 0:
                print(f"epoch: {epoch}, global_step: {global_step}, loss: {loss.numpy()[0]}")
            if global_step % eval_steps == 0 or global_step == len(train_loader) * num_epochs:
                result = evaluate(model, dev_loader, metric)
                model.train()
                f1 = result["Total"]["F1"]
                train_score_record.append((global_step, f1))
                if f1 > best_f1:
                    print(f"best F1 performence has been updated: {best_f1:.5f} -->{f1:.5f}")
                    best_f1 = f1
                    paddle.save(model.state_dict(),
f"{checkpoint}/best.pdparams")
                metric.format_print(result)
            global_step += 1

    paddle.save(model.state_dict(), f"{checkpoint}/final.pdparams")
    return train_loss_record, train_score_record

train_loss_record, train_score_record = train(ner_model, train_loader)
```

输出结果为：

```
epoch: 1, global_step: 100, loss: 23.395023345947266
epoch: 1, global_step: 200, loss: 16.94906234741211
epoch: 2, global_step: 300, loss: 16.112838745117188
epoch: 2, global_step: 400, loss: 9.73039722442627
epoch: 2, global_step: 500, loss: 12.321440696716309
best F1 performence has been updated: 0.00000 --> 0.51510

Total: Precision: 0.574 - Recall: 0.4671 - F1: 0.5151
Entity: name - Precision: 0.6543 - Recall: 0.529 - F1: 0.585
Entity: position - Precision: 0.8045 - Recall: 0.4088 - F1: 0.5421
Entity: address - Precision: 0.3651 - Recall: 0.185 - F1: 0.2456
Entity: organization - Precision: 0.5656 - Recall: 0.5286 - F1: 0.5465
Entity: company - Precision: 0.5117 - Recall: 0.463 - F1: 0.4861
Entity: government - Precision: 0.5857 - Recall: 0.498 - F1: 0.5383
Entity: movie - Precision: 0.6643 - Recall: 0.6291 - F1: 0.6463
Entity: book - Precision: 0.7097 - Recall: 0.4286 - F1: 0.5344
Entity: scene - Precision: 0.3654 - Recall: 0.4545 - F1: 0.4051
Entity: game - Precision: 0.6019 - Recall: 0.661 - F1: 0.63
......
epoch: 30, global_step: 8600, loss: 0.7725200653076172
epoch: 30, global_step: 8700, loss: 0.4402198791503906
epoch: 30, global_step: 8800, loss: 0.17098569869995117
best F1 performence has been updated: 0.65140 --> 0.65500


Total: Precision: 0.6735 - Recall: 0.6374 - F1: 0.655
Entity: name - Precision: 0.7252 - Recall: 0.6925 - F1: 0.7085
```

```
Entity: position - Precision: 0.7411 - Recall: 0.6744 - F1: 0.7062
Entity: address - Precision: 0.4837 - Recall: 0.437 - F1: 0.4592
Entity: organization - Precision: 0.7455 - Recall: 0.6703 - F1: 0.7059
Entity: company - Precision: 0.6925 - Recall: 0.6376 - F1: 0.6639
Entity: government - Precision: 0.637 - Recall: 0.7247 - F1: 0.678
Entity: movie - Precision: 0.7436 - Recall: 0.5762 - F1: 0.6493
Entity: book - Precision: 0.7254 - Recall: 0.6688 - F1: 0.6959
Entity: scene - Precision: 0.4973 - Recall: 0.445 - F1: 0.4697
Entity: game - Precision: 0.7095 - Recall: 0.7864 - F1: 0.746
```

保存训练过程中的损失 train_loss_record 和在验证集上的得分 train_score_record，并可视化训练过程。

```
from utils.utils import plot_training_loss, plot_training_acc

fig_path = "./images/chapter8_loss.pdf"
plot_training_loss(train_loss_record, fig_path, loss_legend_loc = "upper right", sample_step = 20)

fig_path = "./images/chapter8_acc.pdf"
plot_training_acc(train_score_record, fig_path, sample_step = 20, loss_legend_loc = "lower right")
```

输出结果如图 9-4 所示。

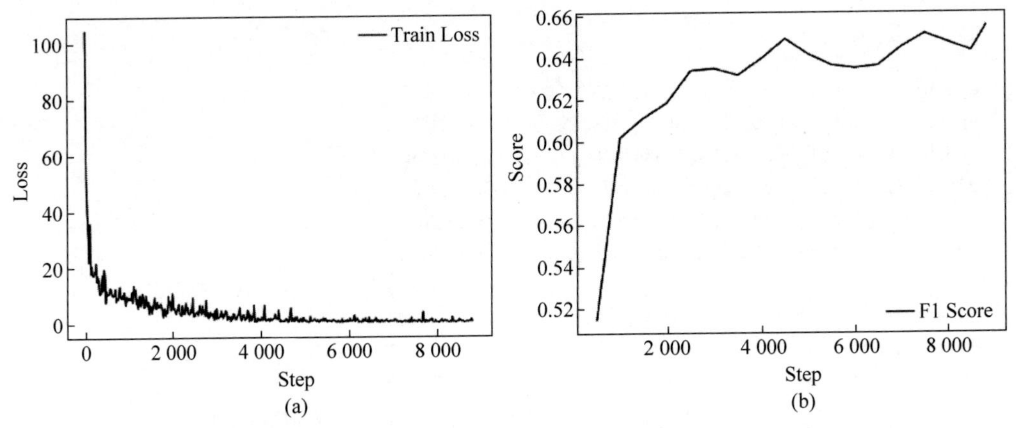

图 9-4 模型在训练集上的损失函数值变化趋势和在验证集上的 F1 值变化趋势

(a) 在训练集上的损失变化情况；(b) 在验证集上的 F1 值变化情况

从输出结果看，随着训练的进行，训练集上的损失函数值不断下降，然后收敛，直到数值趋向于 0，同时验证集的 F1 值不断提升，并随着训练步数的增加，逐步收敛，趋于平稳。

9.1.6 模型评估

加载训练过程中效果最好的模型，在测试集上计算模型的 F1 值。代码实现如下：

```
# 加载训练好的模型进行评估
model_path = "./checkpoint/best.pdparams"
loaded_state_dict = paddle.load(model_path)
ner_model = NERModel(vocab_size = vocab_size, embedding_size = embedding_size, hidden_size = hidden_size, label2id = tag2id_dict, n_layers = n_layers, drop_p = dropout_rate)
ner_model.load_dict(loaded_state_dict)
```

```
metric = SeqEntityScore(id2tag)
result = evaluate(ner_model, test_loader, metric)
metric.format_print(result)
```

输出结果为：

```
Total: Precision: 0.6671 - Recall: 0.6213 - F1: 0.6434
Entity: address - Precision: 0.4611 - Recall: 0.4313 - F1: 0.4457
Entity: government - Precision: 0.6667 - Recall: 0.6726 - F1: 0.6696
Entity: movie - Precision: 0.6641 - Recall: 0.6204 - F1: 0.6415
Entity: name - Precision: 0.7182 - Recall: 0.6717 - F1: 0.6942
Entity: company - Precision: 0.6618 - Recall: 0.6285 - F1: 0.6447
Entity: position - Precision: 0.7343 - Recall: 0.659 - F1: 0.6946
Entity: book - Precision: 0.685 - Recall: 0.5577 - F1: 0.6148
Entity: organization - Precision: 0.7297 - Recall: 0.6553 - F1: 0.6905
Entity: scene - Precision: 0.4973 - Recall: 0.4667 - F1: 0.4815
Entity: game - Precision: 0.7835 - Recall: 0.7729 - F1: 0.7782
```

9.1.7 模型预测

任意输入一个文本，如"今年1月中国光大银行沈阳分行致电，称由于他的信用记录良好，银行可把普通信用卡免费升级为白金卡"，模型推理后即可得到该输入文本的所有实体和对应类别，代码实现如下：

```
metric = SeqEntityScore(id2tag)

def infer(model, text):
    model.eval()
    # 数据处理
    tokens = [word2id_dict.get(w, word2id_dict["[UNK]"]) for w inlist(text)]
    tokens_len = len(tokens)

    # 构造输入模型的数据
    tokens = paddle.to_tensor(tokens, dtype="int64").unsqueeze(0)
    tokens_mask = paddle.to_tensor([1] * tokens_len, dtype="int64").unsqueeze(0)
    tokens_len = paddle.to_tensor(tokens_len, dtype="int64")

    # 计算发射分数
    features = model.forward_loss(tokens, tokens_mask, tokens_len)

    # 根据发射分数进行解码
    _, pred_paths = model.viterbi_decoder(features, tokens_len)
    pred_paths = pred_paths.tolist()

    # 解析路径中的实体
    entities = metric.get_entities(pred_paths[0])
    for entity in entities:
        entity_type, start, end = entity
```

```
        print(f"{text[start:end+1]} : {entity_type}")


text = "今年 1 月中国光大银行沈阳分行致电，称由于他的信用记录良好，银行可把普通信用卡免费
升级为白金卡"
infer(ner_model, text)
```

输出结果为：

```
中国光大银行沈阳分行：company
```

9.2 基于 ERNIE-UIE 实现实体关系抽取

9.2.1 任务目标和实现流程

实体关系抽取是构建知识库或知识图谱的重要方法，也是自然语言处理领域的关键任务之一。本实践使用 ERNIE-UIE（universal information extraction，UIE）实现实体关系抽取。UIE 是 Lu 等在 ACL 2022 中提出的通用信息抽取统一框架（Lu et al.，2022）。该方法基于提示学习（prompt）的预训练模型，能够支持不限定领域和目标的信息抽取任务，具备小样本甚至零样本的信息抽取能力。PaddleNLP 借鉴该论文的方法，基于 ERNIE 3.0 知识增强预训练模型（Sun et al.，2021），训练并开源了中文通用信息抽取模型 ERNIE-UIE。本章以 PaddleNLP 中集成的 ERNIE-UIE 为例，介绍基于预训练模型的实体关系抽取方法。

基于 ERNIE-UIE 的实体关系抽取方法的示意图如图 9-5 所示，采用两阶段预测的方式。

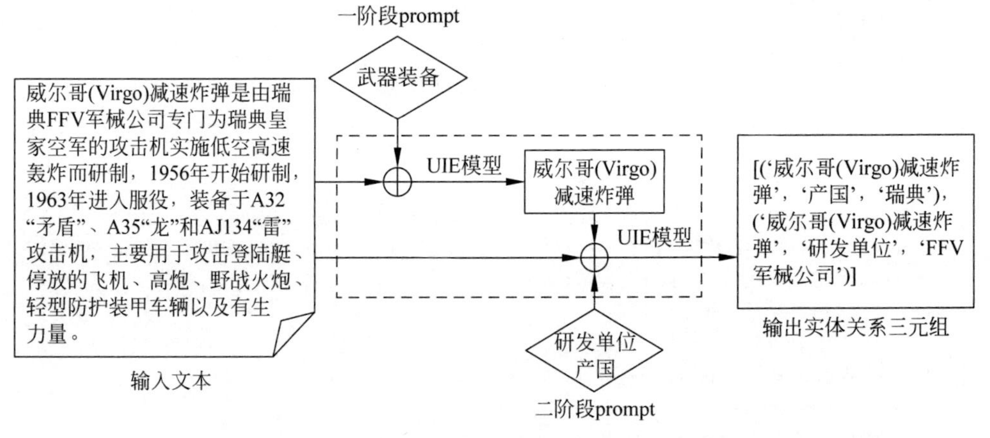

图 9-5　关系抽取任务示意图

第一阶段为基于提示的实体抽取阶段：给定输入的文本数据，先通过一阶段提示（prompt）识别出文本中的实体。通常第一阶段的提示为所有候选的实体类别，在图 9-5 中的例子中，第一阶段的提示为“武器装备”，表明 UIE 模型需要生成类别为“武器装备”的所有实体（如例子中的“威尔哥（Virgo）减速炸弹”）。

第二阶段为基于提示的关系抽取：首先将关系类别和第一阶段输出的实体进行拼接，

作为第二阶段的提示，从而预测实体关系三元组〈头实体，关系，尾实体〉，也可以称为〈主体，谓语，客体〉(〈subject，predicate，object〉，简称〈S，P，O〉)。

基于 ERINE-UIE 模型的关系抽取过程如图 9-6 所示。模型的输入是文本数据和提示信息，模型的输出是实体关系三元组。在建模过程中，首先对输入文本进行数据处理，然后添加不同的提示(prompt)，使用预训练模型对文本和提示序列进行编码，获得对应的语义向量表示，最后经过线性层进行双指针解码，分别得到输入文本在不同提示条件下的主体(实体)起始位置和终止位置的概率，通过对起始位置和终止位置概率进行解析得到主体和客体在文本中的位置，最后输出三元组信息。

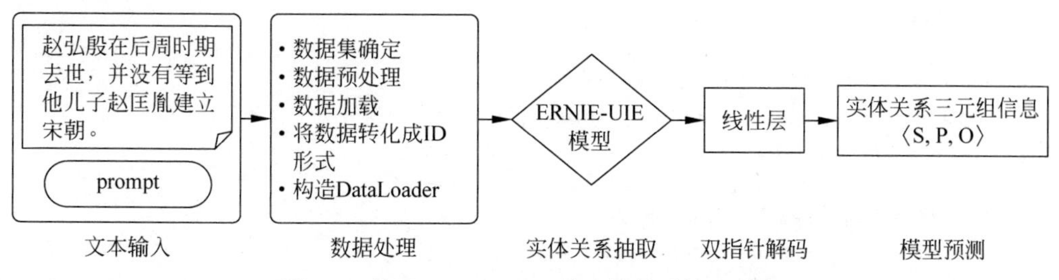

图 9-6　基于 ERNIE-UIE 的实体关系抽取流程

9.2.2　数据处理

数据处理包括数据集确定、数据预处理、将标注数据转换为训练数据格式并构造负样本数据、数据加载、将数据转化为 ID 形式、构造 DataLoader 等步骤，最终将同一批的数据处理成等长的特征序列，使用 DataLoader 逐批迭代传入 ERNIE-UIE 模型。

1. 数据集确定

相比于传统任务动辄上千条甚至更多的数据规模，ERNIE-UIE 具有出色的小样本微调能力，通常仅依靠几十条样本即可在特定场景下取得不错的效果。本实践使用百度自建的数据集，共 52 条标注数据。数据集中包含了武器装备、国家、单位三种实体类型以及产国、研发单位两种关系类型，训练集有 20 条，验证集有 16 条，测试集为 16 条。在 UIE 中，可以认为是根据预定义的一组级联操作抽取目标，抽取对应的元组片段，该场景的模式(schema)设置如下：

```
schema = {"武器装备": ["产国", "研发单位"]}
```

样本数据示例如图 9-7 所示。

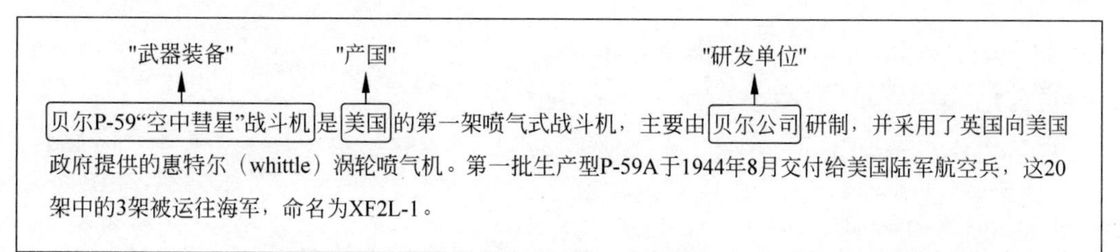

图 9-7　样本数据示例

2. 数据预处理

数据预处理包括将标注数据转换为训练数据格式，并按照 1∶5 的比例构造负样本数据。负样本数据是标注为空的数据，即待抽取的文本不包含任何实体。在 ERNIE-UIE 模型的微调中，正负样本的比例十分重要，如果数据集只有正例容易造成准确率较低，而如果负例数据过多则可能造成模型的召回率较低。实现代码如下：

```
with open("./data/data175124/military_extraction.jsonl", "r", encoding="utf-8") as f:
    raw_examples = f.readlines()

def _create_ext_examples(examples,
                         negative_ratio,
                         is_train=True):
    entities, relations = convert_ext_examples(
        examples, negative_ratio, is_train=is_train)

    # 构建实体、关系类型的训练数据
    examples = entities + relations
    return examples

def _save_examples(save_dir, file_name, examples):
    count = 0
    save_path = os.path.join(save_dir, file_name)
    with open(save_path, "w", encoding="utf-8") as f:
        for example in examples:

            # 保存构建负例后的训练数据
            f.write(json.dumps(example, ensure_ascii=False) + "\n")
            count += 1
    logger.info("Save %d examples to %s." % (count, save_path))

np.random.seed(1000)
# 生成随机索引
indexes = np.random.permutation(len(raw_examples))
index_list = indexes.tolist()

# 样本乱序
raw_examples = [raw_examples[i] for i in indexes]
# 训练集、验证集和测试集的样本数量划分比例
splits = [0.4, 0.3, 0.3]

p1 = int(len(raw_examples) * splits[0])
p2 = int(len(raw_examples) * (splits[0] + splits[1]))

train_ids = index_list[:p1]
dev_ids = index_list[p1:p2]
test_ids = index_list[p2:]

# 构建训练集、验证集和测试集
train_examples = _create_ext_examples(raw_examples[:p1], 5)
```

```
dev_examples = _create_ext_examples(raw_examples[p1:p2], -1, is_train=False)
test_examples = _create_ext_examples(raw_examples[p2:], -1, is_train=False)

_save_examples("./data", "train.txt", train_examples)
_save_examples("./data", "dev.txt", dev_examples)
_save_examples("./data", "test.txt", test_examples)
```

3. 数据加载

数据读取到内存，代码如下：

```
from paddlenlp.datasets import load_dataset

# 定义数据加载函数
def load_data(path):
    examples = []
    with open(path, 'r', encoding='utf-8') as f:
        for line in f:
            json_line = json.loads(line)
            content = json_line['content'].strip()
            prompt = json_line['prompt']
            examples.append(json_line)
    return examples

train_dataset = load_dataset(load_data, path='./data/train.txt', lazy=False)
dev_dataset = load_dataset(load_data, path='./data/dev.txt', lazy=False)
test_dataset = load_dataset(load_data, path='./data/test.txt', lazy=False)

print('训练集样本数量:', len(train_dataset))
print('验证集样本数量:', len(dev_dataset))
print('测试集样本数量:', len(test_dataset))
print('样本示例:', train_dataset[0])
```

输出结果为：

```
训练集样本数量: 234
验证集样本数量: 80
测试集样本数量: 80

样本示例: {'content': 'P-47"雷电"战斗机(Thunderbolt)由共和飞机公司制造,是美国陆军航空军(美国空军前身)在二次大战中后期的主力战斗机之一,也是当时最大型的单引擎战斗机,其后期的M/N型更排得进二战时盟军最快的螺旋桨战斗机之前列。除了在空战中表现优异,P-47更适合于执行对地攻击任务。除了美国陆军航空军外,也有其他盟军空军部队使用P-47战斗机。由于机身明显较其他种战机壮硕肥胖许多,故当时被昵称为"水罐"(Jug)。15686架的产量使P-47位居美国战机产量的第一位,其中D型机的12602架,更是世界军机单一机型生产量第一位。', 'result_list': [{'text': 'P-47"雷电"战斗机', 'start': 0, 'end': 11}], 'prompt': '武器装备'}
```

4. 将数据转化为 ID 形式

使用 tokenizer 对文本进行分词并将每个单词映射为词典中的索引 ID，代码实现如下：

```
import functools

def map_offset(ori_offset, offset_mapping):

    for index, span in enumerate(offset_mapping):
        if span[0] <= ori_offset < span[1]:
            return index
    return -1

def preprocess_function(example, tokenizer, max_seq_len):

    # 对文本数据和提示词 prompt 进行 tokenizer 处理
    encoded_inputs = tokenizer(text=[example["prompt"]],
                               text_pair=[example["content"]],
                               truncation=True,
                               max_seq_len=max_seq_len,
                               pad_to_max_seq_len=True,
                               return_attention_mask=True,
                               return_position_ids=True,
                               return_offsets_mapping=True)
    offset_mapping = [list(x) for x in encoded_inputs["offset_mapping"][0]]
    bias = 0
    for index in range(1, len(offset_mapping)):
        mapping = offset_mapping[index]
        if mapping[0] == 0 and mapping[1] == 0 and bias == 0:
            bias = offset_mapping[index - 1][1] + 1

        if mapping[0] == 0 and mapping[1] == 0:
            continue
        offset_mapping[index][0] += bias
        offset_mapping[index][1] += bias
    start_ids = [0 for x in range(max_seq_len)]
    end_ids = [0 for x in range(max_seq_len)]
    for item in example["result_list"]:
        start = map_offset(item["start"] + bias, offset_mapping)
        end = map_offset(item["end"] - 1 + bias, offset_mapping)
        start_ids[start] = 1.0
        end_ids[end] = 1.0

    tokenized_output = [
        encoded_inputs["input_ids"][0], encoded_inputs["token_type_ids"][0],
        encoded_inputs["position_ids"][0],
        encoded_inputs["attention_mask"][0], start_ids, end_ids
    ]
    tokenized_output = [np.array(x, dtype="int64") for x in tokenized_output]
    return tuple(tokenized_output)

convert_example_to_feature = functools.partial(preprocess_function,
    tokenizer=tokenizer, max_seq_len=512)

# 训练集、验证集和测试集数据预处理
train_dataset = train_dataset.map(convert_example_to_feature)
dev_dataset = dev_dataset.map(convert_example_to_feature)
test_dataset = test_dataset.map(convert_example_to_feature)

# 打印预处理后的数据样例
print('样本示例:', train_dataset[0])
```

输出结果为：

```
样本示例：(array([ 1, 587, 361, 371, 366, 2, 2524, 12051, 2565,
        23, 1048, 128,   24, 267, 765,   98,   78, 10892,
      9740, 9904,   77, 190, 300,   14, 706,   98,    53,
       230,  108, 294,    4,  10, 188,   20, 891,   261,
       928,  411, 261,   78, 188,   20, 411, 261,   152,
       262,   77,  11, 177, 218,   19, 267,   12,    49,
……
```

5. 构造 DataLoader

在训练模型时，通常将数据分批传入模型进行训练，每批数据作为一个批次(minibatch)传入模型进行计算处理，每个 minibatch 数据包含两部分：文本数据和对应的文字片段(span)标签(即实体的起始和结束位置)，可以使用飞桨框架中的 paddle.io.DataLoader 实现批量迭代数据的功能。代码实现如下：

```
from paddle.io import DataLoader, BatchSampler

train_batch_sampler = paddle.io.BatchSampler(train_dataset, batch_size=8, shuffle=True)
dev_batch_sampler = paddle.io.BatchSampler(dev_dataset, batch_size=8)
test_batch_sampler = paddle.io.BatchSampler(test_dataset, batch_size=8)

# 使用 DataLoader 加载训练集、验证集和测试集
train_loader = DataLoader(train_dataset, batch_sampler=train_batch_sampler, return_list=True)
dev_loader = DataLoader(dev_dataset, batch_sampler=dev_batch_sampler, return_list=True)
test_loader = DataLoader(test_dataset, batch_sampler=test_batch_sampler, return_list=True)
```

9.2.3 模型构建

ERNIE-UIE 模型每次处理传入一小批次数据，整体模型框架如图 9-8 所示。模型先将处理后的文本特征数据传入 ERNIE 3.0 模块，ERNIE 3.0 模块对其进行编码，并输出对应的向量序列。然后将这些向量序列传入两个线性层(向量序列乘以权重，再加上偏置)，分别用于表示抽取目标的起始位置和终止位置，最后经过 sigmoid 函数得到起始位置和终止位置的概率。

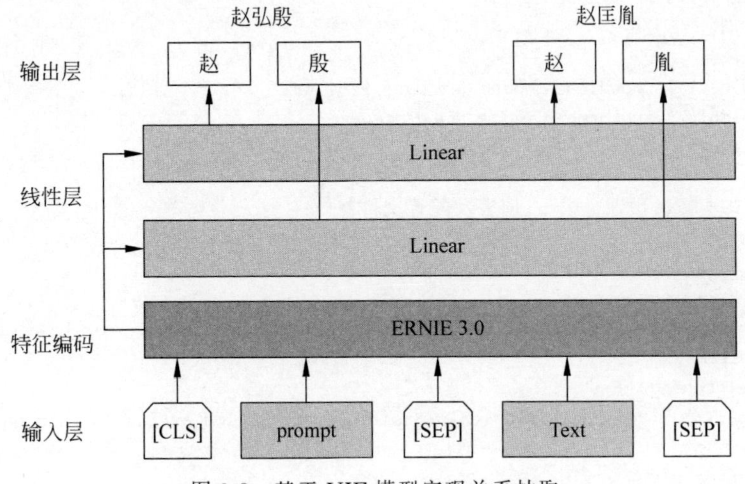

图 9-8　基于 UIE 模型实现关系抽取

基于图 9-8 所示的建模思路，实现代码如下：

```
import paddle
import paddle.nn as nn
from paddlenlp.transformers import ErniePretrainedModel

# ERNIE-UIE 以 ERNIE3.0 为模型底座，继承 ErniePretrainedModel 类
class UIE(ErniePretrainedModel):

    def __init__(self, encoding_model):
        super(UIE, self).__init__()
        self.encoder = encoding_model
        hidden_size = self.encoder.config["hidden_size"]    # 获取隐向量维度
        self.linear_start = paddle.nn.Linear(hidden_size, 1)
        self.linear_end = paddle.nn.Linear(hidden_size, 1)
        self.sigmoid = nn.Sigmoid()   # 初始化 sigmoid

    def forward(self, input_ids, token_type_ids, pos_ids, att_mask):
        sequence_output, _ = self.encoder(input_ids = input_ids,
                                          token_type_ids = token_type_ids,
                                          position_ids = pos_ids,
                                          attention_mask = att_mask)
        start_logits = self.linear_start(sequence_output)
        start_logits = paddle.squeeze(start_logits, -1)

        # 获得起始位置的概率值
        start_prob = self.sigmoid(start_logits)
        end_logits = self.linear_end(sequence_output)
        end_logits = paddle.squeeze(end_logits, -1)

        # 获得终止位置的概率值
        end_prob = self.sigmoid(end_logits)
        return start_prob, end_prob
```

下载 UIE-Base 预训练模型、词表和相关配置文件，实现代码如下：

```
import os
import json
import numpy as np
# 导入文件下载工具

from paddle.utils.download import get_path_from_url
from paddlenlp.transformers import AutoTokenizer
from utils import convert_ext_examples

# 下载 UIE-Base 预训练模型、词表及配置文件
pretrained_model_name = "uie-base"
resource_file_urls = {
    "model_state.pdparams":
    "https://bj.bcebos.com/paddlenlp/taskflow/information_extraction/uie_base_v1.0/model_
state.pdparams",
    "model_config.json":
    "https://bj.bcebos.com/paddlenlp/taskflow/information_extraction/uie_base/model_
config.json",
    "vocab_file":
```

```
    "https://bj.bcebos.com/paddlenlp/taskflow/information_extraction/uie_base/vocab.txt",
    "special_tokens_map":
    "https://bj.bcebos.com/paddlenlp/taskflow/information_extraction/uie_base/special_tokens_
map.json",
    "tokenizer_config":
    "https://bj.bcebos.com/paddlenlp/taskflow/information_extraction/uie_base/tokenizer_
config.json"
}

# 下载 ERNIE-UIE 相关模型、词表及配置文件
for key, val in resource_file_urls.items():
    file_path = os.path.join(pretrained_model_name, key)
    if not os.path.exists(file_path):
        get_path_from_url(val, pretrained_model_name)

# 加载 ERNIE-UIE 预训练模型和 Tokenizer
model = UIE.from_pretrained(pretrained_model_name)
tokenizer = AutoTokenizer.from_pretrained(pretrained_model_name)
```

9.2.4 训练配置

训练配置主要用于设定模型训练时用到的计算资源、模型、优化器、损失函数和优化指标等。

(1) 模型：ERNIE-UIE 模型。

(2) 优化器：AdamW 优化器。

(3) 损失函数：BCELoss(binary cross entropy loss，二元交叉熵损失)，该损失函数常用于多标签分类问题中，常配合 sigmoid 一起使用。

(4) 评估指标：Precision、Recall 和 F1。

实现代码如下：

```
from paddlenlp.metrics import SpanEvaluator

# 定义训练参数
num_epochs = 10
log_steps = 10
eval_steps = 20
learning_rate = 1e-5
save_dir = "./best_model"
if not os.path.exists(save_dir):
    os.makedirs(save_dir)

# 指定优化策略
optimizer = paddle.optimizer.AdamW(learning_rate = learning_rate, parameters = model.
parameters())

# 指定损失函数
loss_fn = paddle.nn.BCELoss()

# 指定评估指标
metric = SpanEvaluator()
```

9.2.5 模型训练

在训练过程中，每隔 log_steps 打印一条训练日志，每隔 eval_steps 在验证集上进行一次模型评估，并且保存在训练过程中评估效果 F1 得分最高的模型。在验证集上进行评估的代码实现如下：

```
def evaluate(model, metric, data_loader):
    # 将模型设置为评估模式
    model.eval()
    # 重置指标
    metric.reset()

    # 遍历验证集每个批次
    for batch in data_loader:
        input_ids, token_type_ids, position_ids, attention_mask, start_ids, end_ids = batch
        # 计算模型输出
        start_prob, end_prob = model(input_ids, token_type_ids, position_ids, attention_mask)
        start_ids = paddle.cast(start_ids, 'float32')
        end_ids = paddle.cast(end_ids, 'float32')
        num_correct, num_infer, num_label = metric.compute(
            start_prob, end_prob, start_ids, end_ids)
        # 更新指标
        metric.update(num_correct, num_infer, num_label)
    precision, recall, f1 = metric.accumulate()
    model.train()
    return precision, recall, f1
```

训练模型的代码如下：

```
def train(model):
    # 开启模型训练模式
    model.train()
    global_step = 0
    best_f1 = 0
    num_training_steps = len(train_loader) * num_epochs

    # 记录训练过程中的损失函数值和验证集上的 F1 值
    train_loss_record = []
    train_score_record = []

    for epoch in range(num_epochs):
        for step, batch in enumerate(train_loader):
            input_ids, token_type_ids, position_ids, attention_mask, start_ids, end_ids = batch
            start_prob, end_prob = model(input_ids, token_type_ids, position_ids,
attention_mask)
            start_ids = paddle.cast(start_ids, 'float32')
            end_ids = paddle.cast(end_ids, 'float32')
            loss_start = loss_fn(start_prob, start_ids)
            loss_end = loss_fn(end_prob, end_ids)
```

```
            loss = (loss_start + loss_end) /2.0
            train_loss_record.append((global_step, loss.item()))

            # 梯度反向传播
            loss.backward()
            optimizer.step()
            optimizer.clear_grad()

            if global_step > 0 and global_step % log_steps == 0:
                print(f" - epoch: {epoch} - global_step: {global_step}/{num_training_
steps} - loss: {loss.numpy().item():.6f}")
            if global_step > 0 and global_step % eval_steps == 0:
                precision, recall, f1 = evaluate(model, metric, dev_loader)
                train_score_record.append((global_step, f1))
                if f1 > best_f1:
                    print(f"best F1 performance has been updated: {best_f1 :.5f} -->{f1:.5f}")
                    best_f1 = f1
                    paddle.save(model.state_dict(), f"{save_dir}/model_state.pdparams")
                print(f"evaluation result: Precision: {precision:.5f}, Recall: {recall:.
5f}, F1: {f1:.5f}")
            global_step += 1
    paddle.save(model.state_dict(), f"{save_dir}/final.pdparams")
    return train_loss_record, train_score_record

train_loss_record, train_score_record = train(model)
```

输出结果为：

```
 - epoch: 0 - global_step: 10/300 - loss: 0.004818
 - epoch: 0 - global_step: 20/300 - loss: 0.000344
best F1 performance has been updated: 0.00000 --> 0.79710
evaluation result: Precision: 0.72368, Recall: 0.88710, F1: 0.79710
 - epoch: 1 - global_step: 30/300 - loss: 0.000573
 - epoch: 1 - global_step: 40/300 - loss: 0.000093
best F1 performance has been updated: 0.79710 --> 0.83333
evaluation result: Precision: 0.78571, Recall: 0.88710, F1: 0.83333
 - epoch: 1 - global_step: 50/300 - loss: 0.000359
 - epoch: 2 - global_step: 60/300 - loss: 0.000329
evaluation result: Precision: 0.76389, Recall: 0.88710, F1: 0.82090
 - epoch: 2 - global_step: 70/300 - loss: 0.000026
 - epoch: 2 - global_step: 80/300 - loss: 0.000059
evaluation result: Precision: 0.75342, Recall: 0.88710, F1: 0.81481
 - epoch: 3 - global_step: 90/300 - loss: 0.000355
 - epoch: 3 - global_step: 100/300 - loss: 0.000003
evaluation result: Precision: 0.78571, Recall: 0.88710, F1: 0.83333
 - epoch: 3 - global_step: 110/300 - loss: 0.000022
 - epoch: 4 - global_step: 120/300 - loss: 0.000016
evaluation result: Precision: 0.78571, Recall: 0.88710, F1: 0.83333
 - epoch: 4 - global_step: 130/300 - loss: 0.000014
 - epoch: 4 - global_step: 140/300 - loss: 0.000037
best F1 performance has been updated: 0.83333 --> 0.83582
```

```
evaluation result: Precision: 0.77778, Recall: 0.90323, F1: 0.83582
- epoch: 5 - global_step: 150/300 - loss: 0.000008
- epoch: 5 - global_step: 160/300 - loss: 0.000010
evaluation result: Precision: 0.76712, Recall: 0.90323, F1: 0.82963
- epoch: 5 - global_step: 170/300 - loss: 0.000157
- epoch: 6 - global_step: 180/300 - loss: 0.000006
evaluation result: Precision: 0.77778, Recall: 0.90323, F1: 0.83582
- epoch: 6 - global_step: 190/300 - loss: 0.000001
- epoch: 6 - global_step: 200/300 - loss: 0.000001
evaluation result: Precision: 0.78571, Recall: 0.88710, F1: 0.83333
- epoch: 7 - global_step: 210/300 - loss: 0.000003
- epoch: 7 - global_step: 220/300 - loss: 0.000000
evaluation result: Precision: 0.78571, Recall: 0.88710, F1: 0.83333
- epoch: 7 - global_step: 230/300 - loss: 0.000002
- epoch: 8 - global_step: 240/300 - loss: 0.000008
evaluation result: Precision: 0.78571, Recall: 0.88710, F1: 0.83333
- epoch: 8 - global_step: 250/300 - loss: 0.000006
- epoch: 8 - global_step: 260/300 - loss: 0.000015
evaluation result: Precision: 0.78571, Recall: 0.88710, F1: 0.83333
- epoch: 9 - global_step: 270/300 - loss: 0.000003
- epoch: 9 - global_step: 280/300 - loss: 0.000002
evaluation result: Precision: 0.78571, Recall: 0.88710, F1: 0.83333
- epoch: 9 - global_step: 290/300 - loss: 0.000002
```

保存训练过程中的损失 train_loss_record 和在验证集上的得分 train_score_record，并可视化训练过程，代码如下：

```python
import matplotlib.pyplot as plt

def plot_training_loss(train_loss_record, fig_name, fig_size = (8, 6), sample_step = 10, loss_legend_loc = "lower left", acc_legend_loc = "lower left"):
    plt.figure(figsize = fig_size)

    train_steps  =  [x[0] for x in train_loss_record][::sample_step]
    train_losses  =  [x[1] for x in train_loss_record][::sample_step]

    plt.plot(train_steps, train_losses, color = '#e4007f', label = "Train Loss")
    #绘制坐标轴和图例
    plt.ylabel("Loss", fontsize = 'large')
    plt.xlabel("Step", fontsize = 'large')
    plt.legend(loc = loss_legend_loc, fontsize = 'x-large')

    plt.savefig(fig_name)
    plt.show()

def plot_training_f1(train_score_record, fig_name, fig_size = (8, 6), sample_step = 10, loss_legend_loc = "lower left", acc_legend_loc = "lower left"):
    plt.figure(figsize = fig_size)

    train_steps = [x[0] for x in train_score_record]
    train_losses  =  [x[1] for x in train_score_record]
```

```
    plt.plot(train_steps, train_losses, color = '#e4007f', label = "DevF1")
    # 绘制坐标轴和图例
    plt.ylabel("Macro F1", fontsize = 'large')
    plt.xlabel("Step", fontsize = 'large')
    plt.legend(loc = loss_legend_loc, fontsize = 'x - large')

    plt.savefig(fig_name)
    plt.show()
plot_training_loss(train_loss_record, 'loss.jpg')
plot_training_f1(train_score_record, 'f1.jpg')
```

输出结果如图 9-9 所示。

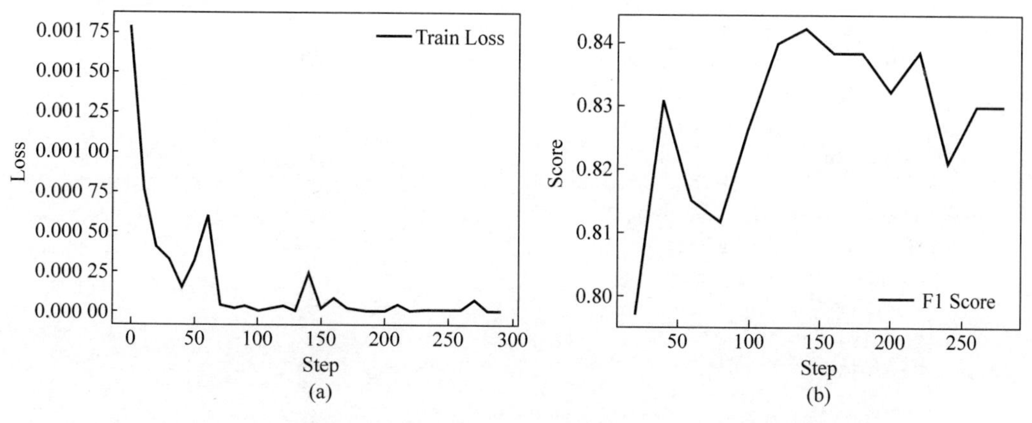

图 9-9 在训练集上的损失函数变化趋势和在验证集上的 F1 值的变化趋势

(a) 在训练集上的损失变化情况；(b) 在验证集上的 F1 值变化情况

从输出结果可以看出，随着训练的进行，训练集上的损失函数不断下降，然后收敛，数值趋向于 0，同时在验证集上的 F1 得分起初不断升高，在模型收敛后逐步平稳，保持在 83%以上。

9.2.6 模型评估

使用验证集对训练过程中表现最好的模型进行评价，以验证模型训练效果。实现代码如下。

```
# 加载训练好的模型进行评估。重新实例化一个模型，然后将训练好的模型参数加载到新模型
saved_state = paddle.load("./best_model/model_state.pdparams")
model.load_dict(saved_state)

# 评估模型
precision, recall, f1 = evaluate(model, metric, test_loader)
print(f"evaluation result: Precision: {precision:.5f}, Recall:
{recall:.5f}, F1: {f1:.5f}")
```

输出结果为：

```
evaluation result: Precision: 0.91549, Recall: 0.98485, F1: 0.94891
```

9.2.7 模型预测

输入待预测文本，通过模型推理验证模型训练效果，实现代码如下。

```
def get_bool_ids_greater_than(probs, limit = 0.5):
    probs = np.array(probs)
    dim_len = len(probs.shape)
    if dim_len > 1:
        result = []
        for p in probs:
            result.append(get_bool_ids_greater_than(p, limit))
        return result
    else:
        result = []
        for i, p in enumerate(probs):
            if p > limit:
                result.append(i)
        return result

def get_span(start_ids, end_ids):
    start_ids = sorted(start_ids)
    end_ids = sorted(end_ids)

    start_pointer = 0
    end_pointer = 0
    len_start = len(start_ids)
    len_end = len(end_ids)
    couple_dict = {}
    while start_pointer < len_start and end_pointer < len_end:
        if start_ids[start_pointer] == end_ids[end_pointer]:
            couple_dict[end_ids[end_pointer]] = start_ids[start_pointer]
            start_pointer += 1
            end_pointer += 1
            continue
        if start_ids[start_pointer] < end_ids[end_pointer]:
            couple_dict[end_ids[end_pointer]] = start_ids[start_pointer]
            start_pointer += 1
            continue
        if start_ids[start_pointer] > end_ids[end_pointer]:
            end_pointer += 1
            continue
    result = [(couple_dict[end], end) for end in couple_dict]
    result = set(result)
    return result

def get_span_ids(span_set, offset_mapping):
    prompt_end_token_id = offset_mapping[1:].index([0, 0])
    bias = offset_mapping[prompt_end_token_id][1] + 1
    for idx in range(1, prompt_end_token_id + 1):
        offset_mapping[idx][0] -= bias
        offset_mapping[idx][1] -= bias

    span_ids = []
```

```
    for start, end in span_set:
        start_id = offset_mapping[start][0]
        end_id = offset_mapping[end][1]
        span_ids.append((start_id, end_id))
    return span_ids
def infer(model, text, prompt):
    """
    预测推理函数
    输入:
        - model :模型
        - text :文本
    """
    model.eval()
    # 数据处理
    encoded_inputs = tokenizer(text = [prompt],
                               text_pair = [text],
                               truncation = True,
                               max_seq_len = 512,
                               pad_to_max_seq_len = True,
                               return_attention_mask = True,
                               return_position_ids = True,
                               return_offsets_mapping = True)

    input_ids =
paddle.to_tensor(encoded_inputs["input_ids"][0]).unsqueeze(0)
    token_type_ids =
paddle.to_tensor(encoded_inputs["token_type_ids"][0]).unsqueeze(0)
    position_ids =
paddle.to_tensor(encoded_inputs["position_ids"][0]).unsqueeze(0)
    attention_mask =
paddle.to_tensor(encoded_inputs["attention_mask"][0]).unsqueeze(0)
    offset_mapping = [
        list(x) for x in encoded_inputs["offset_mapping"][0]
    ]

    start_prob, end_prob = model(input_ids, token_type_ids, position_ids, attention_mask)
    start_prob = start_prob.tolist()
    end_prob = end_prob.tolist()

    start_ids_list = get_bool_ids_greater_than(start_prob, limit = 0.5)
    end_ids_list = get_bool_ids_greater_than(end_prob, limit = 0.5)

    for start_ids, end_ids in zip(start_ids_list, end_ids_list):
        span_set = get_span(start_ids, end_ids)
        span_ids = get_span_ids(span_set, offset_mapping)
        results = [text[start:end] for start, end in span_ids]
    return results

text = "内华达号战列舰(舷号 BB - 36)是一艘隶属于美国海军的战列舰,为内华达级战列舰的首
    舰。它是美军第二艘以内华达州命名的军舰,亦是美国首批超级无畏舰。内华达号 1912 年在
    霍河造船厂建造,1914 年下水,1916 年服役。当时第一次世界大战已经爆发,内华达号一直留
    在近海训练。
```

```
    美国参战后,内华达号被派到英国海域,加入英国本土舰队,主要负责护航任务。"

    # 抽取文本中类别为武器装备的实体,这里以武器装备作为 prompt
    prompt_ent = "武器装备"

    ent_results = infer(model, text, prompt_ent)

    rel1_name = "产国"
    rel2_name = "研发单位"

    # 定义一个用于存储 SPO 三元组的列表
    spo_list = []

    # 抽取文本中类别为武器装备的产国以及研发单位
    for ent_result in ent_results:
        prompt_rel1 = ent_reuslt + "的" + rel1_name
        prompt_rel2 = ent_reuslt + "的" + rel2_name

        rel1_results = infer(model, text, prompt_rel1)
        rel2_results = infer(model, text, prompt_rel2)

        for rel1_result in rel1_results:
            spo_list.append((ent_result, rel1_name, rel1_result))

        for rel2_result in rel2_results:
            spo_list.append((ent_result, rel2_name, rel2_result))

    print("文本中包含的关系三元组(S, P, O)有:", spo_list)
```

输出结果为：

```
武器装备对应的抽取结果为 ['内华达号战列舰']
文本中包含的关系三元组(S, P, O)有: [('内华达号战列舰', '产国', '美国'), ('内华达号战列舰',
'研发单位', '霍河造船厂')]
```

9.3 实验思考

(1) 在本章的实验中,我们在训练数据中加入了负例数据,请读者思考负例数据的作用并实验不同负例比例对模型效果的影响。

(2) 在本章的实验中,我们基于 ERNIE-UIE 实现了实体关系抽取。请读者尝试实现自己设计 prompt 并训练一个 ERNIE-UIE 模型,用于实体抽取任务。

第10章 文本语义匹配实践

文本语义匹配(text semantic matching)是自然语言处理的基础任务之一,主要判断两个文本之间在语义上是否相似,通常也称为语义相似度计算(text similarity)。给定如下三个句子,从它们蕴含的语义上判断,句子(1)和句子(2)的语义更相似。

(1) 什么山是世界上最高的山?

(2) 哪座山是世界上最高的山?

(3) 哪些山是世界上的高山?

文本语义匹配任务不是一个完全独立的任务,普遍应用于问答系统和信息检索等领域。如在问答场景中,通过计算用户输入的问题文本与标准库里存储的问题之间的相似度,从而给出最准确的答案。

早期的文本语义匹配方法通常采用基于字符串匹配的方式实现,即通过统计两个文本串中字或词出现的频率判断它们之间的相似性。这种方法有一个明显的缺点:未考虑单词之间的语义关系。如在上面的例子中,如果采用字符串匹配的方法,句子(2)和句子(3)的语义更相似,但是显然这不是最准确的结果。近年来,人们提出了基于神经网络模型的文本语义匹配方法,采用序列建模的方式获取语义向量,从而能够更加准确地获取两个文本之间的语义关系,有力地促进了语义匹配技术的发展。但是基于神经网络的文本语义匹配方法也存在一定的缺陷,即长文本的长程依赖问题,造成了较难获取到句子的语义信息。随着Transformer模型和预训练语言模型的兴起,尤其是BERT模型的提出,使用注意力机制捕捉句子的长程依赖关系,进一步提升了语义匹配任务的性能。

本章介绍基于神经网络和预训练模型的文本语义匹配方法,其中基于神经网络的方法采用SimNet框架(骨干网采用GRU模型),基于预训练模型的方法采用信息检索场景比较常用的预训练模型RocketQA。本章使用的数据集为LCQMC数据集。

10.1 基于SimNet的文本语义匹配

10.1.1 任务目标和实现流程

文本语义匹配任务大致可以划分为三种类别:短文本与短文本的语义匹配、短文本与长文本的匹配和长文本与长文本之间的匹配。短文本与短文本的匹配在目前产业界中应用最为广泛，如信息检索中的查询语句(query)与标题(title)的匹配。在文本语义匹配任务中，通常将文本标注成1和0两种标签，其中1表示相似，0表示不相似。如上面例子中的三个文本，理想的文本语义匹配模型可以实现以句子(1)和句子(2)为输入时，输出结果为1；而输入句子(1)和句子(3)时，输出结果为0。

本节介绍基于SimNet(SimilarityNet)的短文本语义匹配方法。SimNet是百度自研的、计算短文本相似度的框架，可以使用多种神经网络模型，如卷积神经网络(convolutional neural network，CNN)或循环神经网络(recurrent neural network，RNN)提取文本的语义特征，可以取得很好的匹配效果。

基于SimNet实现文本语义匹配的思路如图10-1所示，模型的输入是两个句子，输出是文本语义匹配的结果(相似或不相似)。在建模过程中，首先进行数据处理，然后使用SimNet获取文本的语义向量表示，最后经过全连接层和softmax回归处理得到文本语义匹配的结果。

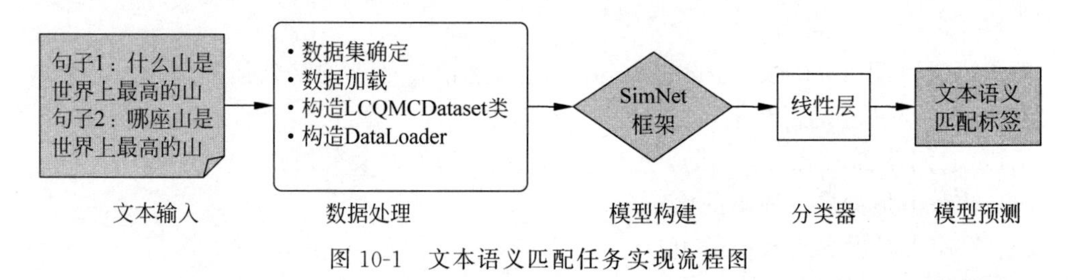

图10-1 文本语义匹配任务实现流程图

10.1.2 数据处理

数据处理包括数据集确定、数据加载、构造LCQMCDataset类、构造DataLoader等步骤，最终将同一批的数据处理成等长的特征序列，使用DataLoader逐批迭代传入SimNet框架(骨干网采用GRU模型)。

1. 数据集确定

本实践使用LCQMC(a large-scale Chinese question matching corpus，LCQMC)数据集进行文本语义匹配(Liu et al.，2018)。LCQMC是中文问题匹配数据集，其语料从百度知道不同领域的用户问题中提取，共247 568条数据，其中训练集为238 766条，验证集为4 401条，测试集为4 401条。

下面是训练集中的1条样本数据，每个样本包含两个句子(分别表示query和title)和对应的文本语义匹配标签(label)，1代表“相似”。

```
{'query': '喜欢打篮球的男生喜欢什么样的女生', 'title': '爱打篮球的男生喜欢什么样的女生',
'label': 1}
```

2. 数据加载

将训练集、验证集和测试集数据读取到内存中。实现代码如下：

```
# 安装 datasets

from paddlenlp.datasets import load_dataset
```

```
def load_data(data_path):
    with open(data_path,'r') as f:
        for item in f.readlines():
            query, title, label = item.split('\t')
            yield {'query': query, 'title': title, 'label': int(label)}

#加载训练集、验证集和测试集
train_dataset = load_dataset(load_data,data_path='lcqmc/train.tsv',lazy=False)
dev_dataset = load_dataset(load_data,data_path='lcqmc/dev.csv',lazy=False)
test_dataset = load_dataset(load_data,data_path='lcqmc/test.csv',lazy=False)

# 打印训练集的第 1 条数据
print('样本示例:', train_dataset[0])
```

输出结果为：

```
样本示例: {'query': '喜欢打篮球的男生喜欢什么样的女生', 'title': '爱打篮球的男生喜欢什么样的女生', 'label': 1}
```

从输出结果可以看出，每条样本包含两部分内容：两个文本序列（分别用 query 和 title 表示）和对应的语义匹配标签（1 代表“相似”，0 代表“不相似”）。

3. 构造 LCQMCDataset 类

构造 LCQMCDataset 类的目的是用于数据管理，它继承自 paddle.io.Dataset 类。LCQMCDataset 类中包括如下两个操作：词语切分和将词转换为字表中的索引号（ID）。

由于 LCQMC 数据集是中文数据集，词与词之间没有分隔符，因此本实践使用 jieba 中文分词工具中的 JiebaTokenizer API 进行词语切分，并将切分后的词转换成 ID 的形式，代码示例如下：

```
# 加载 JiebaTokenizer,是 jieba 分词的工具类
from paddlenlp.data import JiebaTokenizer, Vocab
import os

# 加载词表
vocab_path = "./simnet_vocab.txt"
vocab = Vocab.load_vocabulary(vocab_path, unk_token='[UNK]', pad_token='[PAD]')
tokenizer = JiebaTokenizer(vocab)

# JiebaTokenizer 的分词和转换 ID 示例
text = '爱打篮球的男生喜欢什么样的女生'

# 使用 cut 函数将文本序列切分成对应的词
tokenized_text = tokenizer.cut(text)

# 使用 encode 函数将 token 转换成对应的 ID
tokenized_ids = tokenizer.encode(text)
print(tokenized_text)
print(tokenized_ids)
```

输出结果为：

```
['爱', '打', '篮球', '的', '男生', '喜欢', '什么样', '的', '女生']
[227006, 369452, 415919, 423468, 322727, 349331, 58909, 423468, 242161]
```

词表中包含两个特殊字符：[PAD]和[UNK]，其中[PAD]的作用是为批处理的单词填充。当前神经网络一般采用批处理的方式，即模型一次训练多个句子。考虑到同一批次中的句子长度往往不一样，于是在较短句子的后面填充[PAD]，使得同一批次中的句子长度一致。具体实现方法请见本节第 4 部分“构造 DataLoader”。

由于神经网络的计算复杂度较高，因此模型在构建词表时并没有保留语料中的所有词汇，而是仅选取出现最高频的前 N 个单词，后面的低频词均用[UNK]代替。

构造 LCQMCDataset 类，对数据集进行分词和 ID 转换。实现代码如下：

```python
# 加载 Dataset

from paddle.io import Dataset

class LCQMCDataset(Dataset):
    def __init__(self, examples, tokenizer):
        super(LCQMCDataset, self).__init__()
        # 词典,用于将单词转为字典索引的数字
        self.tokenizer = tokenizer
        # 把加载的数据集从文本转换成 ID 的形式
        self.examples = self.convert_tokens_to_ids(examples)

    def convert_tokens_to_ids(self,examples):
        list_examples = []
        for example in examples:
            query, title = example["query"], example["title"]
            #生成 query ID
            query_ids = self.tokenizer.encode(query)
            query_seq_len = len(query_ids)

            # 生成 title ID
            title_ids = self.tokenizer.encode(title)
            title_seq_len = len(title_ids)

            label = example["label"]
            list_examples.append([query_ids, query_seq_len, title_ids, title_seq_len, label])
        return list_examples

    def __getitem__(self, idx):
        query_ids, query_seq_len, title_ids, title_seq_len, label = self.examples[idx]
        return query_ids, query_seq_len, title_ids, title_seq_len,label

    def __len__(self):
        returnlen(self.examples)

# 实例化 Dataset
train_dataset = LCQMCDataset(train_dataset, tokenizer)
dev_dataset = LCQMCDataset(dev_dataset, tokenizer)
```

```
test_dataset = LCQMCDataset(test_dataset, tokenizer)

print('训练集样本数:', len(train_dataset))
print('验证集样本数:', len(dev_dataset))
print('测试集样本数:', len(test_dataset))
print('样本示例:', train_dataset[0])
```

输出结果为：

```
训练集样本数:238766
验证集样本数:4401
测试集样本数:4401
样本示例: ([349331, 369452, 415919, 423468, 322727, 349331, 58909, 423468, 242161], 9,
[227006, 369452, 415919, 423468, 322727, 349331, 58909, 423468, 242161], 9, 1)
```

从输出结果可以看出，文本分词后，每个单词都被转换成了字典中的 ID 号。

4. 构造 DataLoader

在训练模型时，通常将数据分批传入模型分别训练，每批数据作为一个批传入模型进行处理，每批数据包含两部分：文本数据和对应的语义匹配标签。可以使用飞桨框架中的 paddle.io.DataLoader 实现批量加载和迭代数据的功能，采用文本截断和文本填充技术将每批数据中的文本统一成固定的长度。

我们定义 collate_fn 函数用于文本截断和文本填充，该函数可以作为回调函数传入 DataLoader。DataLoader 在返回每一批数据之前都调用 collate_fn 进行数据处理，返回处理后的文本数据和对应的标签。以下是实现 collate_fn 函数的代码。

```
import paddle
import numpy as np

#最大序列长度 max_seq_len 设置为 64
def collate_fn(batch_data, pad_val = 0, max_seq_len = 64):
    list_query_ids, query_seq_lens, list_title_ids, title_seq_lens, labels = [], [], [],
[], []
    for example in batch_data:
        query_ids, query_seq_len, title_ids, title_seq_len, label = example
        # 对数据序列进行截断
        query_ids = query_ids[:max_seq_len]
        title_ids = title_ids[:max_seq_len]
        # 保存 query 的 id 和实际长度
        list_query_ids.append(query_ids)
        query_seq_lens.append(len(query_ids))
        # 保存 title 的 id 和实际长度
        list_title_ids.append(title_ids)
        title_seq_lens.append(len(title_ids))
        # 保存标签
        labels.append(label)

    # 对数据序列进行填充至最大长度
    for i in range(len(list_query_ids)):
        list_query_ids[i] = list_query_ids[i] + [pad_val] * (max_seq_len - len(list_
query_ids[i]))
```

```
        list_title_ids[i] = list_title_ids[i] + [pad_val] * (max_seq_len - len(list_
title_ids[i]))

    return np.array(list_query_ids), \
           np.array(query_seq_lens), \
           np.array(list_title_ids), \
           np.array(title_seq_lens), \
           np.array(labels)
```

接下来构造 DataLoader 用于批量迭代数据，并指定批大小。在迭代数据时，可以通过参数 shuffle 指定是否进行样本轮序。如果 shuffle 设置为 False，则 DataLoader 按顺序迭代一批数据；如果设置为 True，DataLoader 会随机迭代一批数据。实现代码如下：

```
from paddle.io import BatchSampler, DataLoader

batch_size = 64
# 训练集乱序,批量迭代数据
train_sampler = BatchSampler(
        train_dataset, batch_size = batch_size, shuffle = True)
train_loader = DataLoader(dataset = train_dataset,
                          batch_sampler = train_sampler,
                          collate_fn = collate_fn)
# 验证集,批量迭代数据
dev_sampler = BatchSampler(
        dev_dataset, batch_size = batch_size, shuffle = False)
dev_loader = DataLoader(dataset = dev_dataset,
                        batch_sampler = dev_sampler,
                        collate_fn = collate_fn)
# 测试集,批量迭代数据
test_sampler = BatchSampler(
        test_dataset, batch_size = batch_size, shuffle = False)
test_loader = DataLoader(dataset = test_dataset,
                         batch_sampler = test_sampler,
                         collate_fn = collate_fn)
# 打印训练集中的第 1 个批次的数据
print(next(iter(train_loader)))
```

输出结果为：

```
[Tensor(shape = [64, 64], dtype = int64, place = Place(gpu:0), stop_gradient = True,
       [[431671, 118703, 459477, ..., 0 , 0 , 0 ],
        [198205, 53616 , 123738, ..., 0 , 0 , 0 ],
        [340164, 341100, 18254 , ..., 0 , 0 , 0 ],
        ...,
        [2336 , 316092, 422048, ...,  0 , 0 , 0 ],
        [45069 , 133773, 415330, ..., 0 , 0 , 0 ],
        [431671, 345062, 162709, ..., 0 , 0 , 0 ]]), Tensor(shape = [64], dtype = int64,
place = Place(gpu:0), stop_gradient = True,
       [5 , 4 , 11, 2 , 5 , 5 , 8 , 8 , 7 , 8 , 6 , 5 , 4 , 9 , 5 , 4 , 5 , 5 ,
4 , 19, 8 , 9 , 6 , 6 , 4 , 6 , 6 , 5 , 5 , 4 , 19, 8 , 5 , 11, 7 , 5 ,
```

```
5 , 8 , 3 , 18, 5 , 4 , 8 , 5 , 6 , 6 , 10, 6 , 8 , 5 , 6 , 7 , 6 , 5 ,
5 , 11, 14, 3 , 5 , 10, 5 , 5 , 6 , 4 ]), Tensor(shape = [64, 64], dtype = int64, place = Place
(gpu:0), stop_gradient = True,
       [[431671, 118703, 459477, ..., 0 , 0 , 0 ],
        [123738, 198205, 53616 , ..., 0 , 0 , 0 ],
        [340164, 397067, 423468, ..., 0 , 0 , 0 ],
        ...,
        [390293, 316092, 391947, ..., 0 , 0 , 0 ],
        [445681, 423468, 439085, ..., 0 , 0 , 0 ],
        [431671, 345062, 162709, ..., 0 , 0 , 0 ]]), Tensor(shape = [64], dtype = int64,
place = Place(gpu:0), stop_gradient = True,
       [6, 5, 8, 4, 3, 6, 9, 6, 9, 8, 6, 6, 6, 10, 4, 3, 5, 4, 3, 22, 8, 10, 8, 7,
        3, 12, 6, 6, 4, 8, 20, 9, 6, 10, 6, 4, 6, 4, 4, 17, 6, 6, 7, 4, 7, 3, 12, 5,
        7, 7, 5, 6, 6, 3, 6, 13, 16, 5, 6, 5, 6, 5, 6, 6]), Tensor(shape = [64], dtype = int64,
place = Place(gpu:0), stop_gradient = True,
       [1, 1, 0, 0, 1, 0, 0, 1, 0, 1, 1, 1, 0, 1, 1, 1, 0, 1, 0, 0, 0, 0, 0, 1,
        1, 1, 1, 1, 1, 1, 0, 0, 0, 0, 0, 1, 1, 0, 1, 1, 0, 0, 0, 1, 0, 1, 0, 1,
        1, 1, 1, 1, 1, 0, 1, 1, 0, 0, 1, 1, 1, 0, 1, 1]))]
```

从输出结果看,包含 5 个张量(tensor),第一个张量表示 query,第二个张量表示 query 的长度,第三个张量表示 title,第四个张量表示 titile 的长度,第五个张量表示 label 标签,可以看到每个张量都包含了 64 条数据,组成了一个最小批次(minibatch)。

10.1.3 模型构建

SimNet 是一个计算短文本相似度的框架,包含输入层、表示层和匹配层三部分,依次处理每次传入的 minibatch 数据。首先,文本序列中的所有单词被传入 SimNet,输入层对其进行编码,并输出相应的向量序列。然后将这些向量序列传入表示层(本实践使用 GRU 模型),GRU 模型输出的隐状态可以看作融合了之前所有单词的状态向量。在编码所有单词之后,GRU 模型的隐层向量可以看作该文本序列的语义向量表示,将这些语义向量传入匹配层,并将两个文本序列的语义向量进行融合。最后将融合后的语义向量传入线性层(将隐层向量乘以权重,再加上偏置)。最后经过 softmax 处理后便得到两个文本序列的语义匹配类别(相似或不相似)的概率。整个实现过程如图 10-2 所示。

在本实践中可以使用 paddlenlp. nn. GRU 和 paddle. nn. Embedding 等 API 来实现 SimNet 框架(GRUModel),代码更加简洁,运行效率更高。实现代码如下:

```
import paddle
import paddle.nn as nn
import paddle.nn.functional as F

# 定义 GRUModel,包括输入层,表示层,匹配层
class GRUModel(nn.Layer):

    def __init__(self,
                 vocab_size,
                 num_classes,
                 emb_dim = 128,
```

```
                padding_idx = 0,
                gru_hidden_size = 128,
                direction = 'forward',
                gru_layers = 1,
                dropout_rate = 0.0,
                fc_hidden_size = 96):
        """
        GRUModel,包含输入层,表示层和匹配层
        输入:
            - vocab_size:词表的大小
            - num_classes:类别的数量
            - emb_dim:词向量的维度
            - padding_idx:输入长度对齐的 id 值
            - gru_hidden_size: GRU 的输入单元的维度
            - direction:网络迭代方向,foward 指从序列开始到序列结束的单向 GRU 网络方向
            - gru_layers: GRU 网络的维度
            - dropout_rate: GRU 中 Dropout 参数的值
            - fc_hidden_size:输出层的全连接层的维度
        """

        super().__init__()
        self.embedder = nn.Embedding(num_embeddings = vocab_size,
                                     embedding_dim = emb_dim,
                                     padding_idx = padding_idx)
        # 定义 GRU
        self.gru_encoder = nn.GRU(input_size = emb_dim,
                                  hidden_size = gru_hidden_size,
                                  num_layers = gru_layers,
                                  direction = direction,
                                  dropout = dropout_rate)
        self.fc = nn.Linear(emb_dim * 2,
                            fc_hidden_size)
        self.output_layer = nn.Linear(fc_hidden_size, num_classes)

    def forward(self, query, title, query_seq_len, title_seq_len):
        # 输入层,Shape: (batch_size, num_tokens, embedding_dim)
        embedded_query = self.embedder(query)
        embedded_title = self.embedder(title)
        # 表示层,Shape: (batch_size, gru_hidden_size)
        encoded_query, last_hidden_query = self.gru_encoder(embedded_query,
                                           sequence_length = query_seq_len)
        encoded_query, last_hidden_title = self.gru_encoder(embedded_title,
                                           sequence_length = title_seq_len)
        # 将两个语义向量进行拼接,Shape: (batch_size, 2 * gru_hidden_size)
        contacted = paddle.concat([last_hidden_query[-1, :, :], last_hidden_title
[-1, :, :]], axis = -1)
        # 使用 tanh 激活函数,Shape: (batch_size, fc_hidden_size)
        fc_out = paddle.tanh(self.fc(contacted))
        # 匹配层,Shape: (batch_size, num_classes)
        logits = self.output_layer(fc_out)
        return logits
```

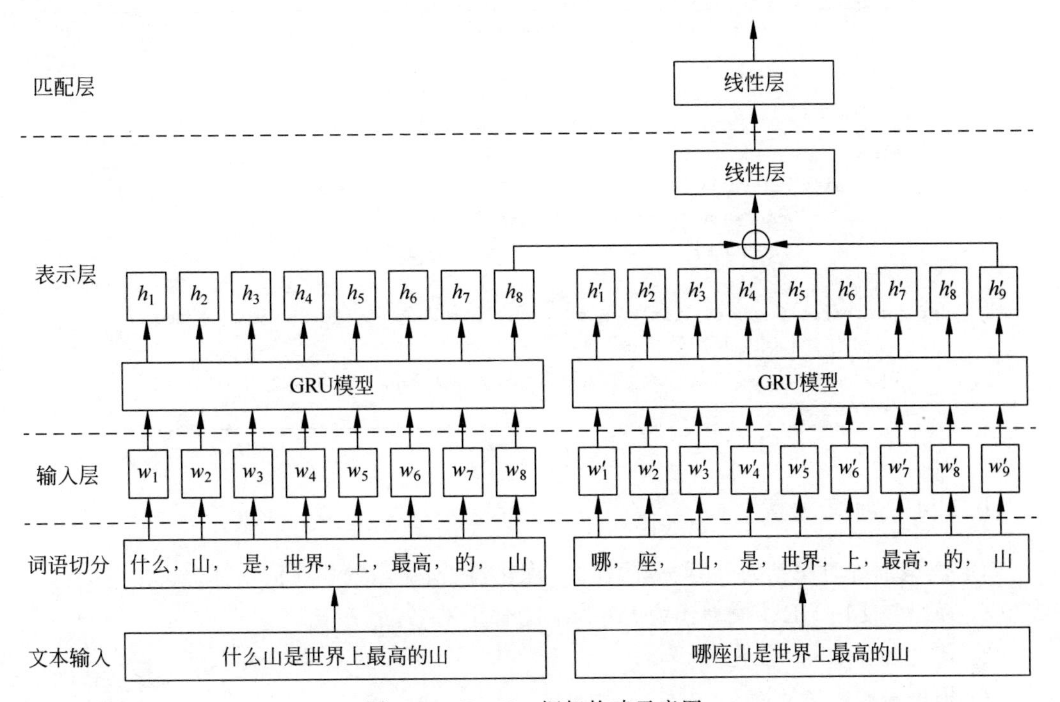

图 10-2 SimNet 框架构建示意图

实例化 SimNet 框架，并通过指定 network 参数来指定模型。实现代码如下：

```
class SimNet(nn.Layer):

    def __init__(self,
                 network,
                 vocab_size,
                 num_classes,
                 emb_dim = 128,
                 pad_token_id = 0):
        """
        SimNet 的实现
        输入:
            - network:网络结构
            - vocab_size:词汇表的大小
            - emb_dim:词向量的维度
            - pad_token_id:输入长度对齐的 id 值
        """
        super().__init__()
        # 输入的字符串变成小写
        network = network.lower()
        # SimNet 的表示层选择 GRU
        if network == 'gru':
            self.model = GRUModel(vocab_size,
```

```
                                        num_classes,
                                        emb_dim,
                                        direction = 'forward',
                                        padding_idx = pad_token_id)
        else:
            raise ValueError(
                "Unknown network: %s, it must be gru."
                % network)

    def forward(self, query, title, query_seq_len = None, title_seq_len = None):
        # 输出文本语义匹配的标签
        logits = self.model(query, title, query_seq_len, title_seq_len)
        return logits
```

10.1.4 训练配置

确定模型训练时用到的计算资源、模型、优化器、损失函数和评估指标等。

(1) 模型：使用 GRU 模型作为 SimNet 的骨干网络。

(2) 优化器：Adam 优化器。

(3) 损失函数：交叉熵。

(4) 评估指标：准确率。

实现代码如下：

```
# 设置训练轮次
num_epochs = 3
# 设置学习率
learning_rate = 5e-4
# 设置每隔多少步在验证集上进行一次模型评估
eval_steps  = 50
# 设置每隔多少步打印一次日志
log_steps  = 10
save_dir  = "./checkpoints"
# 构建 SimNet 网络,骨干网络采用 GRU 网络
network = 'gru'
model  =  SimNet(
        network = network,
        vocab_size = len(vocab),
        num_classes = 2)
# 设置优化器
optimizer  =  paddle.optimizer.Adam(
        parameters = model.parameters(), learning_rate = learning_rate)

# 交叉熵损失函数
loss_fn  =  paddle.nn.CrossEntropyLoss()

# 定义评估指标的计算方式
metric  =  paddle.metric.Accuracy()
```

10.1.5 模型训练

模型训练过程中，每隔一定的 log_steps 都会打印一条训练日志，每隔一定的 eval_steps 在验证集上进行一次模型评估，并且保存在训练过程中评估效果最好的模型。

在验证集上进行评估的实现代码如下：

```
def evaluate(model, data_loader, metric):

    # 将模型设置为评估模式
    model.eval()
    # 重置指标
    metric.reset()

    # 遍历验证集每个批次
    for batch_id, data in enumerate(dev_loader):
        query_ids,query_seq_len,title_ids,title_seq_len,labels = data
        #计算模型输出
        logits = model(query_ids, title_ids, query_seq_len, title_seq_len)
        # 累积评价
        correct = metric.compute(logits, labels)
        metric.update(correct)

    dev_score = metric.accumulate()

    return dev_score
```

模型训练的实现代码如下：

```
def train(model):
    # 开启模型训练模式
    model.train()
    global_step = 0
    best_score = 0.
    # 记录训练过程中的损失函数变化和在验证集上的准确率
    train_loss_record = []
    train_score_record = []
    num_training_steps = len(train_loader) * num_epochs
    # 进行 num_epochs 轮训练
    for epoch in range(num_epochs):
        for step, data in enumerate(train_loader):
            query_ids,query_seq_len,title_ids,title_seq_len,labels = data
            # 获取模型预测
            logits = model(query_ids, title_ids, query_seq_len, title_seq_len)

            # 计算损失函数的平均值
            loss = loss_fn(logits, labels)
            train_loss_record.append((global_step, loss.item()))

            # 梯度反向传播
            loss.backward()
```

```
            optimizer.step()
            optimizer.clear_grad()

            if global_step % log_steps == 0:
                print(f"[Train] epoch: {epoch}/{num_epochs}, step: {global_step}/{num_
training_steps}, loss: {loss.item():.5f}")

            if global_step != 0 and (global_step % eval_steps == 0 or global_step == (num_
training_steps - 1)):
                dev_score = evaluate(model, dev_loader, metric)
                train_score_record.append((global_step, dev_score))
                print(f"[Evaluate] dev score: {dev_score:.5f}")
                model.train()

                # 如果当前指标为最优指标,保存该模型
                if dev_score > best_score:
                    save_path = os.path.join(save_dir, "best.pdparams")
                    paddle.save(model.state_dict(), save_path)
                    print(f"[Evaluate] best accuracy performence has been updated: {best_
score:.5f} -->{dev_score:.5f}")
                    best_score = dev_score

            global_step += 1

    save_path = os.path.join(save_dir, "final.pdparams")
    paddle.save(model.state_dict(), save_path)
    print("[Train] Training done!")

    return train_loss_record, train_score_record

train_loss_record, train_score_record = train(model)
```

输出结果为：

```
[Train] epoch: 0/3, step: 3080/11193, loss: 0.47233
[Train] epoch: 0/3, step: 3090/11193, loss: 0.54170
[Train] epoch: 0/3, step: 3100/11193, loss: 0.47317
[Evaluate] dev score: 0.66530
[Train] epoch: 0/3, step: 3110/11193, loss: 0.53198
[Train] epoch: 0/3, step: 3120/11193, loss: 0.50744
[Train] epoch: 0/3, step: 3130/11193, loss: 0.54013
[Train] epoch: 0/3, step: 3140/11193, loss: 0.42351
[Train] epoch: 0/3, step: 3150/11193, loss: 0.48109
[Evaluate] dev score: 0.67416
[Train] epoch: 0/3, step: 3160/11193, loss: 0.42198
[Train] epoch: 0/3, step: 3170/11193, loss: 0.45638
[Train] epoch: 0/3, step: 3180/11193, loss: 0.42803
[Train] epoch: 0/3, step: 3190/11193, loss: 0.38815
[Train] epoch: 0/3, step: 3200/11193, loss: 0.42144
[Evaluate] dev score: 0.66576
[Train] epoch: 0/3, step: 3210/11193, loss: 0.44274
```

```
[Train] epoch: 0/3, step: 3220/11193, loss: 0.30856
[Train] epoch: 0/3, step: 3230/11193, loss: 0.56580
[Train] epoch: 0/3, step: 3240/11193, loss: 0.40450
[Train] epoch: 0/3, step: 3250/11193, loss: 0.40077
[Evaluate] dev score: 0.67962
[Evaluate] best accuracy performence has been updated: 0.67462 --> 0.67962
                                    ......
[Train] epoch: 2/3, step: 10660/11193, loss: 0.28567
[Train] epoch: 2/3, step: 10670/11193, loss: 0.35929
[Train] epoch: 2/3, step: 10680/11193, loss: 0.16474
[Train] epoch: 2/3, step: 10690/11193, loss: 0.27437
[Train] epoch: 2/3, step: 10700/11193, loss: 0.29359
[Evaluate] dev score: 0.72234
[Train] epoch: 2/3, step: 10710/11193, loss: 0.34276
[Train] epoch: 2/3, step: 10720/11193, loss: 0.28217
[Train] epoch: 2/3, step: 10730/11193, loss: 0.28727
[Train] epoch: 2/3, step: 10740/11193, loss: 0.17787
[Train] epoch: 2/3, step: 10750/11193, loss: 0.28457
[Evaluate] dev score: 0.74029
[Train] epoch: 2/3, step: 10760/11193, loss: 0.22572
[Train] epoch: 2/3, step: 10770/11193, loss: 0.29225
[Train] epoch: 2/3, step: 10780/11193, loss: 0.29588
[Train] epoch: 2/3, step: 10790/11193, loss: 0.22411
[Train] epoch: 2/3, step: 10800/11193, loss: 0.22890
[Evaluate] dev score: 0.73870
[Train] epoch: 2/3, step: 10810/11193, loss: 0.21487
[Train] epoch: 2/3, step: 10820/11193, loss: 0.23997
[Train] epoch: 2/3, step: 10830/11193, loss: 0.31584
[Train] epoch: 2/3, step: 10840/11193, loss: 0.19126
[Train] epoch: 2/3, step: 10850/11193, loss: 0.29022
[Evaluate] dev score: 0.74233
[Train] epoch: 2/3, step: 10860/11193, loss: 0.30609
[Train] epoch: 2/3, step: 10870/11193, loss: 0.25796
[Train] epoch: 2/3, step: 10880/11193, loss: 0.19873
[Train] epoch: 2/3, step: 10890/11193, loss: 0.32246
[Train] epoch: 2/3, step: 10900/11193, loss: 0.20712
[Evaluate] dev score: 0.74233
[Train] epoch: 2/3, step: 10910/11193, loss: 0.22017
[Train] epoch: 2/3, step: 10920/11193, loss: 0.32539
[Train] epoch: 2/3, step: 10930/11193, loss: 0.29813
[Train] epoch: 2/3, step: 10940/11193, loss: 0.38045
[Train] epoch: 2/3, step: 10950/11193, loss: 0.31829
[Evaluate] dev score: 0.74415
[Train] epoch: 2/3, step: 10960/11193, loss: 0.30175
[Train] epoch: 2/3, step: 10970/11193, loss: 0.33339
[Train] epoch: 2/3, step: 10980/11193, loss: 0.25792
[Train] epoch: 2/3, step: 10990/11193, loss: 0.29822
[Train] epoch: 2/3, step: 11000/11193, loss: 0.19026
[Evaluate] dev score: 0.75369
[Evaluate] best accuracy performence has been updated: 0.74778 --> 0.75369
[Train] epoch: 2/3, step: 11010/11193, loss: 0.30189
```

```
[Train] epoch: 2/3, step: 11020/11193, loss: 0.20098
[Train] epoch: 2/3, step: 11030/11193, loss: 0.28482
[Train] epoch: 2/3, step: 11040/11193, loss: 0.24817
[Train] epoch: 2/3, step: 11050/11193, loss: 0.18661
[Evaluate] dev score: 0.74733
[Train] epoch: 2/3, step: 11060/11193, loss: 0.32549
[Train] epoch: 2/3, step: 11070/11193, loss: 0.26358
[Train] epoch: 2/3, step: 11080/11193, loss: 0.29076
[Train] epoch: 2/3, step: 11090/11193, loss: 0.22489
[Train] epoch: 2/3, step: 11100/11193, loss: 0.21053
[Evaluate] dev score: 0.73847
[Train] epoch: 2/3, step: 11110/11193, loss: 0.22301
[Train] epoch: 2/3, step: 11120/11193, loss: 0.35071
[Train] epoch: 2/3, step: 11130/11193, loss: 0.18207
[Train] epoch: 2/3, step: 11140/11193, loss: 0.31599
[Train] epoch: 2/3, step: 11150/11193, loss: 0.33996
[Evaluate] dev score: 0.74960
[Train] epoch: 2/3, step: 11160/11193, loss: 0.28782
[Train] epoch: 2/3, step: 11170/11193, loss: 0.26186
[Train] epoch: 2/3, step: 11180/11193, loss: 0.39324
[Train] epoch: 2/3, step: 11190/11193, loss: 0.20669
[Evaluate] dev score: 0.74847
[Train] Training done!
```

保存训练过程中的损失变化情况（train_loss_record）和在验证集上的得分变化情况（train_score _record），并可视化训练过程。实现代码如下：

```
%matplotlib inline
from tools import plot_training_acc, plot_training_loss

fig_path = "./checkpoints/chapter9_loss.pdf"
plot_training_loss(train_loss_record, fig_path, loss_legend_loc = "upper right", sample_step = 100)

fig_path = "./checkpoints/chapter9_acc.pdf"
plot_training_acc(train_score_record, fig_path, sample_step = 1, loss_legend_loc = "lower right")
```

输出结果如图 10-3 所示。从输出结果可以看出，随着训练的进行，训练集上的损失函数值不断下降，逐步收敛，验证集上的准确率得分不断升高，在模型收敛后逐步趋于平稳。

10.1.6 模型评估

使用测试集对训练过程中表现最好的模型进行评价，以验证模型的训练效果。实现代码如下：

```
# 加载训练好的模型进行评估，重新实例化一个模型，然后将训练好的模型参数加载到新模型
saved_state = paddle.load("./checkpoints/best.pdparams")
```

```
model = SimNet(
        network = network,
        vocab_size = len(vocab),
        num_classes = 2)
model.load_dict(saved_state)

# 模型评估
evaluate(model, test_loader, metric)
```

输出结果为：

```
0.7555101113383322
```

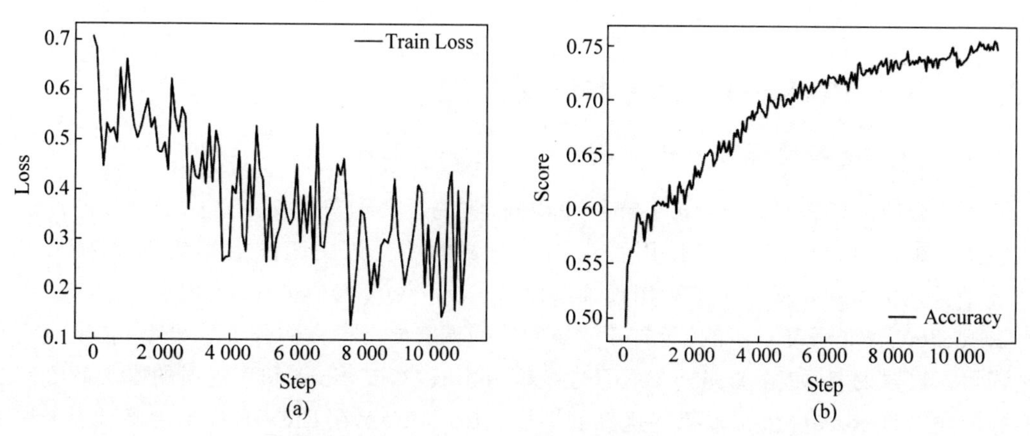

图 10-3　在训练集上损失值的变化趋势和在验证集上准确率的变化趋势

(a) 在训练集上损失函数的变化趋势；(b) 在验证集上准确率的变化趋势

10.1.7　模型预测

任意输入两个句子，如“奥运会田径比赛项目有哪些”和“奥运会中有哪些田径竞赛项目”，模型推理后即可得到这两个句子的语义匹配结果。实现代码如下：

```
def infer(model,tokenizer,query,title):
    label_map = {0: '不相似', 1: '相似'}
    # 编码映射为 ID
    query_id = tokenizer.encode(query)
    title_id = tokenizer.encode(title)
    # 数据转换成张量
    query_ids = paddle.to_tensor([query_id])
    title_ids = paddle.to_tensor([title_id])
    query_seq_lens = paddle.to_tensor(len(query_id))
    title_seq_lens = paddle.to_tensor(len(title_id))
    # 模型评估
    model.eval()
    logits = model(query_ids, title_ids, query_seq_lens, title_seq_lens)
    probs = F.softmax(logits, axis = 1)
    idx = paddle.argmax(probs, axis = 1).numpy()
```

```
    idx = idx.tolist()
    pred_label = label_map[idx[0]]
    print('Label: {}'.format(pred_label))

# 输入一条样本
query = '奥运会田径比赛项目有哪些'
title = '奥运会中有哪些田径竞赛项目'
infer(model,tokenizer,query,title)
```

输出结果为：

```
Label: 相似
```

10.2 基于 RocketQA 的文本语义匹配

10.2.1 任务目标和实现流程

本节介绍的任务目标与10.1节所述相同，实现短文本与短文本之间的语义匹配（“相似”或“不相似”），数据集仍然使用百度知道领域的中文语义匹配数据集 LCQMC，但与10.1节采用的方法不同。本节采用预训练模型 RocketQA（Qu et al.，2021）。

RocketQA 是百度自研的、面向开放域问答的稠密向量检索的预训练模型，在工业级开放域问答数据集上，如微软 MSMARCO、谷歌 Natural Questions 和大规模的中文问答阅读理解数据集 DuReader 上都取得了优异的性能。RocketQA 在 ERNIE 模型的基础上采用了跨批次负样本、去噪强负样本和数据增广三种训练优化的策略，使得训练出来的模型更具泛化性，尤其增强了对问题和段落的排序能力，更加适用于搜索、排序和匹配场景。

（1）Cross-batch 负样本（cross-batch negatives ）：将多个 GPU 里的段落数据当成负样本进行训练，不再仅局限于一个 minibatch，从而扩大了负样本的数据量，使得模型训练更充分。

（2）去噪强负样本（denoised hard negatives）：在增加负样本数量的基础上，采用 Cross Encoder 打分策略，对模型检索的结果进行打分，只保留置信度高的强负样本，然后再使用采样的方式加入模型中进行训练，使得训练出来的模型更具泛化性。

（3）数据增广（data augmentation）：有效利用海量的无标注数据，采用训练好的 Cross Encoder 自动对问题和段落进行数据标注，然后根据模型的阈值选择正负样本，增大了模型训练的数据规模。

图10-4给出了 RocketQA 的语义匹配网络框架图。该框架使用交叉编码器（cross encoder）的方式将输入的两个文本进行拼接，并将其转换成相应的编码格式，之后传入 RocketQA 以获取拼接后句子的语义向量表示，最后经过线性层计算文本相似度的概率。与 SimNet 方式不同，RocketQA 先将两个文本进行拼接，然后对整个语句进行相似度计算，充分利用自注意力机制挖掘两个语句之间的深度语义关系，模型预测的准确率更高。

基于 RocketQA 实现文本语义匹配的思路如图10-5所示。模型的输入是两个句子，输出是文本语义匹配的结果（相似或不相似）。在建模过程中，首先进行数据处理，然后使用 RocketQA 获取文本的语义向量表示，最后经过全连接层和 softmax 处理得到文本语义匹配的结果。

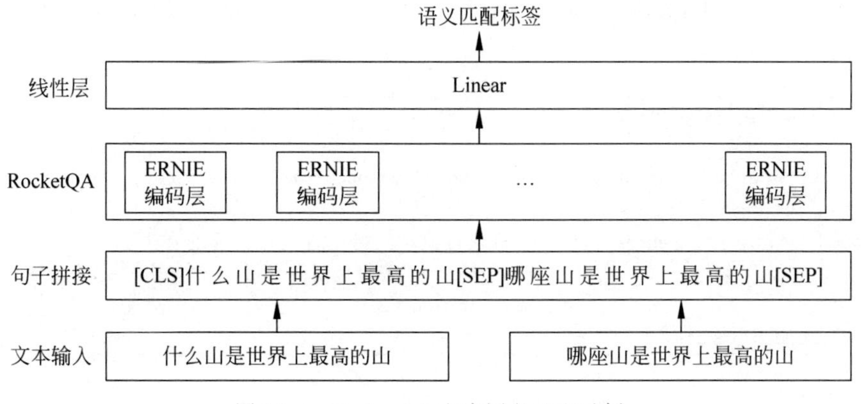

图 10-4 RocketQA 文本语义匹配示例

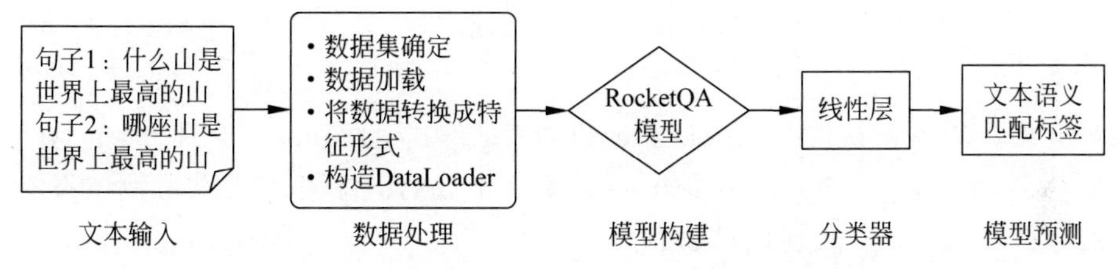

图 10-5 基于 RocketQA 的文本语义匹配流程

10.2.2 数据处理

如前所述，本实践仍然使用 LCQMC 数据集进行文本语义匹配。关于数据集的介绍和数据集的加载方式与 10.1.2 节完全相同，这里不再赘述。本节介绍将数据转换成特征形式、构造 DataLoader 等步骤的实现方式，最终将同一批的数据处理成等长的特征序列，使用 DataLoader 逐批迭代传入 RocketQA 模型。

1. 将数据转换成特征形式

原始数据是文本形式，RocketQA 模型无法直接读取，需要先将文本转换为相应的特征数据，包括输入编码 input_ids 和文本类型编码 token_type_ids。例如，对于以下两个文本：

```
{'text_a': '喜欢打篮球的男生喜欢什么样的女生', 'text_b': '爱打篮球的男生喜欢什么样的女生'}
```

RocketQA 将两个文本的匹配问题转换成拼接文本的分类问题。模型首先将两个文本拼接成一个句子，“[CLS]喜欢打篮球的男生喜欢什么样的女生[SEP]爱打篮球的男生喜欢什么样的女生[SEP]”，其中“[CLS]”表示整个句子的语义编码，“[SEP]”表示两个句子的分割边界。然后将拼接后的句子通过词表映射成编码的形式，得到 input_id：

```
[1, 692, 811, 445, 2001, 497, 5, 654, 21, 692, 811, 614, 356, 314, 5, 291, 2, 329, 445, 2001,
497, 5, 654, 21, 692, 811, 614, 356, 314, 5, 291, 2]
```

对于文本类型的编码 token_type_ids，通常把 text_a 的字符编码成“0”，text_b 的字符编码成“1”，依此类推。上面示例对应的 token_type_ids 为：

```
[0, 0, 0, 0, 0, 0, 0, 0, 0, 0, 0, 0, 0, 0, 0, 0, 0, 1, 1, 1, 1, 1, 1, 1, 1, 1, 1, 1, 1, 1, 1]
```

如上特征编码可以使用 rocketqa-zh-base-query-encoder 的 Tokenizer 快速实现，代码如下：

```
from paddlenlp.transformers import AutoTokenizer

tokenizer = AutoTokenizer.from_pretrained("rocketqa-zh-base-query-encoder")

encoded_inputs = tokenizer(text="喜欢打篮球的男生喜欢什么样的女生",
                           text_pair="爱打篮球的男生喜欢什么样的女生",
                           max_seq_len=32)
print(encoded_inputs)
```

输出结果为：

```
{'input_ids': [1, 692, 811, 445, 2001, 497, 5, 654, 21, 692, 811, 614, 356, 314, 5, 291, 2, 329, 445, 2001, 497, 5, 654, 21, 692, 811, 614, 356, 314, 5, 291, 2], 'token_type_ids': [0, 0, 0, 0, 0, 0, 0, 0, 0, 0, 0, 0, 0, 0, 0, 0, 0, 1, 1, 1, 1, 1, 1, 1, 1, 1, 1, 1, 1, 1, 1, 1]}
```

从输出结果看，在默认情况下，tokenizer 以列表的形式返回 input_ids 和 token_type_ids。

下面基于 convert_example_to_feature 函数将加载的训练集、验证集和测试集依次转换为对应的特征表示形式。实现代码如下：

```
import numpy as np

def convert_example_to_feature(example,
                               tokenizer,
                               max_seq_length=512,
                               is_test=False,
                               is_pair=False):
    if is_pair:
        # 句子 a
        text = example["text_a"]
        # 句子 b
        text_pair = example["text_b"]
    else:
        text = example["text"]
        text_pair = None

    # 使用 tokenizer 将句子 a 和句子 b 转换成特征的形式
    encoded_inputs = tokenizer(text=text,
                               text_pair=text_pair,
                               max_seq_len=max_seq_length)

    if is_test:
        return encoded_inputs
    # 将 label 转换成 Numpy 的形式
    encoded_inputs["label"] = np.array([example["label"]], dtype="int64")
    return encoded_inputs

from functools import partial
```

```
max_seq_length = 128

# 设置 convert_example_to_feature 函数的默认值
trans_func = partial(convert_example_to_feature,
                     tokenizer = tokenizer,
                     max_seq_length = max_seq_length,
                     is_pair = True)

# 将输入的训练集、验证集和测试集数据统一转换成特征形式
train_dataset = train_dataset.map(trans_func)
dev_dataset = dev_dataset.map(trans_func)
test_dataset = test_dataset.map(trans_func)

# 输出训练集、测试集和验证集的样本数量
print("训练集样本数量:", len(train_dataset))
print("验证集样本数量:", len(dev_dataset))
print("测试集样本数量:", len(test_dataset))
```

输出结果为：

```
训练集样本数量: 238766
验证集样本数量: 4401
测试集样本数量: 4401
```

2. 构造 DataLoader

由于计算机内存的限制，在模型训练过程中需要逐批训练数据，即每次选择一个批次(minibatch)的数据进行训练，使用 DataLoader 能够实现这一目的。但是，由于同一批次的数据长度未必一样，因此需要将同一批次的数据统一成相同的长度。常用的方法有两种：文本截断和文本填充。如上文所述，convert_example_to_feature 函数可以对过长的文本进行截断，文本填充则使用 DataCollatorWithPadding 函数。实现代码如下：

```
from paddle.io import BatchSampler, DataLoader
from paddlenlp.data import DataCollatorWithPadding

# 使用 DataCollatorWithPadding 进行文本填充
data_collator = DataCollatorWithPadding(tokenizer)
batch_size = 64
# 训练集设置 shuffle 为 True,进行打乱数据操作
train_sampler = BatchSampler(
        train_dataset, batch_size = batch_size, shuffle = True)
train_loader = DataLoader(dataset = train_dataset,
                          batch_sampler = train_sampler,
                          collate_fn = data_collator)
# 验证集和测试集不需要对数据进行打乱,设置 shuffle 为 False
dev_sampler = BatchSampler(
        dev_dataset, batch_size = batch_size, shuffle = False)
dev_loader = DataLoader(dataset = dev_dataset,
                        batch_sampler = dev_sampler,
                        collate_fn = data_collator)
```

```
test_sampler = BatchSampler(
        test_dataset, batch_size = batch_size, shuffle = False)
test_loader = DataLoader(dataset = test_dataset,
                                    batch_sampler = test_sampler,
                                    collate_fn = data_collator)

# 打印训练集中的第 1 个批次的数据

for batch in train_loader:
    print(batch)
    break
```

输出结果为：

```
{'input_ids': Tensor(shape = [64, 46], dtype = int64, place = Place(gpu:0), stop_gradient = True,
       [[1 , 422 , 1189, ..., 0 , 0 , 0 ],
        [1 , 429 , 433 , ..., 0 , 0 , 0 ],
        [1 , 75  , 1173, ..., 0 , 0 , 0 ],
        ...,
        [1 , 416 , 1480, ..., 0 , 0 , 0 ],
        [1 , 3586, 936 , ..., 0 , 0 , 0 ],
        [1 , 1183, 4016, ..., 0 , 0 , 0 ]]), 'token_type_ids': Tensor(shape = [64, 46],
dtype = int64, place = Place(gpu:0), stop_gradient = True,
       [[0, 0, 0, ..., 0, 0, 0],
        [0, 0, 0, ..., 0, 0, 0],
        [0, 0, 0, ..., 0, 0, 0],
        ...,
        [0, 0, 0, ..., 0, 0, 0],
        [0, 0, 0, ..., 0, 0, 0],
        [0, 0, 0, ..., 0, 0, 0]]), 'labels': Tensor(shape = [64, 1], dtype = int64, place =
Place(gpu:0), stop_gradient = True,
       [[1],[1],[1],[1],[1],[0],[1],[0],[1],[1],[1],[0],[1],[1],[1],[0],[0],[0],[1],
[1],[0],[1],[0],[0],[0],[1],[0],[1],[1],[1],[0],[0],[1],[1],[1],[1],[1],[1],[1],[1],
[0],[1],[1],[1],[0],[0],[0],[1],[1],[0],[0],[0],[1],[0],[0],[0],[0],[1],[0],[1],[1],
[1],[0],[1]])}
```

从输出结果看，生成的 minibatch 数据中包含三部分内容：input_ids、token_type_ids 和 labels。其中，input_ids 和 token_type_ids 的大小为[64,58]，表示有 64 条数据，每条数据的长度为 58，labels 的大小为[64,1]，表示有 64 个标签，每个标签的长度是 1。

10.2.3 模型构建

RocketQA 模型依次处理每次传入的 minibatch 数据。先将处理后的文本特征数据传入 RocketQA 模型，RocketQA 模型中包含多个 ERNIE 编码层，分别对输入的数据进行编码，并将第一层编码层和最后一层编码层输出的向量序列进行平均汇聚(求平均操作)，然后对汇聚之后的两个向量进一步做平均汇聚，之后将汇聚的最终向量序列传入线性分类层(向量序列乘以权重，再加上偏置)，经过 softmax 处理后得到最后的分类结果(“相似”或“不相似”)。模型架构如图 10-6 所示。

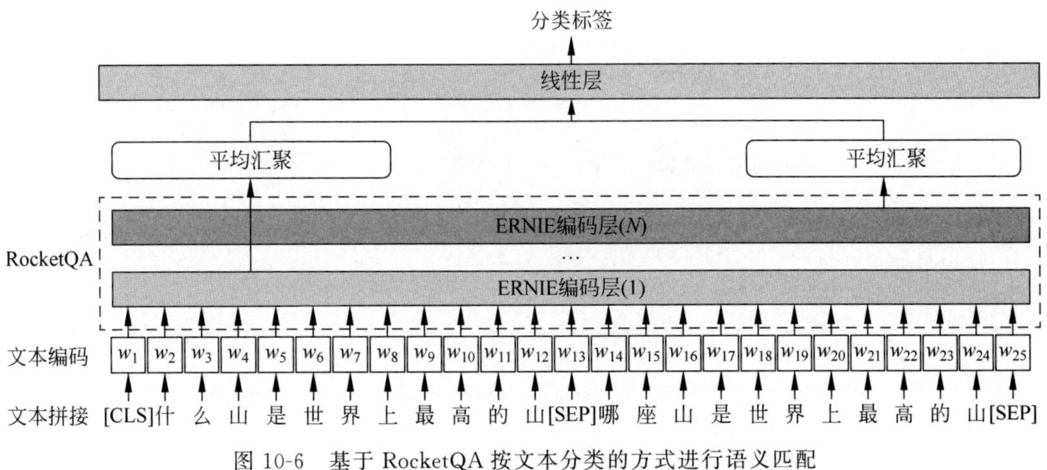

图 10-6　基于 RocketQA 按文本分类的方式进行语义匹配

在代码实现时,可以使用 avg_pool1d 平均池化的方法实现平均汇聚操作,将 kernel_size 设置成序列的长度即可。代码如下:

```
import paddle.nn as nn
import paddle.nn.functional as F

class CrossEncoder(nn.Layer):

    def __init__(self, pretrained_model, dropout = None, num_classes = 2):
        """
        CrossEncoder 的实现
        输入:
            - pretrained_model:预训练语言模型
            - dropout:dropout 的参数
            - num_classes:类别数目,对于语义匹配任务而言,一般是二分类
        """
        super().__init__()
        self.ernie = pretrained_model
        self.dropout = nn.Dropout(dropout if dropout is not None else self.
                        ernie.config["hidden_dropout_prob"])
        self.classifier = nn.Linear(self.ernie.config["hidden_size"],
                            num_classes,
                            weight_attr = nn.initializer.TruncatedNormal(
                                mean = 0.0, std = 0.02),
                            bias_attr = nn.initializer.Constant(value = 0))

    def forward(self,
                input_ids,
                token_type_ids = None,
                encoder_type = 'first - last - avg'):
        """
        输入:
            - input_ids:input_ids 参数
            - token_type_ids:token_type_ids 参数
```

```
            - encoder_type:编码的类型,'first - last - avg'表示的是第一层和最后一层的输出
做平均
        """
        sequence_output, pooled_output, hidden_output = self.ernie(input_ids,
                                                  token_type_ids = token_type_ids,
                                                  output_hidden_states = True)
        # 第一层编码层和最后一层编码层的平均值
        if encoder_type == 'first - last - avg':
            # hidden_output 列表有 13 个 hidden_states,第一个是 embeddings,第二个是第一层
的 hidden_states
            first = hidden_output[1]
            last = hidden_output[ - 1]
            seq_length = first.shape[1]
            first_avg = F.avg_pool1d(first.transpose([0, 2, 1]), kernel_size = seq_length).
squeeze( - 1)
            last_avg = F.avg_pool1d(last.transpose([0,2, 1]), kernel_size = seq_length).
squeeze( - 1)
            final_encoding = F.avg_pool1d(paddle.concat([first_avg.unsqueeze(1), last_
avg.unsqueeze(1)],axis = 1).transpose([0,2, 1]), kernel_size = 2).squeeze( - 1)
        logits = self.classifier(final_encoding)
        return logits
```

10.2.4 训练配置

确定模型训练时用到的计算资源、模型、优化器、损失函数和评估指标等。

（1）模型：RocketQA。

（2）优化器：AdamW 优化器。

（3）损失函数：交叉熵损失(cross-entropy loss)。

（4）评估指标：准确率(accuracy)。

实现代码如下：

```
from paddlenlp.transformers import AutoModel
import paddle

#设置训练轮次
num_epochs = 1
# 设置学习率
learning_rate = 0.0001
# 设置每隔多少步在验证集上进行一次模型评估
eval_steps  = 50
# 设置每隔多少步打印一次日志
log_steps  = 10
# 设置 AdamW 优化器权重衰减系数
weight_decay = 0.0
save_dir  = "./checkpoints"
#模型的名称
model_name_or_path = "rocketqa - zh - base - query - encoder"
# 类别数目
num_classes = 2
# 加载 RocketQA 模型
```

```
pretrained_model = AutoModel.from_pretrained(model_name_or_path)
# 实例化 CrossEncoder
model = CrossEncoder(pretrained_model, num_classes = num_classes)

# 所有的 LayerNorm 和 bias 的参数不设置权重衰减
decay_params = [
        p.name for n, p in model.named_parameters()
        if not any(nd in n for nd in ["bias", "norm"])
    ]

# 设置优化器
optimizer = paddle.optimizer.AdamW(
        parameters = model.parameters(),
        weight_decay = weight_decay,
        apply_decay_param_fun = lambda x: x in decay_params,
        learning_rate = learning_rate)
# 定义损失函数:交叉熵损失函数
loss_fn = paddle.nn.CrossEntropyLoss()
# 定义评估指标的计算方式
metric = paddle.metric.Accuracy()
```

10.2.5　模型训练

模型训练过程中，每隔一定的 log_steps 都会打印一条训练日志，每隔一定的 eval_steps 在验证集上进行一次模型评估，并且保存在训练过程中评估效果最好的模型。

在验证集上进行评估的实现代码如下：

```
def evaluate(model, data_loader, metric):
    """
    模型评估函数

    输入:
        - model: 待评估的模型实例
        - data_loader: 待评估的数据集
        - metric: 用以统计评估指标的类实例
    """
    # 将模型设置为评估模式
    model.eval()
    # 重置 metric
    metric.reset()

    # 遍历验证集每个批次
    for batch_id, data in enumerate(dev_loader):
        input_ids, token_type_ids, labels = data["input_ids"], data["token_type_ids"],
data["labels"]
        #计算模型输出
        logits = model(input_ids, token_type_ids)
        # 累积评价
        correct = metric.compute(logits, labels)
```

```
        metric.update(correct)

    dev_score = metric.accumulate()

    return dev_score
```

模型训练的实现代码如下：

```
import os

def train(model):
    # 开启模型训练模式
    model.train()
    global_step = 0
    best_score = 0.
    #记录训练过程中的损失函数变化和在验证集上模型评估的分数
    train_loss_record = []
    train_score_record = []
    num_training_steps = len(train_loader) * num_epochs
    # 进行 num_epochs 轮训练
    for epoch in range(num_epochs):
        for step, data in enumerate(train_loader):
            input_ids, token_type_ids, labels = data["input_ids"],
data["token_type_ids"], data["labels"]
            # 获取模型预测
            logits = model(input_ids, token_type_ids)
            # 计算损失函数的平均值
            loss = loss_fn(logits, labels)
            train_loss_record.append((global_step, loss.item()))

            # 梯度反向传播
            loss.backward()
            optimizer.step()
            optimizer.clear_grad()

            if global_step % log_steps == 0:
                print(f"[Train] epoch: {epoch}/{num_epochs}, step:
{global_step}/{num_training_steps}, loss: {loss.item():.5f}")

            if global_step != 0 and (global_step % eval_steps == 0 or global_step == (num_
training_steps - 1)):
                dev_score = evaluate(model, dev_loader, metric)
                train_score_record.append((global_step, dev_score))
                print(f"[Evaluate] dev score: {dev_score:.5f}")
                model.train()

                # 如果当前指标为最优指标,保存该模型
                if dev_score > best_score:
                    save_path = os.path.join(save_dir, "best.pdparams")
                    paddle.save(model.state_dict(), save_path)
```

```
                    print(f"[Evaluate] best accuracy performence has been updated:
{best_score:.5f} -->{dev_score:.5f}")
                    best_score = dev_score

            global_step += 1

    save_path = os.path.join(save_dir, "final.pdparams")
    paddle.save(model.state_dict(), save_path)
    print("[Train] Training done!")

    return train_loss_record, train_score_record
```

输出结果为：

```
train_loss_record, train_score_record = train(model)

[Train] epoch: 0/1, step: 0/3731, loss: 0.71879
[Train] epoch: 0/1, step: 10/3731, loss: 0.62647
[Train] epoch: 0/1, step: 20/3731, loss: 0.52406
[Train] epoch: 0/1, step: 30/3731, loss: 0.34259
[Train] epoch: 0/1, step: 40/3731, loss: 0.33003
[Train] epoch: 0/1, step: 50/3731, loss: 0.28793
[Evaluate] dev score: 0.84640
[Evaluate] best accuracy performence has been updated: 0.00000 --> 0.84640
[Train] epoch: 0/1, step: 60/3731, loss: 0.22907
[Train] epoch: 0/1, step: 70/3731, loss: 0.33072
[Train] epoch: 0/1, step: 80/3731, loss: 0.26247
[Train] epoch: 0/1, step: 90/3731, loss: 0.42596
[Train] epoch: 0/1, step: 100/3731, loss: 0.30369
[Evaluate] dev score: 0.82163
[Train] epoch: 0/1, step: 110/3731, loss: 0.32494
[Train] epoch: 0/1, step: 120/3731, loss: 0.18590
[Train] epoch: 0/1, step: 130/3731, loss: 0.20824
[Train] epoch: 0/1, step: 140/3731, loss: 0.18202
[Train] epoch: 0/1, step: 150/3731, loss: 0.28326
[Evaluate] dev score: 0.85526
[Evaluate] best accuracy performence has been updated: 0.84640 --> 0.85526
......
[Train] epoch: 0/1, step: 3510/3731, loss: 0.15867
[Train] epoch: 0/1, step: 3520/3731, loss: 0.10175
[Train] epoch: 0/1, step: 3530/3731, loss: 0.12430
[Train] epoch: 0/1, step: 3540/3731, loss: 0.22932
[Train] epoch: 0/1, step: 3550/3731, loss: 0.13192
[Evaluate] dev score: 0.89593
[Evaluate] best accuracy performence has been updated: 0.89275 --> 0.89593
[Train] epoch: 0/1, step: 3560/3731, loss: 0.27284
[Train] epoch: 0/1, step: 3570/3731, loss: 0.20879
[Train] epoch: 0/1, step: 3580/3731, loss: 0.18811
[Train] epoch: 0/1, step: 3590/3731, loss: 0.18174
[Train] epoch: 0/1, step: 3600/3731, loss: 0.23823
[Evaluate] dev score: 0.88775
```

```
[Train] epoch: 0/1, step: 3610/3731, loss: 0.15869
[Train] epoch: 0/1, step: 3620/3731, loss: 0.18524
[Train] epoch: 0/1, step: 3630/3731, loss: 0.19346
[Train] epoch: 0/1, step: 3640/3731, loss: 0.22400
[Train] epoch: 0/1, step: 3650/3731, loss: 0.13313
[Evaluate] dev score: 0.89298
[Train] epoch: 0/1, step: 3660/3731, loss: 0.13891
[Train] epoch: 0/1, step: 3670/3731, loss: 0.30161
[Train] epoch: 0/1, step: 3680/3731, loss: 0.16025
[Train] epoch: 0/1, step: 3690/3731, loss: 0.12038
[Train] epoch: 0/1, step: 3700/3731, loss: 0.21716
[Evaluate] dev score: 0.87321
[Train] epoch: 0/1, step: 3710/3731, loss: 0.18570
[Train] epoch: 0/1, step: 3720/3731, loss: 0.17670
[Train] epoch: 0/1, step: 3730/3731, loss: 0.21010
[Evaluate] dev score: 0.89025
```

保存训练过程中的损失变化情况（train_loss_record）和在验证集上的得分变化情况（train_score_record），并可视化训练过程，实现代码如下：

```
%matplotlib inline
from tool import plot_training_acc, plot_training_loss

fig_path = "./checkpoints/chapter9_loss.pdf"
plot_training_loss(train_loss_record, fig_path, loss_legend_loc = "upper right", sample_step = 100)

fig_path = "./checkpoints/chapter9_acc.pdf"
plot_training_acc(train_score_record, fig_path, sample_step = 1,
loss_legend_loc = "lower right")
```

输出结果如图 10-7 所示。

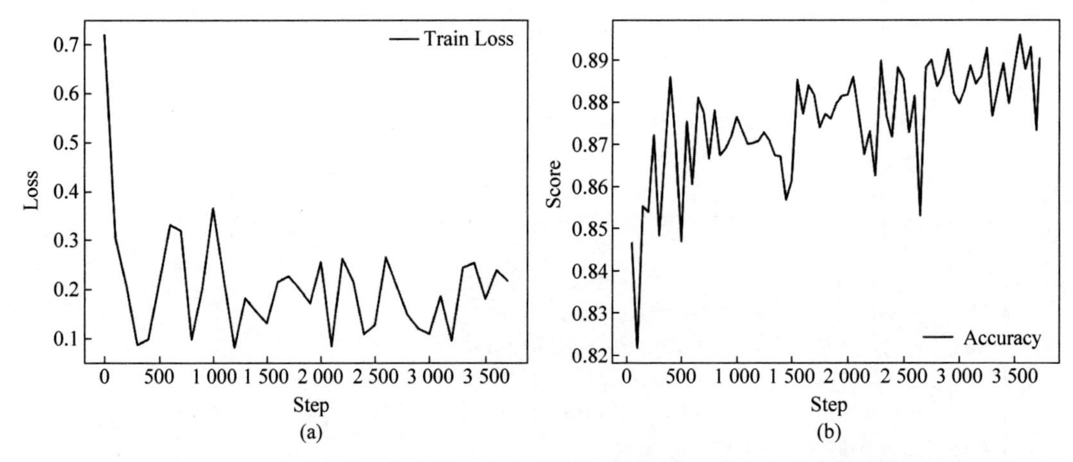

图 10-7　在训练集上损失值的变化趋势和在验证集上准确率的变化趋势

(a) 在训练集上损失值的变化趋势；(b) 在验证集上准确率的变化趋势

从输出结果可以看出，随着训练的进行，在训练集上的损失值不断下降，逐步收敛，在验证集上的准确率得分开始时不断升高，在模型收敛后逐步趋于平稳，最终收敛到了大约89%的准确率。

10.2.6 模型评估

使用测试集对训练过程中表现最好的模型进行评价，以验证模型的训练效果。实现代码如下：

```
# 加载训练好的模型进行预测，重新实例化一个模型，然后将训练好的模型参数加载到新模型
saved_state = paddle.load("./checkpoints/best.pdparams")
model = CrossEncoder(pretrained_model)
model.load_dict(saved_state)

# 评估模型
evaluate(model, test_loader, metric)
```

输出结果为：

```
0.8959327425585094
```

可以看到，仅1个轮次的训练，模型的准确率就达到了89%，而10.1节的SimNet网络训练了3个轮次，准确率仅为75.55%。

10.2.7 模型预测

任意输入两个句子，如“奥运会田径比赛项目有哪些?”和“奥运会中有哪些田径竞赛项目?”，模型推理后即可得到这两个句子之间的语义匹配结果。实现代码如下：

```
def infer(model, tokenizer, text_a,text_b):
    label_map = {0: '不相似', 1: '相似'}
    # 将文本数据转化成 ID 形式
    encoded_inputs = tokenizer(text_a,text_pair = text_b)

    # 将文本编码转换成张量
    input_ids = paddle.to_tensor([encoded_inputs["input_ids"]])
    token_type_ids = paddle.to_tensor([encoded_inputs["token_type_ids"]])
    # 模型评估
    model.eval()
    logits = model(input_ids, token_type_ids)
    probs = F.softmax(logits, axis = 1)
    idx = paddle.argmax(probs, axis = 1).numpy()
    idx = idx.tolist()
    pred_label = label_map[idx[0]]
    print('Label: {}'.format(pred_label))

# 输入一条样本
text_a = '奥运会田径比赛项目有哪些?'
text_b = '奥运会中有哪些田径竞赛项目?'
infer(model, tokenizer, text_a,text_b)
```

输出结果为：

```
Label: 相似
```

10.3 实验思考

（1）在本章介绍的实验中使用了 GRU 网络作为 SimNet 的表示层，用来获取文本的语义向量表示，请读者尝试将 SimNet 的表示层替换为 LSTM 网络，观察模型训练的效果。

（2）在本章的实验中使用了 RocketQA 作为特征提取网络，并选取第一层和最后一层的输出作为分类的向量。请读者对比实验，如果只选择最后一层的输出进行分类，将会得到怎样的结果？

第11章

基于PEGASUS的中文文本摘要实践

文本摘要技术主要是对指定的单文档或多文档自动抽取出其中的关键信息，并生成一段代表文档主要观点的指定长度摘要的技术。生成的摘要可以是根据文档的内容重新生成的，也可以是从文档中摘取的部分关键句子。

从不同的角度自动摘要可以划分为不同的类型，如单文档摘要和多文档摘要；单语言摘要和跨语言摘要；普通型摘要和面向用户查询的摘要；抽取式摘要和生成式摘要等。抽取式摘要只需从文档中抽取关键句子，通常采用 Lead-3、TextRank 和聚类等方法实现。生成式摘要的任务复杂性较高，需要对文档内容进行精准的语义理解，并生成指定长度的摘要文本。

近年来，随着深度学习的发展，基于编码器-解码器(encoder-decoder)的序列到序列模型开始应用于文本摘要任务，如 MASS、UniLM、T5、BART、Unimo-Text 和 PEGASUS 等，并取得了很好的效果。其主要思路是先利用编码器对输入的文本序列进行语义编码，再利用解码器生成相应的摘要信息。

本章使用 PaddleNLP 支持的预训练模型 PEGASUS 实现中文文本自动摘要。PEGASUS 是 Google 在 2020 年 ICML 会议上提出的一种模型架构(Zhang et al., 2020)，网络结构如图 11-1 所示，是一个编码器-解码器的结构。它针对文本摘要任务设计了无监督预训练任务，即间隔句子生成(gap sentence generation，GSG)，它采用重要性优先(principal)策略，首先根据重要性选择前 M 个句子，并将被选的句子进行遮盖，让模型生成被遮盖的句子。该预训练任务能够很好地与文本摘要任务匹配，预训练后的模型经过简单的微调之后可达到较好的摘要生成效果。目前，由国际数字经济学院(international digital economy academy，IDEA)提出的基于 PEGASUS 训练的中文预训练模型 IDEA-CCNL/Randeng-Pegasus-238M-Summary-Chinese 和 IDEA-CCNL/Randeng-Pegasus-523M-Summary-Chinese 在 LCSTS 摘要生成任务上取得了较好的效果。飞桨对这两个预训练模型进行了实现。

Masked tokens
mythical
names
Target text
It is pure white. <eos>
Transformer Encoder
Transformer Decoder
Pegasus is [MASK2].[MASK1]It[MASK2] the model .
<s> It is pure white .
Input text
Target text [Shifted Right]
Pegasus is mythical . It is pure white . It names the model .

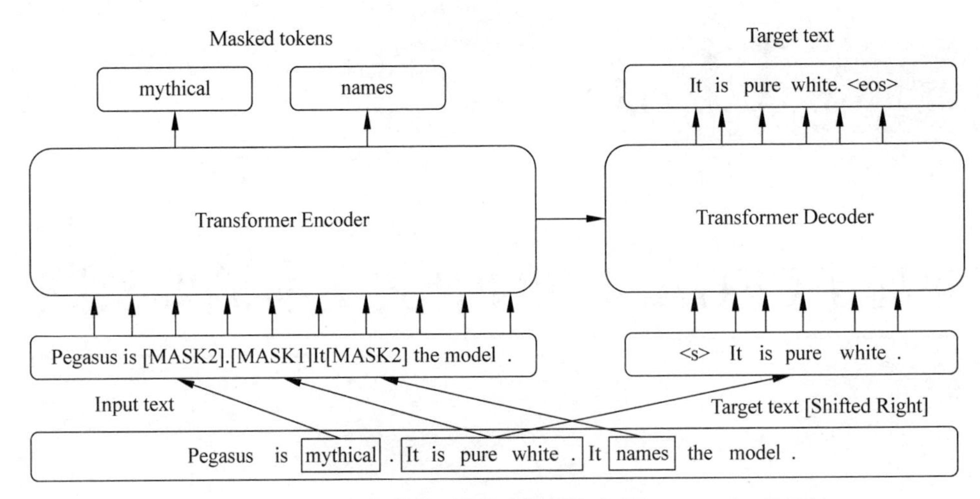

图 11-1　PEGASUS 架构图(图形来源于论文(Zhang et al., 2020))

11.1　任务目标和实现流程

本实践基于 PEGASUS 预训练模型,采用生成式建模方式完成文本摘要任务,效果如图 11-2 所示。对于输入的一段文本,自动生成一段指定长度的摘要。模型生成摘要时首先需要提取文本的语义信息,再将这些语义信息进行解码,生成可以准确概括文本内容的摘要。目前文本摘要技术已经在新闻推荐、语音播报和热点新闻聚合等业务上得到广泛应用。

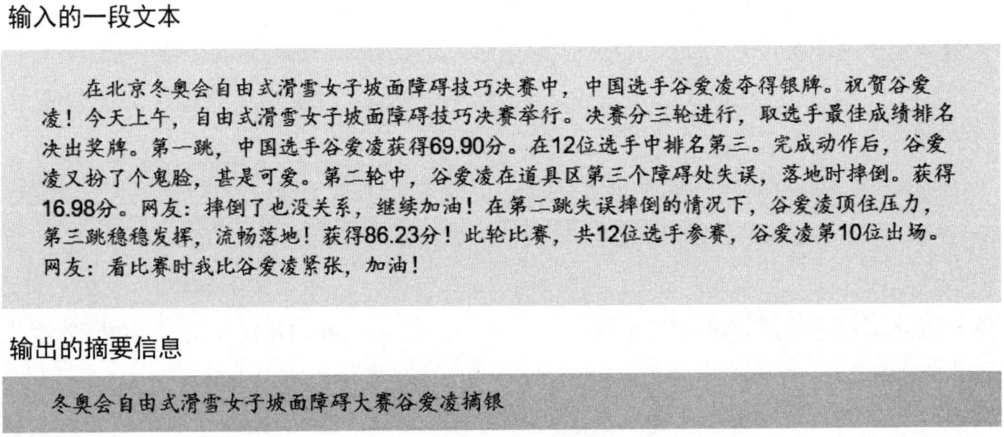

输入的一段文本
在北京冬奥会自由式滑雪女子坡面障碍技巧决赛中，中国选手谷爱凌夺得银牌。祝贺谷爱凌！今天上午，自由式滑雪女子坡面障碍技巧决赛举行。决赛分三轮进行，取选手最佳成绩排名决出奖牌。第一跳，中国选手谷爱凌获得69.90分。在12位选手中排名第三。完成动作后，谷爱凌又扮了个鬼脸，甚是可爱。第二轮中，谷爱凌在道具区第三个障碍处失误，落地时摔倒。获得16.98分。网友：摔倒了也没关系，继续加油！在第二跳失误摔倒的情况下，谷爱凌顶住压力，第三跳稳稳发挥，流畅落地！获得86.23分！此轮比赛，共12位选手参赛，谷爱凌第10位出场。网友：看比赛时我比谷爱凌紧张，加油！
输出的摘要信息
冬奥会自由式滑雪女子坡面障碍大赛谷爱凌摘银

图 11-2　中文文本摘要任务示意

基于 PEGASUS 实现中文文本摘要的流程如图 11-3 所示。模型的输入是一段较长的文本序列,输出是给定文本的摘要。在建模过程中,对于输入的长文本序列 $\boldsymbol{x}$,需要先进行数据处理,然后使用 PEGASUS 编码器对给定文本序列进行编码,获得文本的语义向量表示,之后使用 PEGASUS 解码器生成对应的摘要 $\boldsymbol{y}$。

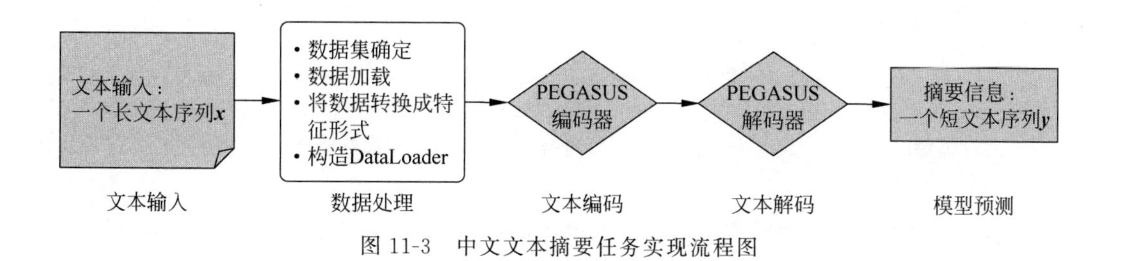

图 11-3　中文文本摘要任务实现流程图

11.2　数据处理

数据处理包括数据集确定、数据加载、将数据转换成特征形式、构造 DataLoader 等步骤，最终将同一批的数据处理成等长的特征序列，使用 DataLoader 逐批迭代传入 PEGASUS 模型。

11.2.1　数据集确定

本实践使用 LCSTS①(a large-scale Chinese short text summarization dataset)数据集进行文本摘要。该数据集来源于新浪微博，是一个大规模的中文短文本摘要数据集，由 200 多万篇真实的中文短文本组成，每一篇文本的作者都给出了简短的摘要。本实践使用了 LCSTS 数据集中的部分语料，包括训练集 8 000 条数据、验证集 800 条数据和测试集 100 条数据。

下面是训练集中的一条样本数据，由文本内容 content 和摘要信息 title 两部分组成。

{"title":"世界首款智能牙刷 Kolibree:让你远离蛀牙","content":"在物联网爆发的年代，几乎任何东西都是"连接的"，昨天在 CES 上出现了世界第一款电动牙刷，能够通过内置的传感器自动分析用户的刷牙习惯，每次刷牙的时候它都能记录相关的刷牙数据，让大家的蛀牙少一些！"}

11.2.2　数据加载

将训练集、验证集和测试集数据读取到内存中，实现代码如下：

```
from datasets import load_dataset
from paddlenlp.transformers import AutoTokenizer
from functools import partial

# 通过 load_dataset 加载训练集、验证集和测试集
train_dataset = load_dataset("json", data_files = 'train.json', split = "train")
dev_dataset = load_dataset("json", data_files = 'dev.json', split = "train")
test_dataset = load_dataset("json", data_files = 'test.json', split = "train")
#打印并查看训练集第 1 条数据
print(load_dataset["train"][:2])
```

① LCSTS 数据集详细介绍请参阅：http://icrc.hitsz.edu.cn/Article/show/139.html。

输出结果为：

{'title': ['女子用板车拉九旬老母环游中国 1 年走 2 万 4 千里'], 'content': ['63 岁退休教师谢淑华,拉着人力板车,历时 1 年,走了 2 万 4 千里路,带着年过九旬的妈妈环游中国,完成了妈妈"一辈子在锅台边转,也想出去走走"的心愿。她说:"妈妈愿意出去走走,我就愿意拉着,孝心不能等,能走多远就走多远。']}

从输出结果看,每条数据都是由 title 和 content 组成,分别代表人工撰写的摘要和文本信息。

11.2.3 将数据转换成特征形式

加载后的文本数据是一个序列,PEGASUS 模型无法直接读取,需要先将文本数据进行分词,再转换为相应的特征数据。PEGASUS 模型是一个编码器-解码器的结构,对输入的数据需要遵循固定的形式,与 4.3 节介绍的 Transformer 模型相同,转换前后的数据差异见表 11-1。

表 11-1 title 和 content 对应的特征形式

原始数据	转换后的数据格式
title	lables：title 分词后的 id,即模型的标签
content	① input _ids：content 分词后的 id,作为 encoder 的输入 ② attention_mask：对 content 分词后的 id 进行填充,在模型训练时需要去除 ③ decoder_input_ids：title 分词后并进行移位的 id,作为 decoder 的输入

下面定义 convert_example_to_feature 函数,并通过加载 tokenizer 将输入的文本转换成特征数据,同时构造 labels。

```
def convert_example(example, text_column, summary_column, tokenizer,
                    max_source_length, max_target_length):
    """
    # 构造模型的输入
    Example:输入的文本数据
    text_column:文本列(content 列)
    summary_column:摘要列(title 列)
    max_source_length:最大的文本长度,超出会被截断
    max_target_length:最大的摘要长度,超出会被截断
    """
    inputs = example[text_column]
    targets = example[summary_column]
    # 使用 tokenizer 将 content 转换成对应的特征格式
    model_inputs = tokenizer(inputs,
                             max_length = max_source_length,
                             padding = False,
                             truncation = True,
                             return_attention_mask = True)
    # 使用 tokenizer 将 title 转换成对应的特征格式
    summary_inputs = tokenizer(targets,
                         max_length = max_target_length,
```

```
                            padding = False,
                            truncation = True)
    # labels 为 title 分词后的 id,输入 decoder 时需要向右移位
    model_inputs["labels"] = summary_inputs["input_ids"]
    return model_inputs
```

以下基于 convert_example_to_feature 函数将加载的训练集、验证集和测试集依次转换为对应的特征形式。这里需要用到函数 partial,用于设置 convert_example_to_feature 函数中的参数,然后基于 map 函数进行转换。datasets 提供的 map 函数支持逐条和批量转换数据,由于 convert_example_to_feature 函数是逐条处理数据,因此在 map 函数中设置参数 batched 为 False。代码实现如下:

```
# 初始化 tokenizer
tokenizer = AutoTokenizer.from_pretrained('IDEA - CCNL/Randeng - Pegasus - 238M - Summary -
Chinese')
# 移除原始字段
remove_columns = ['content', 'title']
# 设置文本的最大长度
max_source_length = 128
# 设置摘要的最大长度
max_target_length = 64
# 定义转换器,将 content 和 title 分别转换成 text_column 和 summary_column
trans_func = partial(convert_example,
                     text_column = 'content',
                     summary_column = 'title',
                     tokenizer = tokenizer,
                     max_source_length = max_source_length,
                     max_target_length = max_target_length)

# 将训练集、验证集和测试集中的数据转换成特征形式
train_dataset = train_dataset.map(trans_func,
                                  batched = True,
                                  load_from_cache_file = True,
                                   remove_columns = remove_columns)
dev_dataset = dev_dataset.map(trans_func,
                              batched = True,
                              load_from_cache_file = True,
                               remove_columns = remove_columns)

test_dataset = test_dataset.map(trans_func,
                                batched = True,
                                load_from_cache_file = True,
                                 remove_columns = remove_columns)

# 输出训练集的前 1 条样本
for idx, example in enumerate(train_dataset):
    if idx < 1:
        print(example)
```

输出结果为：

```
{'input_ids': [9356, 30226, 12756, 16670, 5661, 2333, 22062, 3399, 1477, 13863, 31272, 8334,
5661, 22746, 5230, 3399, 8209, 5661, 22062, 3399, 13863, 8534, 26138, 873, 8534, 30451, 179,
2651, 2238, 1082, 3848, 45396, 2274, 297, 201, 297, 3399, 13653, 5661, 16987, 7709, 178,
28289, 7709, 178, 28289, 223, 3399, 6957, 28290, 7709, 5661, 5034, 4566, 486, 25191, 2651,
2238, 1082, 3848, 179, 1], 'attention_mask': [1, 1, 1, 1, 1, 1, 1, 1, 1, 1, 1, 1, 1, 1, 1, 1, 1,
1, 1, 1, 1, 1, 1, 1, 1, 1, 1, 1, 1, 1, 1, 1, 1, 1, 1, 1, 1, 1, 1, 1, 1, 1, 1, 1, 1, 1, 1, 1, 1,
1, 1, 1, 1, 1, 1, 1, 1, 1, 1, 1, 1], 'labels': [44907, 4785, 7423, 24916, 30346, 22746, 33335,
3399, 22451, 32511, 1]}
```

从数据结果看，原始数据的 context 和 title 被转换成了对应的特征形式，分别为 input_ids、attention_mask 和 labels。

11.2.4 构造 DataLoader

使用 DataCollatorForSeq2Seq 自动将一个批次的数据统一为相同的长度。DataCollatorForSeq2Seq 接收 tokenizer 作为参数，包括 input_ids、attention_mask 和 labels。实现代码如下：

```
from paddlenlp.transformers import AutoModelForConditionalGeneration
from paddlenlp.data import DataCollatorForSeq2Seq

# 初始化模型,AutoModelForConditionalGeneration 封装实现了 PEGASUS 用于生成任务的模型结构
model = AutoModelForConditionalGeneration.from_pretrained('IDEA - CCNL/Randeng - Pegasus -
238M - Summary - Chinese')
# 组装批次数据,使用 DataCollatorForSeqSeq 函数自动将数据统一成相同的长度
batchify_fn = DataCollatorForSeq2Seq(tokenizer = tokenizer, model = model)
```

接下来构造 DataLoader 用于批量迭代数据，并指定批大小（batch size）。在迭代数据时，可以通过参数 shuffle 指定是否进行样本随机排序。如果 shuffle 设置为 False，则 DataLoader 按顺序迭代一批数据；如果设置为 True，DataLoader 会随机迭代一批数据。实现代码如下：

```
from paddle.io import BatchSampler, DistributedBatchSampler, DataLoader
# 分布式批采样器,用于多卡分布式训练
train_batch_sampler = DistributedBatchSampler(
    train_dataset, batch_size = 12, shuffle = True)

# 构造训练集、验证集和测试集的 Dataloader,按 batch size 大小批量迭代数据
train_data_loader = DataLoader(dataset = train_dataset,
                               batch_sampler = train_batch_sampler,
                               num_workers = 0,
                               collate_fn = batchify_fn,
                               return_list = True)


dev_batch_sampler = BatchSampler(dev_dataset,
                                 batch_size = 12,
                                 shuffle = False)
```

```
dev_data_loader = DataLoader(dataset = dev_dataset,
                             batch_sampler = dev_batch_sampler,
                             num_workers = 0,
                             collate_fn = batchify_fn,
                             return_list = True)
test_batch_sampler = BatchSampler(test_dataset,
                                  batch_size = 1,
                                  shuffle = False)
test_data_loader = DataLoader(dataset = test_dataset,
                              batch_sampler = test_batch_sampler,
                              num_workers = 0,
                              collate_fn = batchify_fn,
                              return_list = True)

# 打印训练集中的第 1 个批次的数据
for i in test_data_loader:
    print(i)
    break
```

输出结果为：

```
{'input_ids': Tensor(shape = [1, 67], dtype = int64, place = Place(gpu:0), stop_gradient = True,
       [[7423 , 297 , 17002, 46011, 4566 , 2029 , 129 , 3280 , 2669 , 179 ,
207 , 723 , 27785, 14495, 30402, 5661 , 15249, 7423 , 200 , 19684,
         39275, 24227, 5661 , 1463 , 1426 , 266 , 37022, 179 , 20755, 5661 ,
         18583, 175 , 787 , 198 , 2333 , 218 , 1969 , 322 , 176 , 10567,
5661 , 8536 , 34705, 3399 , 39275, 1463 , 7034 , 516 , 33296, 14288,
179 , 23185, 1463 , 16389, 10567, 39275, 10736, 26027, 5661 , 1463 ,
         11234, 19063, 29521, 7540 , 25961, 179 , 1 ]]), 'attention_mask': Tensor(shape = [1,
67], dtype = int64, place = Place(gpu:0), stop_gradient = True,
       [[1, 1, 1, 1, 1, 1, 1, 1, 1, 1, 1, 1, 1, 1, 1, 1, 1, 1, 1, 1, 1, 1, 1, 1,
         1, 1, 1, 1, 1, 1, 1, 1, 1, 1, 1, 1, 1, 1, 1, 1, 1, 1, 1, 1, 1, 1, 1, 1,
         1, 1, 1, 1, 1, 1, 1, 1, 1, 1, 1, 1, 1, 1, 1, 1, 1, 1, 1]]), 'labels': Tensor(shape = [1,
11], dtype = int64, place = Place(gpu:0), stop_gradient = True,
       [[23185, 1463 , 16389, 10567, 39275, 10736, 26027, 7371 , 39275, 24227,
         1 ]]), 'decoder_input_ids': Tensor(shape = [1, 11], dtype = int64, place = Place(gpu:
0), stop_gradient = True,
       [[0 , 23185, 1463 , 16389, 10567, 39275, 10736, 26027, 7371 , 39275,
         24227]])}
```

从输出结果看，同一批次的数据长度相同。

11.3 模型构建

PEGASUS 模型采用了序列到序列模型的编码器-解码器结构，依次处理每次传入的 minibatch 数据。先将处理后的文本数据传入 PEGASUS 模型，PEGASUS 模型的编码层对其进行编码，并输出对应的向量序列。然后将向右移动一位后的摘要传入解码层，逐一获取对应的解码结果，即为输入文本对应的摘要信息。其中解码层第一个向量为<start>，代表解码开始；解码层最后一个向量为<eos>，代表解码结束，如图 11-4 所示。

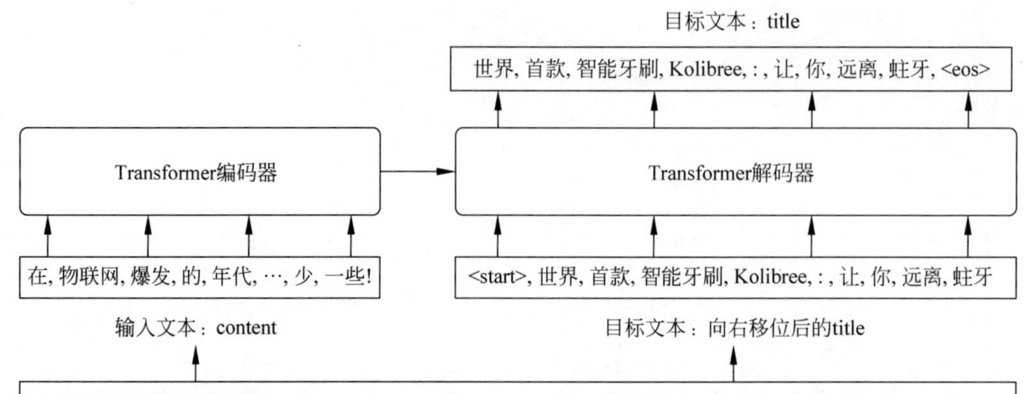

图 11-4　基于 PEGASUS 按生成式的建模方式进行中文文本摘要

基于图 11-4 所示的建模思路，实现代码如下：

```
# 初始化模型,AutoModelForConditionalGeneration
model = AutoModelForConditionalGeneration.from_pretrained('IDEA - CCNL/Randeng - Pegasus -
238M - Summary - Chinese')
```

11.4　训练配置

定义模型训练时的超参数、优化器、损失函数和评估指标等。

(1) 模型：PEGASUS 模型。

(2) 优化器：AdamW 优化器。

(3) 损失函数：交叉熵损失函数(在模型内部定义)。

(4) 评估指标：BLEU 和 ROUGE，它们是序列生成任务中常用的评估指标。

11.4.1　BLEU 算法

BLEU(BiLingual Evaluation Understudy)是衡量生成序列与参考序列之间的 n 元词组重合度的算法，最早用于机器翻译任务，目前广泛应用为包括自动摘要在内的多项序列生成任务中。

给定一个输入序列 $\boldsymbol{s}$，及其相应的参考序列 $\boldsymbol{r}$，l_s 和 l_r 分别代表生成序列和参考序列的长度。令 $\boldsymbol{x}$ 为模型根据 $\boldsymbol{s}$ 生成的一个候选序列，w 为从生成的候选序列中提取的所有 N 元词组的集合。通过计算不同长度的 n 元词组的精度 $P_N(\boldsymbol{x})$，$N=1,2,\cdots$，并对其进行几何加权平均，即可得到 BLEU 分数。计算公式为

$$\text{BLEU-N}(\boldsymbol{x})=b(\boldsymbol{x})\cdot\exp\left(\sum_{N=1}^{N'}\alpha_N\log P_N\right)\tag{11-1}$$

$$b(\boldsymbol{x})=\begin{cases}1, & l_x>l_r\\ \exp(1-l_s/l_r), & l_s\leqslant l_r\end{cases}\tag{11-2}$$

$$P_N(\boldsymbol{x})=\frac{\sum_{w\in W}\min\left(c_w(\boldsymbol{x}),\max_{k=1}^{n}c_w(r_k)\right)}{\sum_{w\in W}c_w(\boldsymbol{x})}\tag{11-3}$$

其中,N'为最大n元词组的长度;α_N为不同n元词组的权重,一般设置为$\frac{1}{N'}$。BLEU算法的取值范围是[0,1],数值越大,表示生成序列与参考序列越接近。$P_N(\boldsymbol{x})$的核心思想是衡量生成的候选序列$\boldsymbol{x}$中的n元词组在参考序列中出现的比例,$c_w(\boldsymbol{x})$表示出现的次数。

11.4.2 ROUGE算法

ROUGE(Recall-Oriented Understudy for Gisting Evaluation)是Chin-Yew Lin等于2004年提出的文本摘要的评估方法,衡量模型生成的摘要与人工标注的参考摘要之间的重叠单元数量。与BLEU算法类似,但ROUGE计算的是生成摘要和参考摘要之间n元词组的召回率。ROUGE算法由ROUGE-N、ROUGE-L、ROUGE-S、ROUGE-W等算法组成,本实践使用ROUGE-N和ROUGE-L两种算法进行模型评估。

1. ROUGE-N算法

ROUGE-N的计算公式为

$$\text{ROUGE-}N=\frac{\sum_{S\in\{\text{ReferenceSummaries}\}}\sum_{\text{gram}_n\in S}\text{Count}_{\text{match}}(\text{gram}_n)}{\sum_{S\in\{\text{ReferenceSummaries}\}}\sum_{\text{gram}_n\in S}\text{Count}(\text{gram}_n)}\tag{11-4}$$

其中,ReferenceSummaries表示参考摘要,即人工标注的"标准答案",gram_n表示参考摘要中的n元词组。当$n=1$时,gram_n为每个参考摘要中的单个词语;当$n=2$时,gram_n为每个摘要中连续的两个单词。$\text{Count}_{\text{match}}(\text{gram}_n)$表示生成摘要和参考摘要中同时出现的$n$元词组的个数;$\text{Count}(\text{gram}_n)$表示参考摘要中出现的$n$元词组的个数。

下面以一个具体例子介绍ROUGE-N的计算方法,假设生成摘要和参考摘要分别如下:

```
生成摘要(模型生成):It is raining.
参考摘要(人工标注):It is raining outside.
```

(1) 当计算ROUGE-1时,摘要的1-gram可表示如下:

```
生成摘要(1-gram):It、is、raining
参考摘要(1-gram):It、is、raining、outside
```

可以发现,生成摘要和参考摘要中重叠的1-gram个数为3,参考摘要中的1-gram个数为4,ROUGE-1的值为

$$\text{ROUGE-1}=\frac{3}{4}=0.75$$

(2) 当计算ROUGE-2时,摘要的2-gram可表示如下:

```
生成摘要(2-gram): It is、is raining
参考摘要(2-gram): It is、is raining、raining outside
```

可以发现生成摘要和参考摘要中重叠的2-gram个数为2，参考摘要中的2-gram个数为3，ROUGE-2的值为

$$\text{ROUGE-2} = \frac{2}{3} \approx 0.667$$

当 n 取其他值时，ROUGE-N 的计算方法类似。

2. ROUGE-L 算法

ROUGE-L中的L代表最长公共子序列(longest common sub-sequence，LCS)。假设 X 表示参考摘要，Y 表示生成摘要，m 和 n 分别表示摘要长度，LCS(X，Y)表示参考摘要与生成摘要之间的最大公共子序列，那么，召回率 R_{lcs} 和准确率 P_{lcs} 的计算公式分别为

$$R_{\text{lcs}} = \frac{\text{LCS}(X,Y)}{m} \times 100\% \tag{11-5}$$

$$P_{\text{lcs}} = \frac{\text{LCS}(X,Y)}{n} \times 100\% \tag{11-6}$$

ROUGE-L的计算公式 F_{lcs} 为

$$F_{\text{lcs}} = \frac{(1+\beta^2)R_{\text{lcs}}P_{\text{lcs}}}{R_{\text{lcs}} + \beta^2 P_{\text{lcs}}} \tag{11-7}$$

由于在DUC(Document Understanding Conference)组织的评测中，β 常被设置为一个很大的数，因此ROUGE-L基本上只考虑召回率。

训练配置的实现代码如下：

```
# 安装文本摘要任务的评估指标 ROUGE 库
!pip install rouge == 1.0.1 - i https://pypi.tuna.tsinghua.edu.cn/simple

import paddle
from paddlenlp.transformers import LinearDecayWithWarmup
# 加载飞桨可视化工具 visualdl 的 LogWriter 定制一个日志记录器
from visualdl import LogWriter
from rouge import Rouge

# 设置训练过程中的暖启动训练比例
warmup_proportion = 0.02
# 设置学习率
learning_rate = 5e-5
# 设置训练轮次
num_epochs = 3
# 设置共需要的训练步数
num_training_steps = len(train_data_loader) * num_epochs
# 设置 AdamW 优化器参数 epsilon
adamw_epsilon = 1e-6
# 设置训练过程中的权重衰减系数
weight_decay = 0.01
# 设置每隔多少步打印一次日志
log_steps = 10
```

```
# 设置每隔多少步在验证集上进行一次模型评估
eval_steps = 100
# 设置摘要的最小长度
min_target_length = 0
# 设置模型保存路径,自动保存训练过程中效果最好的模型
save_dir = 'checkpoints'

# 设置评估指标可视化
log_writer = LogWriter('visualdl_log_dir')
lr_scheduler = LinearDecayWithWarmup(learning_rate, num_training_steps, warmup_proportion)

# 除 bias 和 LayerNorm 的参数外,其他参数在训练过程中执行衰减操作
decay_params = [
    p.name for n, p in model.named_parameters()
    if not any(nd in n for nd in ["bias", "norm"])
]
# 定义优化器 AdamW
optimizer = paddle.optimizer.AdamW(
    learning_rate = lr_scheduler,
    beta1 = 0.9,
    beta2 = 0.999,
    epsilon = adamw_epsilon,
    parameters = model.parameters(),
    weight_decay = weight_decay,
    apply_decay_param_fun = lambda x: x in decay_params)
```

在训练过程中,计算评估指标 Rouge-1、Rouge-2、Rouge-L 和 BLEU-4,实现代码如下:

```
def compute_metrics(preds, targets):
    assert len(preds) == len(targets), (
        'The length of pred_responses should be equal to the length of '
        'target_responses. But received {} and {}.'.format(
            len(preds), len(targets)))
    rouge = Rouge()
    bleu4 = BLEU(n_size = 4)
    scores = []
    for pred, target in zip(preds, targets):
        try:
            score = rouge.get_scores(' '.join(pred), ' '.join(target))
            scores.append([
                score[0]['rouge - 1']['f'], score[0]['rouge - 2']['f'],
                score[0]['rouge - l']['f']
            ])
        except ValueError:
            scores.append([0, 0, 0])
        bleu4.add_inst(pred, [target])
    rouge1 = np.mean([i[0] for i in scores])
    rouge2 = np.mean([i[1] for i in scores])
    rougel = np.mean([i[2] for i in scores])
    bleu4 = bleu4.score()
```

```
    print('[Evaluate] BLEU-4:', round(bleu4 * 100, 2), 'rouge-1:', round(rouge1 * 100, 2), 'rouge-2:', round(rouge2 * 100, 2), 'rouge-L:', round(rougel * 100, 2), 'BLEU-4:', round(bleu4 * 100, 2))
    return rouge1, rouge2, rougel, bleu4
```

11.5 模型训练

在模型训练过程中，每隔一定的 log_steps 都会打印一条训练日志，每隔一定的 eval_steps 在验证集上进行一次模型评估，并且保存在训练过程中评估效果最好的模型。

在验证集上进行评估的实现代码如下：

```
import time
from paddlenlp.utils.log import logger
from paddlenlp.metrics import BLEU
from tqdm import tqdm
import numpy as np
import os

@paddle.no_grad()
def evaluate(model, data_loader, tokenizer, min_target_length,
             max_target_length):
    model.eval()
    all_preds = []
    all_labels = []
    model = model._layers if isinstance(model, paddle.DataParallel) else model
    for batch in tqdm(data_loader, total=len(data_loader), desc="Eval step"):
        labels = batch.pop('labels').numpy()
        # 进行模型生成
        preds = model.generate(input_ids=batch['input_ids'],
                               attention_mask=batch['attention_mask'],
                               min_length=min_target_length,
                               max_length=max_target_length,
                               use_cache=True)[0]
        # tokenizer 将 id 转为字符串形式
        all_preds.extend(
            tokenizer.batch_decode(preds.numpy(),
                                   skip_special_tokens=True,
                                   clean_up_tokenization_spaces=False))
        labels = np.where(labels != -100, labels, tokenizer.pad_token_id)
        all_labels.extend(
            tokenizer.batch_decode(labels,
                                   skip_special_tokens=True,
                                   clean_up_tokenization_spaces=False))
    rouge1, rouge2, rougel, bleu4 = compute_metrics(all_preds, all_labels)
    model.train()
    return rouge1, rouge2, rougel, bleu4
```

模型训练的实现代码如下：

```
def train(model, train_data_loader):
    global_step = 0
    best_rougel = 0
    tic_train = time.time()
    for epoch in range(num_epochs):
        for step, batch in enumerate(train_data_loader):
            global_step += 1
            # 前向计算,计算损失函数
            lm_logits, _, loss = model(**batch)
            loss.backward()
            optimizer.step()
            lr_scheduler.step()
            optimizer.clear_grad()
            if global_step % log_steps == 0:
                logger.info(
                    "[Train] global step %d/%d, epoch: %d, batch: %d, rank_id: %s,
loss: %f, lr: %.10f, speed: %.4f step/s"
                    % (global_step, num_training_steps, epoch, step,
                        paddle.distributed.get_rank(), loss, optimizer.get_lr(),
                        log_steps / (time.time() - tic_train)))
                log_writer.add_scalar("train_loss", loss.numpy(), global_step)
                tic_train = time.time()
            if global_step % eval_steps == 0 or global_step == num_training_steps:
                tic_eval = time.time()
                rouge1, rouge2, rougel, bleu4 = evaluate(model, dev_data_loader, tokenizer,
                            min_target_length, max_target_length)
                logger.info("eval done total : %s s" % (time.time() - tic_eval))
                log_writer.add_scalar("eval/ROUGE-1", round(rouge1 * 100, 2), global_step)
                log_writer.add_scalar("eval/ROUGE-2", round(rouge2 * 100, 2), global_step)
                log_writer.add_scalar("eval/ROUGE-L", round(rougel * 100, 2), global_step)
                log_writer.add_scalar("eval/BLEU-4", round(bleu4 * 100, 2), global_step)
                if best_rougel < rougel:
                    best_rougel = rougel
                    if paddle.distributed.get_rank() == 0:
                        if not os.path.exists(save_dir):
                            os.makedirs(save_dir)

                        model_to_save = model._layers if isinstance(
                            model, paddle.DataParallel) else model
                        model_to_save.save_pretrained(save_dir)
                        tokenizer.save_pretrained(save_dir)


# 启动模型训练
train(model, train_data_loader)
```

输出结果为：

```
[Train] step 10/2667, epoch: 0, loss: 2.963048
[Train] step 20/2667, epoch: 0, loss: 1.921782
```

```
[Train] step 30/2667, epoch: 0, loss: 2.666176
[Train] step 40/2667, epoch: 0, loss: 2.847842
[Train] step 50/2667, epoch: 0, loss: 2.615268
[Train] step 60/2667, epoch: 0, loss: 2.603299
[Train] step 70/2667, epoch: 0, loss: 2.174151
[Train] step 80/2667, epoch: 0, loss: 2.478480
[Train] step 90/2667, epoch: 0, loss: 2.782897
[Train] step 100/2667, epoch: 0, loss: 2.417608
[Evaluate]
rouge-1: 34.47
rouge-2: 20.5
rouge-L: 31.06
BLEU-4: 15.39
[Train] step 110/2667, epoch: 0, loss: 2.373282
[Train] step 120/2667, epoch: 0, loss: 1.972023
[Train] step 130/2667, epoch: 0, loss: 2.894804
[Train] step 140/2667, epoch: 0, loss: 2.311194
[Train] step 150/2667, epoch: 0, loss: 2.941457
[Train] step 160/2667, epoch: 0, loss: 3.054342
[Train] step 170/2667, epoch: 0, loss: 2.458297
[Train] step 180/2667, epoch: 0, loss: 3.266744
[Train] step 190/2667, epoch: 0, loss: 2.919276
[Train] step 200/2667, epoch: 0, loss: 2.064613
[Evaluate]
rouge-1: 33.78
rouge-2: 20.23
rouge-L: 30.64
BLEU-4: 14.98
……
[Train] step 2410/2667, epoch: 2, loss: 1.455715
[Train] step 2420/2667, epoch: 2, loss: 1.368634
[Train] step 2430/2667, epoch: 2, loss: 1.243881
[Train] step 2440/2667, epoch: 2, loss: 1.309806
[Train] step 2450/2667, epoch: 2, loss: 1.003384
[Train] step 2460/2667, epoch: 2, loss: 1.509695
[Train] step 2470/2667, epoch: 2, loss: 1.384019
[Train] step 2480/2667, epoch: 2, loss: 1.107425
[Train]step 2490/2667, epoch: 2, loss: 1.393112
[Train] step 2500/2667, epoch: 2, loss: 1.470335
[Evaluate]
rouge-1: 36.36
rouge-2: 22.45
rouge-L: 32.77
BLEU-4: 17.82
```

可视化训练结果，如图 11-5～图 11-7 所示。从输出结果看，训练集上损失值在不断下降，在验证集上 BLEU 和 ROUGE 的值在稳步上升。

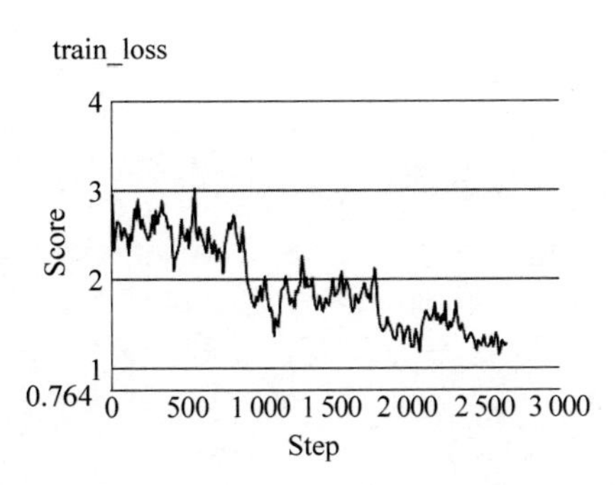

图 11-5　训练集上损失值变化趋势

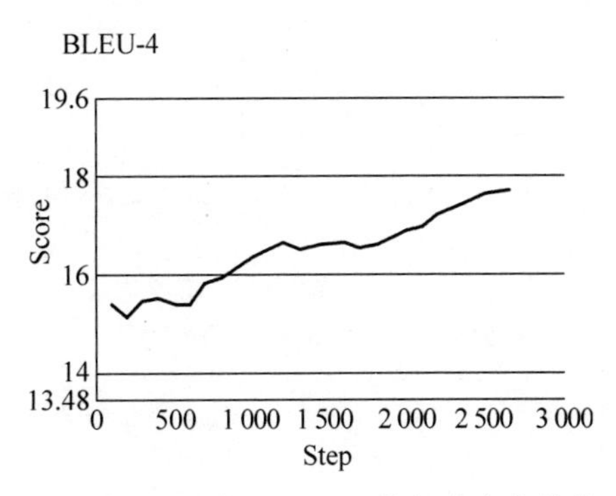

图 11-6　验证集上 BLEU 指标的变化趋势

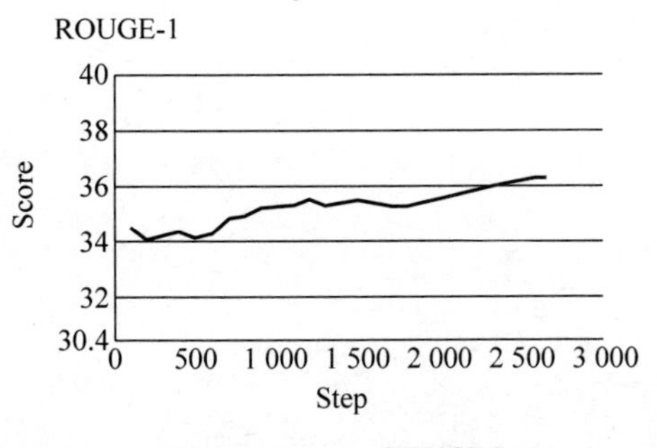

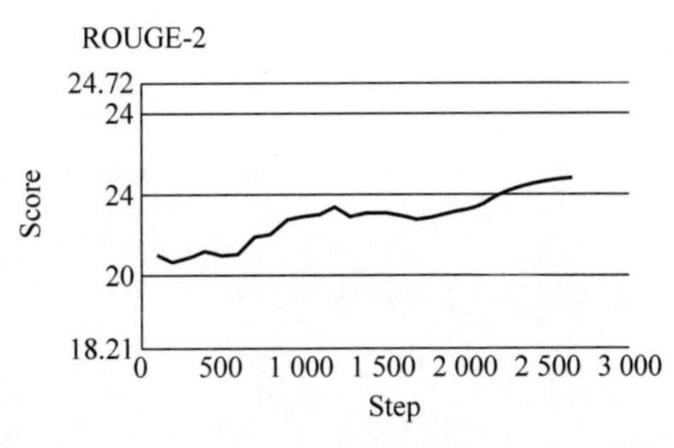

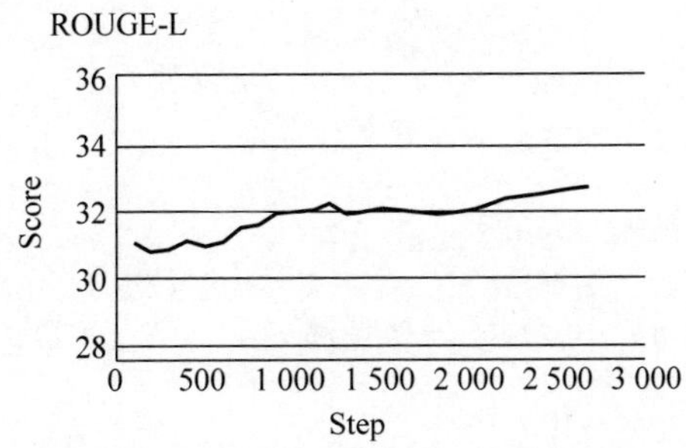

图 11-7　验证集上 ROUGE 指标的变化趋势

11.6　模型评估

使用测试集对训练过程中表现最好的模型进行评价，以验证模型训练效果。实现代码如下：

```
evaluate(model, test_data_loader, tokenizer, min_target_length, max_target_length)
```

输出结果为：

```
The auto evaluation result is:
rouge - 1: 57.38
rouge - 2: 44.19
rouge - L: 54.72
BLEU - 4: 38.51
```

11.7 模型预测

任意输入一段文本信息，通过模型预测得到这段文本的摘要。实现代码如下：

```
# 模型推理，针对单条文本，生成摘要
def infer(text, model, tokenizer):
    tokenized = tokenizer(text,
                          truncation = True,
                          max_length = max_source_length,
                          return_tensors = 'pd')
    preds, _ = model.generate(input_ids = tokenized['input_ids'],
                              max_length = max_target_length,
                              min_length = min_target_length,
                              decode_strategy = 'beam_search',
                              num_beams = 4)
    print(tokenizer.decode(preds[0], skip_special_tokens = True, clean_up_tokenization_
spaces = False))

# 加载训练好的模型
model = AutoModelForConditionalGeneration.from_pretrained('checkpoints')
tokenizer = AutoTokenizer.from_pretrained('checkpoints')

# 模型预测
text = '''在北京冬奥会自由式滑雪女子坡面障碍技巧决赛中，中国选手谷爱凌夺得银牌。祝贺谷
爱凌！今天上午，自由式滑雪女子坡面障碍技巧决赛举行。决赛分三轮进行，取选手最佳成绩排名
决出奖牌。第一跳，中国选手谷爱凌获得 69.90 分。在 12 位选手中排名第三。完成动作后，谷爱凌
又扮了个鬼脸，甚是可爱。第二轮中，谷爱凌在道具区第三个障碍处失误，落地时摔倒。获得 16.98
分。网友：摔倒了也没关系，继续加油！在第二跳失误摔倒的情况下，谷爱凌顶住压力，第三跳稳稳
发挥，流畅落地！获得 86.23 分！此轮比赛，共 12 位选手参赛，谷爱凌第 10 位出场。网友：看比赛时
我比谷爱凌紧张，加油！'''
infer(text, model, tokenizer)
```

输出结果为：

```
title: 冬奥会自由式滑雪女子坡面障碍大赛谷爱凌摘银。
```

11.8 实验思考

（1）文本摘要任务的模型评估除了一些常见的指标 Rouge、BLEU 之外，是否有更好的评估方法？比如人为评估？

（2）如果请你改进 PEGASUS 模型，你有什么实现思路？例如，可以从数据层面或模型架构层面进行改进。

（3）本节介绍的 PEGASUS 模型属于一种基于编码器-解码器的方法，尝试采用基于 Transformer 解码器的预训练语言模型实现文本摘要。

第12章

基于ERNIE 3.0实现意图识别

意图识别又称意图理解，是指机器正确理解用户输入的信息，并返回相应意图结果的任务。该任务是近年来自然语言处理领域比较活跃的一个研究分支，广泛应用于搜索引擎、对话系统和机器人等场景。例如在搜索引擎中，用户搜索“今天冷吗”，系统会识别出用户的意图是“天气”，直接把天气预报作为结果返回给用户，从而节省用户的搜索点击次数，提升使用体验，如图 12-1 所示。在人机对话系统中如果用户说“我的苹果从不出现卡顿”，那么模型通过意图识别就可以判断出此刻的“苹果”是一个电子设备，而非水果，这样对话就能顺利进行下去。意图识别的准确性可以大大提高搜索的匹配度和人机对话系统的智能化程度。

图 12-1　意图分析在搜索引擎中的应用效果

意图识别可以被看作一个分类问题①，分类模型根据输入的文本计算出每个候选意图的概率，最终给出对用户意图的判断。分类模型可以是二分类、多分类或者多标签分类。

本章介绍基于预训练模型 ERNIE 3.0 的意图识别方法，采用多标签分类策略。

12.1 任务目标和实现流程

如上文所述，本任务的目标是分析出用户输入查询信息的真实意图。本章介绍的实验将意图识别作为一个分类任务，如图 12-2 所示，当用户输入查询“生化危机”时，既有游戏又有电视剧，还有新闻和图片等，我们通过用户意图识别发现该用户是想看电视剧，于是就把电视剧作为第一个结果返回给用户。

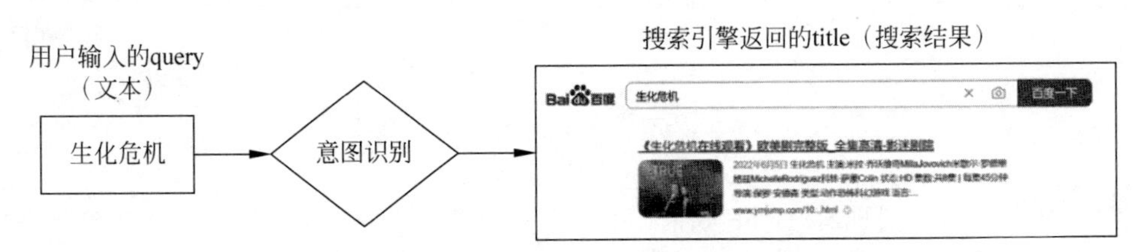

图 12-2　意图识别技术在检索中的应用示意

本实验基于预训练模型 ERNIE 3.0，按照文本分类方式建模意图识别任务。ERNIE 3.0 在百亿级预训练模型中引入了大规模知识图谱，提出了基于海量无监督文本与大规模知识图谱的预训练方法，将知识图谱挖掘算法得到的五千万三元组与 4TB 大规模语料同时输入预训练模型中进行联合掩码训练，有效促进了结构化知识和非结构化文本之间的信息共享，大幅度提升了模型对知识的记忆和推理能力。

基于 ERNIE 3.0 实现意图识别的流程如图 12-3 所示，模型的输入是文本，输出是文本的意图分类标签。在建模过程中，对输入的文本首先进行数据处理，然后使用预训练模型 ERNIE 3.0 进行文本序列编码，获得文本的语义向量表示，最后经过线性层（全连接层）和 softmax 处理得到文本对应的意图识别分类标签。

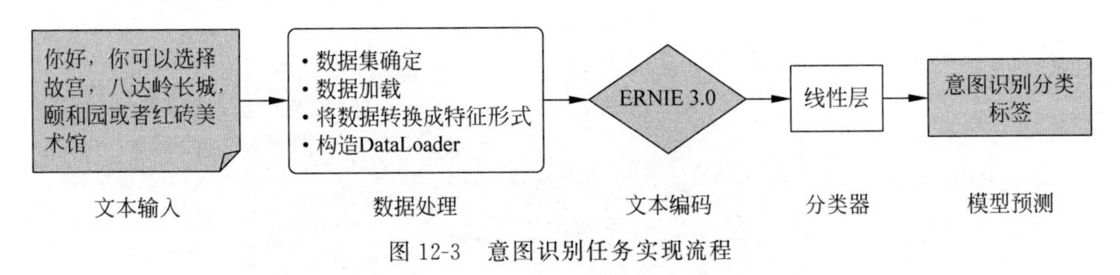

图 12-3　意图识别任务实现流程

12.2 数据处理

数据处理包括数据集确定、数据加载、将数据转换成特征形式、构造 DataLoader 等步骤，最终将同一批的数据处理成等长的特征序列，使用 DataLoader 逐批迭代传入 ERNIE 3.0

---

① 在部分对话系统中，意图识别包括领域识别和意图槽识别两项子任务，其中领域识别可以看作文本分类任务，意图槽识别则可以看作序列标注任务。这里将意图识别看作分类问题。

模型。

12.2.1 数据集确定

本实践使用CrossWOZ(Cross-Domain Wizard-of-Oz task-oriented)数据集(Zhu et al., 2020)进行意图识别，该数据集是由清华大学计算机系、人工智能研究院CoAI小组构建的中文大规模跨领域任务导向的对话数据集，包含6 000条对话、102 000个句子，涉及5个领域(景点、酒店、餐馆、地铁和出租车信息)。该数据集模拟用户向系统预订酒店、景点和参观等对话，所有数据均被做了标注。为了便于读者使用，本实践仅使用CrossWOZ数据集中关于预订酒店和景点的对话数据，是含有158个类别的多标签数据集，训练集含44 409条数据，验证集为4 935条，测试集为4 909条数据。样本数据如下：

样本示例:{'sentence': '你好,帮我推荐一个价位在400 - 500元之间的酒店,评分要在4.5分以上的,谢谢。', 'labels': ['General + greet + none + none', 'General + thank + none + none', 'Request + 酒店 + 名称 + ']}.

从样本示例可以发现，每条样本中都包含两部分内容：文本数据和对应的意图分类标签。这个例子为多标签的数据。

12.2.2 数据加载

数据加载的目的是将训练集、验证集、测试集和标签信息读取到内存中。实现代码如下：

```
from paddlenlp.datasets import load_dataset

# 加载数据集标签
label_list = {}
label_map = {}
with open('data/data174910/label.txt', 'r', encoding = 'utf - 8') as f:
    for i, line in enumerate(f):
        l = line.strip()
        label_list[l] = i
        label_map[i] = l
f.close()

# 定义数据加载函数
def load_data(path, label_list = None, is_test = False):
    with open(path, 'r', encoding = 'utf - 8') as f:
        for line in f:
            if is_test:
                items = line.strip().split('\t')
                sentence = ''.join(items)
                yield {'sentence': sentence}
            else:
                items = line.strip().split('\t')
                if len(items) == 0:
```

```
                    continue
                elif len(items) == 1:
                    sentence = items[0]
                    labels = []
                else:
                    sentence = ''.join(items[:-1])
                    label = items[-1]
                    labels = [label_list[l] for l in label.split(',')]
                yield {'sentence': sentence, 'label': labels}
    f.close()

# 加载训练集、测试集和验证集
train_dataset = load_dataset(load_data, path='data/data174910/train.txt', label_list=
label_list, lazy=False)
dev_dataset = load_dataset(load_data, path='data/data174910/dev.txt', label_list=label_
list, lazy=False)
test_dataset = load_dataset(load_data, path='data/data174910/test.txt', label_list=label_
list, lazy=False)

print('训练集样本数量:', len(train_dataset))
print('验证集样本数量:', len(dev_dataset))
print('测试集样本数量:', len(test_dataset))
print('样本示例:', train_dataset[0])
```

输出结果为：

```
训练集样本数量: 44409
验证集样本数量: 4935
测试集样本数量: 4909
样本示例:{'sentence': '你好,帮我推荐一个价位在 400-500 元之间的酒店,评分要在 4.5 分以上
的,谢谢。', 'labels': ['General+greet+none+none', 'General+thank+none+none', 'Request+
酒店+名称+']}.
```

在这个例子中，'General+greet+none+none'表明该样本包含“问候”意图，'General+thank+none+none'表明该样本的意图包含“感谢”，'Request+酒店+名称+'表明该样本的意图包括询问酒店名称。

输出结果包括两部分数据：用户的问题'sentence'和问题对应的标签'lables'。该例子是个多标签的数据。

12.2.3 将数据转换成特征形式

加载后的数据是文本形式，ERNIE 3.0 模型无法直接读取，需要将文本数据转换为相应的特征数据。ERNIE 3.0 模型的输入数据需要遵循固定的形式，包括 input_ids、token_type_ids 等信息，因此需要将文本数据转换成符合 ERNIE 格式要求的特征数据。

下面使用 PaddleNLP 的 tokenizer 进行词语切分，并将切分后的单词和标签转换为特征表示。定义 convert_example_to_feature 函数，并通过加载 tokenizer 将输入的文本数据批量转换成特征数据。代码实现如下：

```
import functools
from paddlenlp.transformers import AutoTokenizer

# 利用 tokenizer 将输入数据转换成特征形式
def preprocess_function(examples, tokenizer, max_seq_len,
num_classes, is_test=False):
    encoded_inputs = tokenizer(text=examples["sentence"],
max_seq_len=max_seq_len)
    # 将标签转换为 one-hot 表示
    if not is_test:
        encoded_inputs["labels"] = [float(1) if i in examples["label"] else float(0) for i
in range(num_classes)]
    return encoded_inputs

tokenizer = AutoTokenizer.from_pretrained("ernie-3.0-medium-zh")

# 定义函数 partial,用于设置 convert_example_to_feature 函数中的参数,然后基于 map 函数进
行转换
convert_example_to_feature = functools.partial(preprocess_function,
                                tokenizer=tokenizer,
                                max_seq_len=128,
                                num_classes=len(label_list))

#将输入的训练集、验证集和测试集数据统一转换成特征形式
train_dataset = train_dataset.map(convert_example_to_feature)
dev_dataset = dev_dataset.map(convert_example_to_feature)
test_dataset = test_dataset.map(convert_example_to_feature)

# 打印预处理后的数据样例
print('样本示例:', train_dataset[0])
```

输出结果为：

```
样本示例:{'input_ids': [1, 226, 170, 4, 836, 75, 426, 1645, 7, 27, 463, 144, 11, 2125, 12051,
1657, 183, 46, 143, 5, 661, 737, 4, 480, 59, 41, 11, 397, 42, 317, 59, 22, 28, 5, 4, 1183,
1183, 12043, 2], 'token_type_ids': [0, 0, 0, 0, 0, 0, 0, 0, 0, 0, 0, 0, 0, 0, 0, 0, 0, 0, 0,
0, 0, 0, 0, 0, 0, 0, 0, 0, 0, 0, 0, 0, 0, 0, 0, 0], 'labels': [1.0, 0.0, 0.0, 0.0, 0.0, 0.0,
1.0, 0.0, 1.0, 0.0, 0.0, 0.0, 0.0, 0.0, 0.0, 0.0, 0.0, 0.0, 0.0, 0.0, 0.0, 0.0, 0.0, 0.0, 0.0,
0.0, 0.0, 0.0, 0.0, 0.0, 0.0, 0.0, 0.0, 0.0, 0.0, 0.0, 0.0, 0.0, 0.0, 0.0, 0.0, 0.0, 0.0, 0.0,
0.0, 0.0, 0.0, 0.0, 0.0, 0.0, 0.0, 0.0, 0.0, 0.0, 0.0, 0.0, 0.0, 0.0, 0.0, 0.0, 0.0, 0.0, 0.0,
0.0, 0.0, 0.0, 0.0, 0.0, 0.0, 0.0, 0.0, 0.0, 0.0, 0.0, 0.0, 0.0, 0.0, 0.0, 0.0, 0.0, 0.0, 0.0,
0.0, 0.0, 0.0, 0.0, 0.0, 0.0, 0.0, 0.0, 0.0, 0.0, 0.0, 0.0, 0.0, 0.0, 0.0, 0.0, 0.0, 0.0, 0.0,
0.0, 0.0, 0.0, 0.0, 0.0, 0.0, 0.0, 0.0, 0.0, 0.0, 0.0, 0.0, 0.0, 0.0, 0.0, 0.0, 0.0, 0.0, 0.0,
0.0, 0.0, 0.0, 0.0, 0.0, 0.0, 0.0, 0.0, 0.0, 0.0, 0.0, 0.0, 0.0, 0.0, 0.0, 0.0, 0.0, 0.0, 0.0,
0.0, 0.0, 0.0, 0.0, 0.0, 0.0, 0.0, 0.0, 0.0, 0.0, 0.0, 0.0, 0.0, 0.0, 0.0, 0.0, 0.0, 0.0, 0.0]}
```

从输出结果看，文本序列被转换成 ERNIE 3.0 可以识别的格式，包括 input_ids 和 token_type_ids，标签转为 One-Hot 编码形式。

12.2.4 构造 DataLoader

构造 DataLoader 用于在模型训练过程中批量迭代数据，并指定批大小（batch size），即

每次选择一个批次（minibatch）的数据进行训练。为了保证同一批次的数据长度一致，需要使用文本截断或文本填充的方法。上文中 convert_example_to_feature 函数已经对过长的文本进行了截断，接下来使用 DataCollatorWithPadding 对同一批次的数据进行文本填充。在构造 DataLoader 时，可以通过参数 shuffle 指定是否进行样本乱序。实现代码如下：

```
from paddle.io import DataLoader, BatchSampler
from paddlenlp.data import DataCollatorWithPadding
# 文本填充
collate_fn = DataCollatorWithPadding(tokenizer)
# 构造 batch sampler
train_batch_sampler = BatchSampler(train_dataset, batch_size = 32, shuffle = True)
dev_batch_sampler = BatchSampler(dev_dataset, batch_size = 32, shuffle = False)
test_batch_sampler = BatchSampler(test_dataset, batch_size = 32, shuffle = False)

# 构造 DataLoader，按 batch size 大小，批量迭代训练集、验证集和测试集数据
train_loader = DataLoader(dataset = train_dataset, batch_sampler = train_batch_sampler,
collate_fn = collate_fn)
dev_loader = DataLoader(dataset = dev_dataset,
batch_sampler = dev_batch_sampler, collate_fn = collate_fn)
test_loader = DataLoader(dataset = test_dataset, batch_sampler = test_batch_sampler, collate_fn =
collate_fn)

# 打印训练集中的第 1 个批次的数据
print(next(iter(train_loader)))
```

输出结果为：

```
mini batch: {'input_ids': Tensor(shape = [32, 60], dtype = int64, place = Place(gpu:0), stop_
gradient = True,
        [[1 , 226, 170, ..., 0 , 0 , 0 ],
         [1 , 81 , 454, ..., 0 , 0 , 0 ],
         [1 , 384, 10 , ..., 0 , 0 , 0 ],
         ...,
         [1 , 160, 353, ..., 0 , 0 , 0 ],
         [1 , 374, 86 , ..., 0 , 0 , 0 ],
         [1 , 673, 176, ..., 0 , 0 , 0 ]]), 'token_type_ids': Tensor(shape = [32, 60], dtype =
int64, place = Place(gpu:0), stop_gradient = True,
        [[0, 0, 0, ..., 0, 0, 0],
         [0, 0, 0, ..., 0, 0, 0],
         [0, 0, 0, ..., 0, 0, 0],
         ...,
         [0, 0, 0, ..., 0, 0, 0],
         [0, 0, 0, ..., 0, 0, 0],
         [0, 0, 0, ..., 0, 0, 0]]), 'labels': Tensor(shape = [32, 158], dtype = float32,
place = Place(gpu:0), stop_gradient = True,
        [[1., 0., 0., ..., 0., 0., 0.],
         [0., 0., 0., ..., 0., 0., 0.],
         [0., 0., 0., ..., 0., 0., 0.],
         ...,
         [0., 0., 0., ..., 0., 0., 0.],
         [0., 0., 0., ..., 0., 0., 0.],
         [0., 0., 0., ..., 0., 0., 0.]])}
```

12.3 模型构建

ERNIE 3.0 模型依次处理每次传入的最小批数据。首先，将处理后的文本特征传入ERNIE 3.0 模型，ERNIE 3.0 模型对其进行编码，并输出对应的向量序列。然后将这些向量序列传入线性层(向量序列乘以权重，再加上偏置)，经过 softmax 处理后得到文本对应的分类标签，解码之后即可得到意图识别结果。基本思路如图 12-4 所示。在输入的文本中"[CLS]"表示整个句子的特征，"[SEP]"表示两个句子的分割点，这里仅包含一个句子，因此[SEP]表示句子的结束标记。这样我们可以将意图识别转换为一个句子的分类问题。

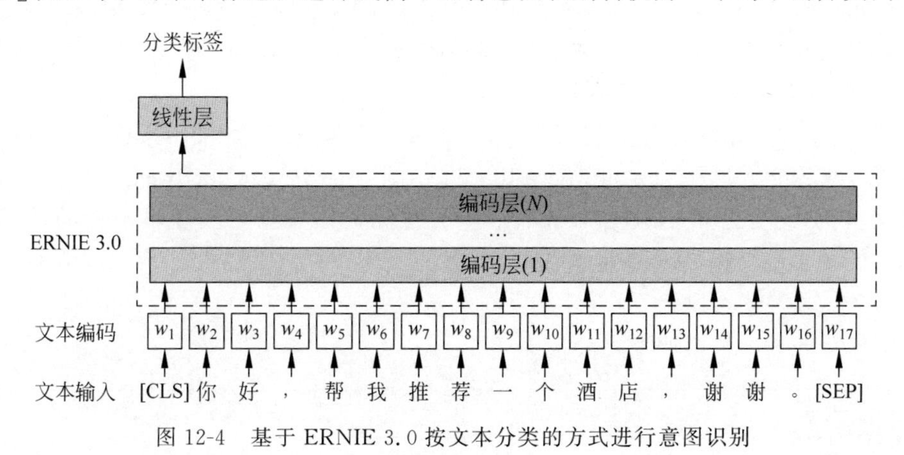

图 12-4 基于 ERNIE 3.0 按文本分类的方式进行意图识别

基于图 12-4 所示的建模思路，实现代码如下：

```
# 使用 Auto 模块加载 ERNIE 3.0 Medium 预训练模型和分词器
from paddlenlp.transformers import
AutoModelForSequenceClassification, AutoTokenizer

model =
AutoModelForSequenceClassification.from_pretrained("ernie-3.0-medium-zh", num_classes=158)
tokenizer = AutoTokenizer.from_pretrained("ernie-3.0-medium-zh")
```

这里使用 PaddleNLP 的 AutoModelForSequenceClassification 调用分类模型，实现代码更加简洁方便。

12.4 训练配置

定义模型训练时用到的计算资源、模型、优化器、损失函数和评估指标等。

(1) 模型：ERNIE 3.0。

(2) 优化器：Adam 优化器。

(3) 损失函数：二元交叉熵(binary cross-entropy)。

(4) 评估指标：宏平均 F1 (Macro F1)和微平均 F1(Micro F1)。

对于数据预测结果，有 4 种情况，分别使用 TP、FP、FN、TN 表示，其中 T 和 F 分别代

表预测结果的对错，P和N分别表示预测样本的正反例。则精确率Precision、召回率Recall和F1值的计算方法为

$$\text{Precision} = \frac{\text{TP}}{\text{TP} + \text{FP}} \times 100\%$$

$$\text{Recall} = \frac{\text{TP}}{\text{TP} + \text{FN}} \times 100\%$$

$$\text{F1} = \frac{2 \times \text{Precision} \times \text{Recall}}{\text{Precision} + \text{Recall}}$$

本实验使用Macro F1和Micro F1两个评估指标，计算方法如下。

(1) Macro F1：统计各个类别的TP、FP、FN、TN，分别计算各个类别的Precision和Recall，得到各自的F1值，然后再取平均值得到Macro F1。Macro F1不考虑各个类别的数据量，平等地看待每一类的计算指标。

(2) Micro F1：先统计各个类别的TP、FP、FN、TN，然后加和计算总的TP、FP、FN、TN，最后计算Micro-Precision和Micro-Recall，得到Micro F1。Micro F1考虑到了每个类别的数据量，因此更适用于数据分布不平衡的情况。在数据量极度不平衡的情况下，数据量较大的类别会影响Micro F1的值。更多关于宏平均F1和微平均F1，请参考(宗成庆等，2022)。

训练配置的实现代码如下：

```
import os
import paddle
from metric import MetricReport

# 设置训练轮次
num_epochs = 30
# 设置每隔多少步打印一次日志
log_steps = 50
# 设置每隔多少步在验证集上进行一次模型评估
eval_steps = 500
# 设置学习率
learning_rate = 0.00003
# 设置每隔多少步在验证集上进行一次模型评估
save_dir = "./checkpoints"
if not os.path.exists(save_dir):
    os.makedirs(save_dir)

# 定义优化器
optimizer = paddle.optimizer.Adam(learning_rate = learning_rate,
parameters = model.parameters())

# 指定损失函数，使用二元交叉熵
loss_fn = paddle.nn.BCEWithLogitsLoss()

# 定义评估指标的计算方式
metric = MetricReport()
```

12.5　模型训练

模型训练过程中,每隔一定的 log_steps 都会打印一条训练日志,每隔一定的 eval_steps 在验证集上进行一次模型评估,并且保存在训练过程中评估效果最好的模型。

在验证集上进行评估的实现代码如下:

```
import paddle.nn.functional as F

@paddle.no_grad()
def evaluate(model, data_loader, metric):
    """
    模型评估函数
    输入:
        - model:模型
        - data_loader:组 batch 后的数据
        - metric:评估指标函数
    输出:
        - micro_f1_score: Micro F1
        - macro_f1_score: Macro F1
    """
    # 将模型设置为评估模式
    model.eval()
    # 重置评价
    metric.reset()

    # 遍历验证集每个批次
    for batch in data_loader:
        labels = batch.pop("labels")
        # 计算模型输出
        logits = model( ** batch)
        probs = F.sigmoid(logits)
        # 累积评价
        metric.update(probs, labels)

    micro_f1_score, macro_f1_score = metric.accumulate()
    model.train()
    metric.reset()

    return micro_f1_score, macro_f1_score
```

训练过程中,使用 train_loss_record 保存损失函数的变化,使用 train_score_record 保存在验证集上的评估得分情况。模型训练的实现代码如下:

```
def train(model):
    """
    训练函数
    输入:
        - model:模型
```

```
    输出:
        - train_loss_record:训练过程中损失列表
        - train_score_record:训练过程中开发集精度列表
    """
    # 开启模型训练模式
    model.train()
    global_step = 0
    best_score = 0.

    # 记录训练过程中的损失函数值和验证集上的 Macro F1 和 Micro F1
    train_loss_record = []
    train_score_record = []
    num_training_steps = len(train_loader) * num_epochs

    # 进行 num_epochs 轮训练
    for epoch in range(num_epochs):
        for step, batch in enumerate(train_loader):

            labels = batch.pop("labels")
            logits = model(**batch)
            loss = loss_fn(logits, labels)
            train_loss_record.append((global_step, loss.item()))

            # 梯度反向传播
            loss.backward()
            optimizer.step()
            optimizer.clear_grad()

            if global_step > 0 and global_step % log_steps == 0:
                print(f"- epoch: {epoch} - global_step:
{global_step}/{num_training_steps} - loss:
{loss.numpy().item():.6f}")
            if global_step > 0 and global_step % eval_steps == 0:
                micro_f1_score, macro_f1_score = evaluate(model, dev_loader, metric)
                train_score_record.append((global_step, macro_f1_score))
                # 如果当前 Macro F1 指标为最优指标,保存该模型
                if macro_f1_score > best_score:
                    print(f"best F1 performance has been updated: {best_score :.5f} -->
{macro_f1_score :.5f}")
                    best_score = macro_f1_score
                    paddle.save(model.state_dict(), f"{save_dir}/best.pdparams")
                print(f"evaluation result: Micro F1 score: {micro_f1_score:.5f},
Macro F1 score: {macro_f1_score:.5f}")
            global_step += 1
    paddle.save(model.state_dict(), f"{save_dir}/final.pdparams")
    return train_loss_record, train_score_record

train_loss_record, train_score_record = train(model)
```

输出结果为：

```
[Train] epoch: 1/30 step: 50/41640 loss: 0.232961
[Train] epoch: 1/30 step: 100/41640 loss: 0.109148
[Train] epoch: 1/30 step: 150/41640 loss: 0.074335
[Train] epoch: 1/30 step: 200/41640 loss: 0.061572
[Train] epoch: 1/30 step: 250/41640 loss: 0.049068
[Train] epoch: 1/30 step: 300/41640 loss: 0.049263
[Train] epoch: 1/30 step: 350/41640 loss: 0.046645
[Train] epoch: 1/30 step: 400/41640 loss: 0.042554
[Train] epoch: 1/30 step: 450/41640 loss: 0.041090
[Train] epoch: 1/30 step: 500/41640 loss: 0.040871
[Evaluate]: Micro F1 score: 0.00000, Macro F1 score: 0.00000
[Train] epoch: 1/30 step: 550/41640 loss: 0.043147
[Train] epoch: 1/30 step: 600/41640 loss: 0.035055
[Train] epoch: 1/30 step: 650/41640 loss: 0.037858
[Train] epoch: 1/30 step: 700/41640 loss: 0.035718
[Train] epoch: 1/30 step: 750/41640 loss: 0.033693
[Train] epoch: 1/30 step: 800/41640 loss: 0.033031
[Train] epoch: 1/30 step: 850/41640 loss: 0.033343
[Train] epoch: 1/30 step: 900/41640 loss: 0.040167
[Train] epoch: 1/30 step: 950/41640 loss: 0.028225
[Train] epoch: 1/30 step: 1000/41640 loss: 0.030494
Best Macro F1 performance has been updated: 0.00000 --> 0.02536
……
[Evaluate]: Micro F1 score: 0.93796, Macro F1 score: 0.66886
[Train] epoch: 29/30 step: 39050/41640 loss: 0.000537
[Train] epoch: 29/30 step: 39100/41640 loss: 0.000595
[Train] epoch: 29/30 step: 39150/41640 loss: 0.000787
[Train] epoch: 29/30 step: 39200/41640 loss: 0.000938
[Train] epoch: 29/30 step: 39250/41640 loss: 0.001806
[Train] epoch: 29/30 step: 39300/41640 loss: 0.000069
[Train] epoch: 29/30 step: 39350/41640 loss: 0.001138
[Train] epoch: 29/30 step: 39400/41640 loss: 0.002254
[Train] epoch: 29/30 step: 39450/41640 loss: 0.000789
[Train] epoch: 29/30 step: 39500/41640 loss: 0.000202
[Evaluate]: Micro F1 score: 0.93956, Macro F1 score: 0.68682
[Train] epoch: 29/30 step: 39550/41640 loss: 0.000819
[Train] epoch: 29/30 step: 39600/41640 loss: 0.000162
[Train] epoch: 29/30 step: 39650/41640 loss: 0.000154
[Train] epoch: 29/30 step: 39700/41640 loss: 0.001387
[Train] epoch: 29/30 step: 39750/41640 loss: 0.000454
[Train] epoch: 29/30 step: 39800/41640 loss: 0.000784
[Train] epoch: 29/30 step: 39850/41640 loss: 0.000717
[Train] epoch: 29/30 step: 39900/41640 loss: 0.000097
[Train] epoch: 29/30 step: 39950/41640 loss: 0.001101
[Train] epoch: 29/30 step: 40000/41640 loss: 0.001130
Best Macro F1 performance has been updated: 0.69926 --> 0.71424
```

保存训练过程中的损失 train_loss_record 和在验证集上的得分 train_score_record，并可视化训练过程。实现代码如下：

```
from tools import plot_training_loss, plot_training_f1

# 可视化训练过程
plot_training_loss(train_loss_record, 'loss.jpg')
plot_training_f1(train_score_record, 'f1.jpg')
```

输出结果如图 12-5 所示。

从输出结果看，随着训练的进行训练集上的损失值不断下降，然后收敛，数值趋向于 0，同时在验证集上的 Macro F1 和 Micro F1 得分起初不断升高，在模型收敛后逐步平稳，这里选择 Macro F1 值最高的模型作为最佳模型，用于后续的评估和预测。

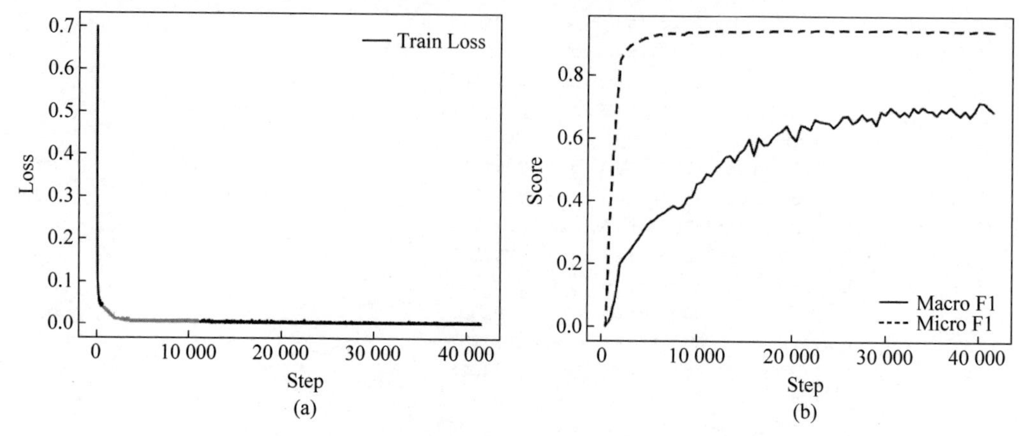

图 12-5　在训练集上损失值的变化及在验证集上 Macro F1 和 Micro F1 的变化

(a) 在训练集上的损失值变化情况；(b) 在验证集上的 Macro F1 和 Micro F1 变化情况

12.6 模型评估

使用测试集对训练过程中表现最好的模型进行评价，以验证模型训练效果。实现代码如下：

```
# 加载训练好的模型进行评估。实例化一个模型，然后将训练好的模型参数加载到新模型
saved_state = paddle.load("./checkpoints/best.pdparams")
model = AutoModelForSequenceClassification.from_pretrained("ernie-3.0-medium-zh",num_
classes = 158)
model.load_dict(saved_state)
#模型评估
micro_f1_score,macro_f1_score = evaluate(model,test_loader,metric)
#输出模型评估结果
print(f"test dataset result: Micro F1 score: {micro_f1_score:.5f}, Macro F1 score: {macro_f1_
score:.5f}")
```

输出结果为：

```
[Evaluate] Micro F1 score: 0.94019, Macro F1 score: 0.70192
```

12.7 模型预测

任意输入一个文本，如“你好，给我推荐一个评分是 5 分，价格在 100-200 元的酒店”，模型预测得到意图识别的分类结果。实现代码如下：

```
def infer(model,text):
    """
    预测推理函数
    输入:
        - model:模型
        - text:文本
    """
    model.eval()
    # 数据处理
    encoded_inputs = tokenizer(text = text,max_seq_len = 128)

    # 构造输入模型的数据
    input_ids =
paddle.to_tensor(encoded_inputs["input_ids"]).unsqueeze(0)
    token_type_ids =
paddle.to_tensor(encoded_inputs["token_type_ids"]).unsqueeze(0)

    # 计算模型输出分类的对数概率
    logits = model(input_ids,token_type_ids)
    probs = F.sigmoid(logits).numpy()
    # 解析出分数最大的标签
    labels = []
    for i,p in enumerate(probs[0]):
        if p > 0.5:
            labels.append(label_map[i])
    print("Text: ",text)
    print("Label: ",','.join(labels))

text = "你好,给我推荐一个评分是5分,价格在100-200元的酒店"
infer(model,text)
```

输出结果为:

```
Text: 你好,给我推荐一个评分是5分,价格在100-200元的酒店
Label: General + greet + none + none,Request + 酒店 + 名称 +
```

12.8　实验思考

（1）本实践使用宏平均F1（Macro F1）和微平均F1（Micro F1）作为模型评价指标。请读者思考一下，在多标签分类任务中，Macro F1和Micro F1更适用于哪一种数据分布场景？

（2）动手实践：设置不同的batch size和学习率（learning rate）对模型训练的影响。

第 13 章

机器阅读理解实践

机器阅读理解(machine reading comprehension,MRC)是指对于给定的一篇文章,计算机利用相关算法理解文章的内容,并根据问题获得正确答案的处理任务。在该任务中,问题类型包括但不限于选择题、填空题和问答题等。阅读理解是自然语言处理领域难度较大但非常热门的研究方向,相关技术广泛应用于客服机器人、搜索引擎和问答系统等领域。

大部分机器阅读理解任务采用问答式测评,设计与文章内容相关的自然语言描述的问题,让模型理解问题并根据文章内容给出答案。常见的问题类型如下:

(1) 多项选择式:即模型需要从给定的若干选项中选出正确的答案。该任务较为简单,评测难度小。

(2) 区间答案式:也称抽取式问答。在该任务类型中,候选答案是文章中的一个文本片段,需要模型在文章中标明正确的答案起始位置和终止位置。该任务的难度适中,评测时需要计算模型输出的答案区间与标注结果的重合度。

(3) 自由回答式:即不限定模型生成答案的形式,允许模型自由生成语句。该任务的难度较大,测评时需要计算输出答案与标注结果的匹配度。

(4) 完形填空式:即在原文中除去若干单词或短语,要求模型填入正确的答案。该任务较为简单,评测时采用精确匹配方式。

此外,有些数据集还设计了"无答案"问题,即一个问题可能在文章中没有合适的答案,需要模型输出"无法回答"(unanswerable)的结论。

本章介绍的案例基于 ERNIE 3.0 实现中文阅读理解,采用区间答案式的问答方式,即在文章中准确地标识答案的起始位置和终止位置。

13.1 任务目标

对于给定的一段文本,机器阅读理解技术能够准确地理解文本语义,并根据问题快速找到对应的答案。如图 13-1 所示,对于输入的文本和问题,模型通过理解它们的语义,输出正确的答案。

输入的一段文本

防水作为日前高端手机的标配，特别是苹果也支持防水之后，国产大多数高端旗舰手机都已经支持防水。虽然我们真的不会故意把手机放入水中，但是有了防水之后，用户心里会多一重安全感。那么近日最为火热的小米6防水吗？小米6的防水级别又是多少呢？小编查询了很多资料发现，小米6确实是防水的，但是为了保持低调，同时为了不被别人说防水等级不够，很多资料都没有标注小米是否防水。根据评测资料显示，小米6是支持IP68级的防水，是绝对能够满足日常生活中的防水需求的。

问题1： 小米6防水等级？

答案1： IP68级

问题2： 小米6支持防水吗？

答案2： 小米6确实是防水的

图 13-1 中文机器阅读理解示意

数据来源：DuReader$_{robust}$ 数据集

13.2 实现流程

基于预训练模型 ERNIE 3.0 实现中文机器阅读理解的流程如图 13-2 所示，模型的输入是给定的文本和问题，模型输出是相应的答案。在建模过程中，首先对输入的文本和问题进行拼接，然后进行数据处理，使用 ERNIE 3.0 模型进行文本序列编码，获得文本的语义向量表示，最后经过线性层(全连接层和 softmax)得到文本中每个字为答案开头和结尾的概率，并解码成相应的答案。

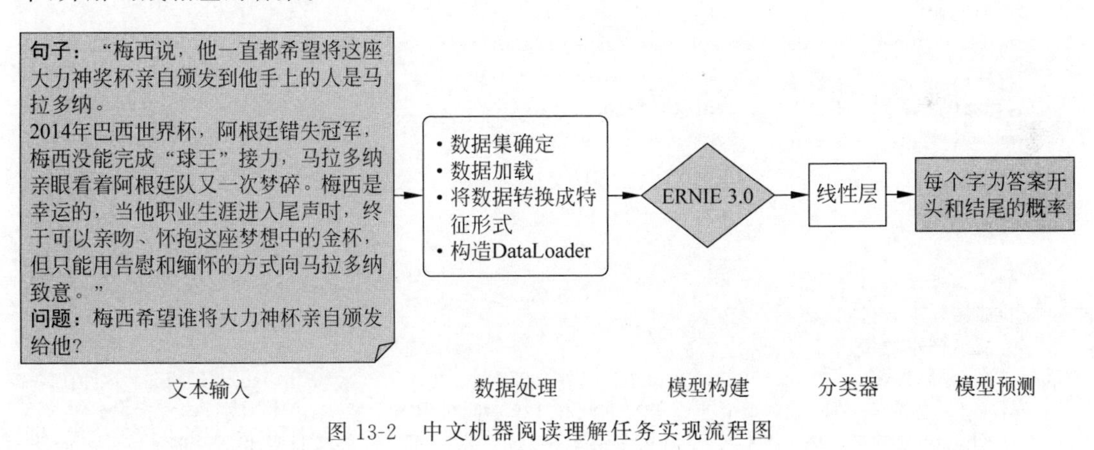

图 13-2 中文机器阅读理解任务实现流程图

13.3 数据处理

数据处理包括数据集确定、数据加载、将数据转换成特征形式、构造 DataLoader 等步骤，最终将同一批的数据处理成等长的特征序列，使用 DataLoader 逐批迭代传入 ERNIE 3.0 模型。

13.3.1 数据集确定

阅读理解模型的鲁棒性是衡量技术能否在实际应用中大规模落地的重要指标之一。随着技术的进步，模型虽然能够在某些阅读理解测试集上取得较好的性能，但在实际应用中，模型所表现出的鲁棒性仍然难以令人满意。本实践使用 $\text{DuReader}_{\text{robust}}$①数据集（首个关注阅读理解模型鲁棒性的中文数据集），共含 65 937 条数据，其中训练集 14 520 条，测试集 1 417 条，验证集 50 000 条。该数据集是单篇章、抽取式阅读理解数据集。具体的任务定义为：对于一个给定的问题 q 和一个篇章 p，根据 p 的内容，给出该问题的答案 a，例如：

> 问题 q：乔丹打了多少个赛季？
>
> 篇章 p：迈克尔·乔丹在 NBA 打了 15 个赛季。他在 1984 年进入 NBA，期间在 1993 年 10 月 6 日第一次退役改打棒球，1995 年 3 月 18 日重新回归，在 1999 年 1 月 13 日第二次退役，后于 2001 年 10 月 31 日复出，在 2003 年最终退役……
>
> 参考答案 a：[‘15 个’，‘15 个赛季’]

13.3.2 数据加载

该模块将训练集、测试集、验证集和标签读取到内存中。实现代码如下：

```
# 加载训练集、测试集和验证集
from datasets import load_dataset

train_dataset_raw, dev_dataset_raw, test_dataset_raw = load_dataset('dureader_robust',
split = ("train", "validation", "test"))
train_dataset_raw, dev_dataset_raw, test_dataset_raw =
train_dataset_raw, dev_dataset_raw, test_dataset_raw
print('训练集样本数量:', len(train_dataset_raw))
print('验证集样本数量:', len(dev_dataset_raw))
print('测试集样本数量:', len(test_dataset_raw))
print('样本示例:', train_dataset_raw[0])
```

输出结果为：

```
训练集样本数量:14520
验证集样本数量:1417
测试集样本数量:50000
样本示例:{'id': 'b9e74d4b9228399b03701d1fe6d52940', 'title': '', 'context': '迈克尔·乔丹在 NBA
打了 15 个赛季。他在 1984 年进入 NBA,期间在 1993 年 10 月 6 日第一次退役改打棒球,1995 年 3 月
18 日重新回归,在 1999 年 1 月 13 日第二次退役,后于 2001 年 10 月 31 日复出,在 2003 年最终退役。
迈克尔·乔丹(Michael Jordan),1963 年 2 月 17 日生于纽约布鲁克林,美国著名篮球运动员,司职得
分后卫,历史上最伟大的篮球运动员。1984 年的 NBA 选秀大会,乔丹在首轮第 3 顺位被芝加哥公牛
队选中。1986—1987 赛季,乔丹场均得到 37.1 分,首次获得分王称号。1990—1991 赛季,乔丹连夺
常规赛 MVP 和总决赛 MVP 称号,率领芝加哥公牛队首次夺得 NBA 总冠军。1997—1991 赛季,乔丹获得个
人职业生涯第 10 个得分王,并率领公牛队第六次夺得总冠军。2009 年 9 月 11 日,乔丹正式入选 NBA 名
人堂。', 'question': '乔丹打了多少个赛季', 'answers': {'text': ['15 个'], 'answer_start': [12]}}
```

① $\text{DuReader}_{\text{robust}}$ 数据集详细介绍请参阅文献（Tang et al.，2021）。

从输出结果看，$DuReader_{robust}$ 数据集采用 SQuAD[①] 数据格式，每条数据都包含 6 部分内容：'id'、'title'、'context'、'question'、'answers'和'answer_start'，分别代表样本 ID、篇章 title、篇章内容、问题、答案和答案的起始位置。

13.3.3 将数据转换成特征形式

由于 $DuReader_{robust}$ 数据集中每条数据的 context 加 question 的长度可能大于 max_seq_length，而 answers 有可能出现在 context 的尾部，因此不能简单地对 context 进行截断。对于过长的 context，采用滑动窗口的方式将其分成多个段落，并分别与 question 组合生成新的输入文本。实现过程如图 13-3 所示。

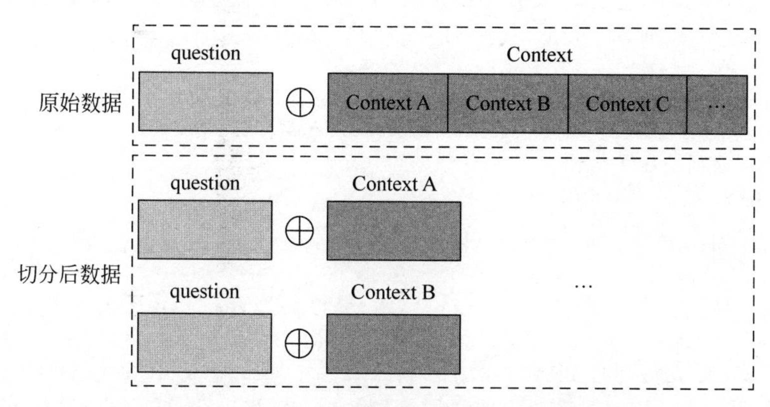

图 13-3 滑动窗口生成输入文本的过程

加载后的文本数据是字符串形式，ERNIE 3.0 模型无法直接读取，需要将文本数据转换为相应的特征数据。使用 PaddleNLP 的 tokenizer 对输入文本进行词语切分，并将其映射为词典中的索引 ID，以方便模型根据这个 ID 找到该词对应的向量表示。定义 convert_example_to_feature 函数，并通过加载 tokenizer 将输入的文本数据转换成特征数据。使用 doc_stride 参数控制每次滑动的距离。实现代码如下：

```
# 数据预处理
from utils import preprocess_function_train,preprocess_function_dev
from functools import partial
# 设置文本最大长度
max_seq_length = 512
# 设置每次滑动的距离
doc_stride = 128
convert_example_to_feature_train =
partial(preprocess_function_train,
                max_seq_length = max_seq_length,
                doc_stride = doc_stride,
                tokenizer = tokenizer)

# 使用 convert_example_to_feature 将文本数据转成特征形式
```

① SQuAD 数据格式详细介绍请参阅(Rajpurkar et al., 2018)。

```
convert_example_to_feature_dev = partial(preprocess_function_dev,
                                max_seq_length = max_seq_length,
                                doc_stride = doc_stride,
                                tokenizer = tokenizer)

column_names = train_dataset_raw.column_names
train_dataset =
train_dataset_raw.map(convert_example_to_feature_train, batched = True, num_proc = 4, remove_
columns = column_names)
dev_dataset = dev_dataset_raw.map(convert_example_to_feature_dev, batched = True, num_proc =
4, remove_columns = column_names)
test_dataset = test_dataset_raw.map(convert_example_to_feature_dev, batched = True, num_
proc = 4, remove_columns = column_names)

dev_dataset_for_model = dev_dataset.remove_columns(["example_id","offset_mapping"])
test_dataset_for_model = test_dataset.remove_columns(["example_id","offset_mapping"])
# 打印预处理后的数据样例
print('样本示例:', train_dataset[0])
```

输出结果为：

```
样本示例: {'input_ids': [1, 1034, 1189, 734, 2003, 241, 284, 131, 553, 271, 28, 125, 280, 2,
131, 1773, 271, 1097, 373, 1427, 1427, 501, 88, 662, 1906, 4, 561, 125, 311, 1168, 311, 692,
46, 430, 4, 84, 2073, 14, 1264, 3967, 5, 1034, 1020, 1829, 268, 4, 373, 539, 8, 154, 5210, 4,
105, 167, 59, 69, 685, 12043, 539, 8, 883, 1020, 4, 29, 720, 95, 90, 427, 67, 262, 5, 384, 266,
14, 101, 59, 789, 416, 237, 12043, 1097, 373, 616, 37, 1519, 93, 61, 15, 4, 255, 535, 7, 1529,
619, 187, 4, 62, 154, 451, 149, 12043, 539, 8, 253, 223, 3679, 323, 523, 4, 535, 34, 87, 8,
203, 280, 1186, 340, 9, 1097, 373, 5, 262, 203, 623, 704, 12043, 84, 2073, 1137, 358, 334,
702, 5, 262, 203, 4, 334, 702, 405, 360, 653, 129, 178, 7, 568, 28, 15, 125, 280, 518, 9, 1179,
487, 12043, 84, 2073, 1621, 1829, 1034, 1020, 4, 539, 8, 448, 91, 202, 466, 70, 262, 4, 638,
125, 280, 83, 299, 12043, 539, 8, 61, 45, 7, 1537, 176, 4, 84, 2073, 288, 39, 4, 889, 280, 14,
125, 280, 156, 538, 12043, 190, 889, 280, 71, 109, 124, 93, 292, 889, 46, 1248, 4, 518, 48,
883, 125, 12043, 539, 8, 268, 889, 280, 109, 270, 4, 1586, 845, 7, 669, 199, 5, 3964, 3740,
1084, 4, 255, 440, 616, 154, 72, 71, 109, 12043, 49, 61, 283, 3591, 34, 87, 297, 41, 9, 1993,
2602, 518, 52, 706, 109, 12043, 37, 10, 561, 125, 43, 8, 445, 86, 576, 65, 1448, 2969, 4, 469,
1586, 118, 776, 5, 1993, 2602, 4, 108, 25, 179, 51, 1993, 2602, 498, 1052, 122, 12043, 1082,
1994, 1616, 11, 262, 4, 518, 171, 813, 109, 1084, 270, 12043, 539, 8, 3006, 580, 11, 31, 4,
2473, 306, 34, 87, 889, 280, 846, 573, 12043, 561, 125, 14, 539, 889, 810, 276, 182, 4, 67,
351, 14, 889, 1182, 118, 776, 156, 952, 4, 539, 889, 16, 38, 4, 445, 15, 200, 61, 12043, 2],
'token_type_ids': [0, 0, 0, 0, 0, 0, 0, 0, 0, 0, 0, 0, 0, 0, 1, 1, 1, 1, 1, 1, 1, 1, 1, 1, 1, 1, 1,
1, 1, 1, 1, 1, 1, 1, 1, 1, 1, 1, 1, 1, 1, 1, 1, 1, 1, 1, 1, 1, 1, 1, 1, 1, 1, 1, 1, 1, 1, 1, 1, 1, 1, 1,
1, 1, 1, 1, 1, 1, 1, 1, 1, 1, 1, 1, 1, 1, 1, 1, 1, 1, 1, 1, 1, 1, 1, 1, 1, 1, 1, 1, 1, 1, 1, 1, 1, 1, 1,
1, 1, 1, 1, 1, 1, 1, 1, 1, 1, 1, 1, 1, 1, 1, 1, 1, 1, 1, 1, 1, 1, 1, 1, 1, 1, 1, 1, 1, 1, 1, 1, 1, 1, 1,
1, 1, 1, 1, 1, 1, 1, 1, 1, 1, 1, 1, 1, 1, 1, 1, 1, 1, 1, 1, 1, 1, 1, 1, 1, 1, 1, 1, 1, 1, 1, 1, 1, 1, 1,
1, 1, 1, 1, 1, 1, 1, 1, 1, 1, 1, 1, 1, 1, 1, 1, 1, 1, 1, 1, 1, 1, 1, 1, 1, 1, 1, 1, 1, 1, 1, 1, 1, 1, 1,
1, 1, 1, 1, 1, 1, 1, 1, 1, 1, 1, 1, 1, 1, 1, 1, 1, 1, 1, 1, 1, 1, 1, 1, 1, 1, 1, 1, 1, 1, 1, 1, 1, 1, 1,
1, 1, 1, 1, 1, 1, 1, 1, 1, 1, 1, 1, 1, 1, 1, 1, 1, 1, 1, 1, 1, 1, 1, 1, 1, 1, 1, 1, 1, 1, 1, 1, 1, 1, 1,
1, 1, 1, 1, 1, 1, 1, 1, 1, 1, 1, 1, 1, 1, 1, 1, 1, 1, 1, 1, 1, 1, 1, 1, 1, 1, 1, 1, 1, 1, 1, 1, 1, 1, 1,
1, 1, 1, 1, 1, 1, 1, 1, 1, 1, 1, 1, 1, 1, 1, 1, 1, 1, 1, 1, 1, 1, 1, 1, 1, 1, 1, 1, 1, 1, 1, 1, 1, 1, 1,
1, 1, 1, 1, 1, 1, 1, 1, 1, 1, 1, 1, 1, 1, 1, 1, 1, 1, 1, 1, 1, 1], 'start_positions': 14, 'end_
positions': 16}
```

从输出结果可以看出，数据集中的文本序列已经被转换成了特征形式，包括 input_ids、token_type_ids、start_positions 和 end_positions。其中，

(1) input_ids：表示输入文本的 token ID。

(2) token_type_ids：表示对应的 token 属于输入的问题还是答案。"0"代表问题，"1"代表篇章。

(3) start_positions：答案的起始位置。

(4) end_positions：答案的结束位置。

13.3.4 构造 DataLoader

构造 DataLoader 用于批量迭代数据，并指定批大小(batch size)。模型在对数据进行迭代训练时，使用 DataCollatorWithPadding 将每批次的数据填充到统一的长度，并通过参数 shuffle 指定是否进行样本轮序。如果 shuffle 设置为 False，则 DataLoader 按顺序迭代一批数据；如果设置为 True，DataLoader 会随机迭代一批数据。实现代码如下：

```
import paddle
from paddle.io import DataLoader,BatchSampler
from paddlenlp.data import DataCollatorWithPadding

batch_size = 12

# 定义 BatchSampler
train_batch_sampler = BatchSampler(train_dataset,
batch_size = batch_size,shuffle = True)
dev_batch_sampler = BatchSampler(dev_dataset,
batch_size = batch_size,shuffle = False)
test_batch_sampler = BatchSampler(test_dataset,batch_size = batch_size,shuffle = False)

# 文本填充
collate_fn = DataCollatorWithPadding(tokenizer)

# 构造 DataLoader
train_loader = DataLoader(dataset = train_dataset,
batch_sampler = train_batch_sampler,collate_fn = collate_fn,return_list = True)
dev_loader = DataLoader(dataset = dev_dataset_for_model,batch_sampler = dev_batch_sampler,
collate_fn = collate_fn,return_list = True)
test_loader = DataLoader(dataset = test_dataset_for_model,batch_sampler = test_batch_
sampler,collate_fn = collate_fn,return_list = True)
```

输出结果为：

```
mini batch: {'input_ids': Tensor(shape = [12, 512], dtype = int64, place = Place(gpu:0), stop_
gradient = True,
        [[1 , 931 , 40   , ..., 0 , 0 , 0 ],
         [1 , 395 , 141  , ..., 0 , 0 , 0 ],
         [1 , 102 , 837  , ..., 0 , 0 , 0 ],
         ...,
         [1 , 3147, 5095 , ..., 0 , 0 , 0 ],
         [1 , 536 , 1400 , ..., 0 , 0 , 0 ],
         [1 , 252 , 560  , ..., 0 , 0 , 0 ]]), 'token_type_ids': Tensor(shape = [12, 512],
```

```
dtype = int64, place = Place(gpu:0), stop_gradient = True,
       [[0, 0, 0, ..., 0, 0, 0],
        [0, 0, 0, ..., 0, 0, 0],
        [0, 0, 0, ..., 0, 0, 0],
        ...,
        [0, 0, 0, ..., 0, 0, 0],
        [0, 0, 0, ..., 0, 0, 0],
        [0, 0, 0, ..., 0, 0, 0]]), 'start_positions': Tensor(shape = [12], dtype = int64,
place = Place(gpu:0), stop_gradient = True,
       [28 , 17 , 27 , 15 , 31 , 72 , 174, 14 , 91 , 86 , 68 , 388]), 'end_positions': Tensor
(shape = [12], dtype = int64, place = Place(gpu:0), stop_gradient = True,
[29 , 21 , 29 , 17 , 34 , 75 , 178, 17 , 92 , 88 , 69 , 390])}
```

从输出结果看，同一批次的数据长度相同。

13.4 模型构建

ERNIE 3.0 模型依次处理传入的 minibatch 数据。预处理后的文本数据(包含问题和篇章)被传入 ERNIE 3.0 模型，对其进行编码，并输出对应的特征向量。然后每个分词的特征向量被传入线性层(向量序列乘以权重，再加上偏置)。这里有两个线性层，分别用于识别答案的初始位置 Start token 和答案的结束位置 End token，最后经过 softmax 处理得到文本中每个 token 为答案起始和结尾的概率，解码之后即可得到问题对应的答案。执行流程如图 13-4 所示。

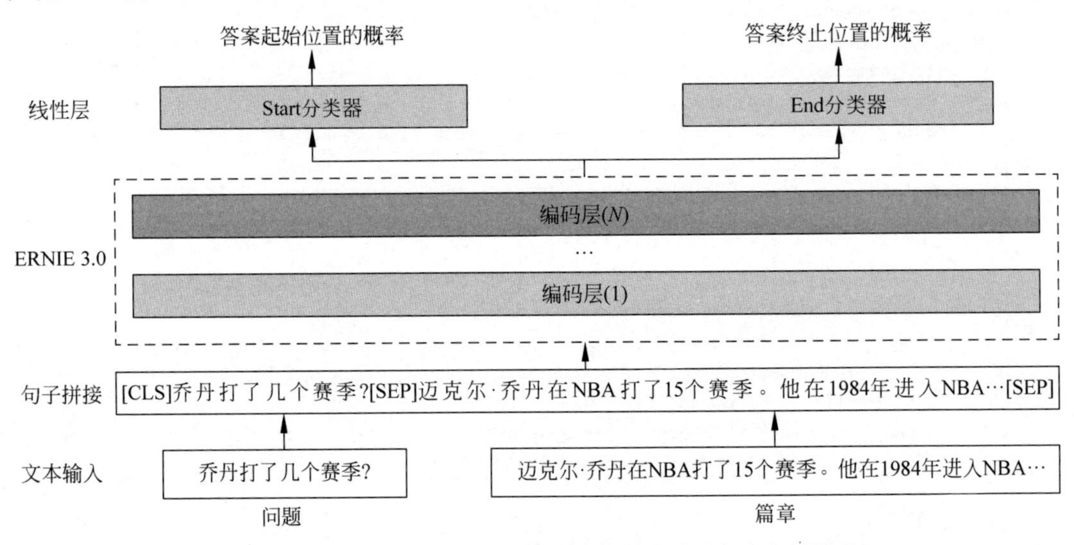

图 13-4　基于 RENIE 3.0 按区间答案式问答方式进行中文阅读理解

基于图 13-4 所示的建模思路，实现代码如下：

```
# 使用 Auto 模块加载 ERNIE 预训练模型和分词器
from paddlenlp.transformers import AutoModelForQuestionAnswering, AutoTokenizer
model = AutoModelForQuestionAnswering.from_pretrained("ernie - 3.0 - medium - zh")
tokenizer = AutoTokenizer.from_pretrained("ernie - 3.0 - medium - zh")
```

这里使用了 PaddleNLP 中 AutoModelForQuestionAnswering 以快速构建阅读理解任务。

13.5 训练配置

定义模型训练时用到的计算资源、模型、优化器、损失函数和评估指标等。

(1) 模型：使用 ERNIE 3.0 模型。

(2) 优化器：AdamW 优化器。

(3) 损失函数：交叉熵损失。由于 PaddleNLP 中的 AutoModelForQuestionAnswering 将语义向量拆分成 start_logits 和 end_logits 输出，因此本实践的损失函数为初始位置交叉熵函数(start loss)与结束位置交叉熵函数(end loss)之和。

(4) 评估指标：整体精确匹配和字符级别 F1 值。

① 整体精确匹配(exact match)：统计答案整体的准确率，模型回答与任意一个标准答案相匹配即计数为"1"，否则为"0"。

② 字符级别 F1 值：即将模型答案与标准答案当作字符集合，计算字符匹配精确率 $P=\frac{\text{TP}}{\text{TP}+\text{FP}}\times 100\%$和召回率 $R=\frac{\text{TP}}{\text{TP}+\text{FN}}\times 100\%$，并计算它们的调和平均数 $\text{F1}=\frac{2PR}{P+R}$，然后对所有问题的 F1 求平均值，字符级别 F1 被当作更可靠的评估方法。

定义损失函数的实现代码如下：

```
# 定义损失函数,损失函数为 start_loss 和 end_loss 的和
class CrossEntropyLossForRobust(paddle.nn.Layer):
    def __init__(self):
        super(CrossEntropyLossForRobust, self).__init__()

    def forward(self, y, label):
        start_logits, end_logits = y
        start_position, end_position = label
        start_position = paddle.unsqueeze(start_position, axis = -1)
        end_position = paddle.unsqueeze(end_position, axis = -1)
        start_loss = paddle.nn.functional.cross_entropy(
            input = start_logits, label = start_position)
        end_loss = paddle.nn.functional.cross_entropy(
            input = end_logits, label = end_position)
        loss = (start_loss + end_loss) / 2
        return loss
```

训练配置的实现代码如下：

```
import os

import paddlenlp
# 设置训练轮次
num_epochs = 3
# 设置学习率
learning_rate = 3e-5
# 设置训练过程中的暖启动训练比例
warmup_proportion = 0.1
```

```
# 设置训练过程中的权重衰减系数
weight_decay = 0.01
# 设置共需要的训练步数
num_training_steps = len(train_loader) * num_epochs
lr_scheduler =
paddlenlp.transformers.LinearDecayWithWarmup(learning_rate,
num_training_steps, warmup_proportion)
save_dir = "./checkpoints"
log_steps = 10
eval_steps = 100
if not os.path.exists(save_dir):
    os.makedirs(save_dir)

# 指定优化器
lr_scheduler =
paddlenlp.transformers.LinearDecayWithWarmup(learning_rate,
num_training_steps, warmup_proportion)

# layer_norm 和 bias 的变量不使用 weight decay
decay_params = [
    p.name for n, p in model.named_parameters()
    if not any(nd in n for nd in ["bias", "norm"])
]

# 定义优化器
optimizer = paddle.optimizer.AdamW(
    learning_rate = lr_scheduler,
    parameters = model.parameters(),
    weight_decay = weight_decay,
    apply_decay_param_fun = lambda x: x in decay_params)

# 指定损失函数
loss_fn = CrossEntropyLossForRobust()
```

13.6 模型训练

模型训练过程中，每隔一定的 log_steps 都会打印一条训练日志，每隔一定的 eval_steps 在验证集上进行一次模型评估，并且保存在训练过程中评估效果最好的模型。

代码实现如下：

```
from paddlenlp.metrics.squad import squad_evaluate, compute_prediction

# 定义评估函数
@paddle.no_grad()
def evaluate(model, raw_dataset, dataset, data_loader, is_test = False):
    """
    评估函数
    输入：
        - model:模型
        - raw_dataset:未经过 tokenizer 预处理的原始数据
```

```
        - dataset:经过 tokenizer 预处理的数据
        - data_loader:组 batch 后的数据
        - is_test:数据集是否为测试集
    输出:
        - results:评估输出字典
    """
    model.eval()

    all_start_logits = []
    all_end_logits = []

    for batch in data_loader:
        start_logits_tensor, end_logits_tensor =
model(batch["input_ids"], batch["token_type_ids"])
        for idx in range(start_logits_tensor.shape[0]):
            all_start_logits.append(start_logits_tensor.numpy()[idx])
            all_end_logits.append(end_logits_tensor.numpy()[idx])
    all_predictions, _, _ = compute_prediction(raw_dataset, dataset, (all_start_logits, all_end
_logits), False, 20, 30)
    model.train()
    if is_test:
        return all_predictions
    else:
        results = squad_evaluate(examples = [raw_data for raw_data in raw_dataset], preds =
all_predictions, is_whitespace_splited = False)
        return results
```

训练模型的代码如下：

```
def train(model):
    """
    训练函数
    输入:
        - model:模型
    输出:
        - train_loss_record:训练过程中损失列表
        - train_score_record:训练过程中开发集精度列表

    """
    # 开启模型训练模式
    model.train()
    global_step = 0
    best_score = 0.

    # 记录训练过程中的损失函数值和验证集上的 F1 score 和整体精准匹配值
    train_loss_record = []
    f1_score_record = []
    exact_score_record = []

    # 进行 num_epochs 轮训练
```

```
    for epoch in range(num_epochs):
        for step, batch in enumerate(train_loader):

            logits = model(input_ids = batch["input_ids"],
token_type_ids = batch["token_type_ids"])
            loss = loss_fn(logits, (batch["start_positions"],
batch["end_positions"]))
            train_loss_record.append((global_step, loss.item()))

            # 梯度反向传播
            loss.backward()
            optimizer.step()
            lr_scheduler.step()
            optimizer.clear_grad()

            if global_step > 0 and global_step % log_steps == 0:
                print(f"[Train] epoch: {epoch + 1}/{num_epochs} step:
{global_step}/{num_training_steps} loss: {loss.numpy().item():.6f}")
            if global_step > 0 and global_step % eval_steps == 0:
                results = evaluate(model, dev_dataset_raw, dev_dataset, dev_loader)
                f1_score = results['f1']
                exact_score = results['exact']
                print(f"[Evaluate]: F1 score: {f1_score:.5f}, Exact Match: {exact_score:.5f}")
                # 记录训练过程中的损失变化
                train_score_record.append((global_step, f1_score))
                if f1_score > best_score:
                    print(f"best F1 performance has been updated:
{best_score :.5f} --> {f1_score :.5f}")
                    best_score = f1_score
                    # 保存最佳模型参数
                    paddle.save(model.state_dict(), f"{save_dir}/best.pdparams")
            global_step += 1

    # 保存训练过程中表现最好的模型
    paddle.save(model.state_dict(), f"{save_dir}/final.pdparams")
    return train_loss_record, train_score_record

# 开始模型训练
train_loss_record, train_score_record = train(model)
```

输出结果为：

```
[Train] epoch: 1/4 step: 10/5884 loss: 6.191539
[Train] epoch: 1/4 step: 20/5884 loss: 6.072257
[Train] epoch: 1/4 step: 30/5884 loss: 5.872962
[Train] epoch: 1/4 step: 40/5884 loss: 5.795141
[Train] epoch: 1/4 step: 50/5884 loss: 5.675653
[Train] epoch: 1/4 step: 60/5884 loss: 5.305289
[Train] epoch: 1/4 step: 70/5884 loss: 4.892242
[Train] epoch: 1/4 step: 80/5884 loss: 4.349128
[Train] epoch: 1/4 step: 90/5884 loss: 4.234649
```

```
[Train] epoch: 1/4 step: 100/5884 loss: 3.371776
[Evaluate]: F1 score: 58.50232, Exact Match: 38.32040
best F1 performance has been updated: 0.00000 --> 58.50232
[Train] epoch: 1/4 step: 110/5884 loss: 3.276013
[Train] epoch: 1/4 step: 120/5884 loss: 2.369620
[Train] epoch: 1/4 step: 130/5884 loss: 2.000223
[Train] epoch: 1/4 step: 140/5884 loss: 2.416104
[Train] epoch: 1/4 step: 150/5884 loss: 1.414138
[Train] epoch: 1/4 step: 160/5884 loss: 1.975554
[Train] epoch: 1/4 step: 170/5884 loss: 2.008070
[Train] epoch: 1/4 step: 180/5884 loss: 1.398116
[Train] epoch: 1/4 step: 190/5884 loss: 1.509223
[Train] epoch: 1/4 step: 200/5884 loss: 1.442685
[Evaluate]: F1 score: 79.16693, Exact Match: 61.89132
best F1 performance has been updated: 58.50232 --> 79.16693
……
[Train] epoch: 2/4 step: 2210/5884 loss: 0.935110
[Train] epoch: 2/4 step: 2220/5884 loss: 0.359446
[Train] epoch: 2/4 step: 2230/5884 loss: 0.629553
[Train] epoch: 2/4 step: 2240/5884 loss: 1.196259
[Train] epoch: 2/4 step: 2250/5884 loss: 0.922623
[Train] epoch: 2/4 step: 2260/5884 loss: 0.728656
[Train] epoch: 2/4 step: 2270/5884 loss: 1.049675
[Train] epoch: 2/4 step: 2280/5884 loss: 0.893290
[Train] epoch: 2/4 step: 2290/5884 loss: 0.719477
[Train] epoch: 2/4 step: 2300/5884 loss: 0.663813
[Evaluate]: F1 score: 86.34958, Exact Match: 72.54764
[Train] epoch: 2/4 step: 2310/5884 loss: 0.614171
[Train] epoch: 2/4 step: 2320/5884 loss: 0.819235
[Train] epoch: 2/4 step: 2330/5884 loss: 0.385778
[Train] epoch: 2/4 step: 2340/5884 loss: 1.084770
[Train] epoch: 2/4 step: 2350/5884 loss: 1.025034
[Train] epoch: 2/4 step: 2360/5884 loss: 0.726824
[Train] epoch: 2/4 step: 2370/5884 loss: 0.641483
[Train] epoch: 2/4 step: 2380/5884 loss: 0.459251
[Train] epoch: 2/4 step: 2390/5884 loss: 0.534366
[Train] epoch: 2/4 step: 2400/5884 loss: 0.179930
[Evaluate]: F1 score: 87.09196, Exact Match: 74.10021
best F1 performance has been updated: 86.52995 --> 87.09196
```

保存训练过程中的损失 train_loss_record 和在验证集上的得分 train_score_record，并可视化训练过程。实现代码如下：

```
# 可视化训练过程
from tools import plot_training_loss, plot_f1

plot_training_loss(train_loss_record, 'loss.jpg')
plot_f1(f1_score_record, exact_score_record, 'score.jpg')
```

输出结果如图 13-5 所示。从输出结果看，随着训练的进行，模型在训练集上的损失值不断下降，然后收敛，数值趋向于 0，同时在验证集上的整体精确匹配(exact match)和字符

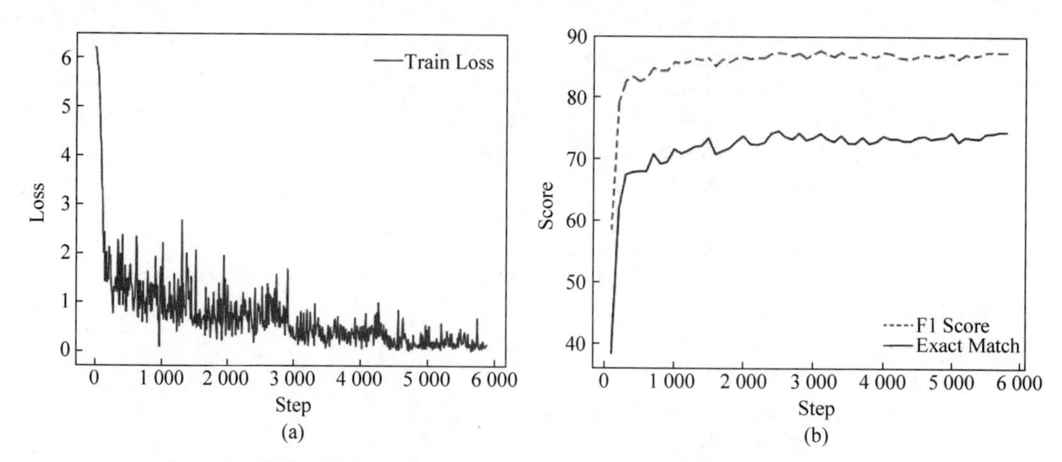

图 13-5 训练集的损失值的变化及验证集的 F1 值和整体精确匹配的变化
(a) 在训练集上的损失值变化情况；(b) 在验证集上的 F1 值和整体精确匹配的变化情况

级别 F1 值得分起初不断升高，在模型收敛后逐步平稳。

13.7 模型评估

使用验证集对训练过程中表现最好的模型进行评价，以验证模型训练效果。实现代码如下：

```
# 加载训练好的模型进行评估。重新实例化一个模型，然后将训练好的模型参数加载到新模型
saved_state = paddle.load("./checkpoints/best.pdparams")
model = AutoModelForQuestionAnswering.from_pretrained("ernie-3.0-medium-zh")
model.load_dict(saved_state)

# 模型评估
results = evaluate(model, dev_dataset_raw, dev_dataset, dev_loader)
f1_score = results['f1']
exact_score = results['exact']
print(f"[Evaluate]: F1 score: {f1_score:.5f}, Exact Match: {exact_score:.5f}")
```

输出结果为：

```
[Evaluate]: F1 score: 87.34910, Exact Match: 74.52364
```

本实践使用验证集作为测试集进行模型评估。如果读者感兴趣，可以采用 $\mathrm{DuReader}_{\mathrm{robust}}$ 的测试集重新评估模型效果。

13.8 模型预测

任意输入一个篇章和问题，让模型预测对应的答案。实现代码如下：

```
from datasets import Dataset

def infer(input_data, model, batch_size = 12):
    """
    推理函数
    输入:
        - input_list:输入列表,包含样本 ID,问题和篇章
        - model:模型
        - batch_size:一个 mini batch 包含样本数
    输出:
        - results:评估输出字典
    """
    model.eval()
    dataset_raw = Dataset.from_list(input_data)
    column_names = dataset_raw.column_names
    dataset = dataset_raw.map(convert_example_to_feature_dev,
batched = True, num_proc = 2, remove_columns = column_names)
    dataset_for_model = dataset.remove_columns(["example_id",
"offset_mapping"])
    batch_sampler = BatchSampler(dataset, batch_size = batch_size,
shuffle = False)
    loader = DataLoader(dataset = dataset_for_model, batch_sampler = batch_sampler, collate_fn =
collate_fn, return_list = True)
    all_predictions = evaluate(model, dataset_raw, dataset, loader, True)
    return all_predictions
```

```
input_data = [
    {'id':'1', 'question':'220V 一安等于多少瓦', 'context':'在 220V 交流电的状态下一安等于
220 瓦.基于 32 太 1.5 匹用多大的开关计算方法是:1 匹 = 0.735 瓦. 0.735 * 1.5 * 32 = 35.28 千瓦
1 千瓦 = 4.5 安   35.28 * 4.5 = 158.76 安   这儿是实际的电流,在现实应用过程中不能用 160 安的
开关,单个 1.5 匹启动时有一个较大的启动电流,在实际使用时乘以 1.5 倍:158.76 * 1.5 = 238.14 安.
开关的电流应该是 250A 的空气开关.'},
    {'id':'2', 'question':'氧化铜和稀盐酸的离子方程式', 'context':'化学方程式:CuO + 2HCl =
CuCl2 + H2O   书写离子方程式时,只有强电解质(强酸、强碱、盐)拆开写成离子形式. 离子方程式:
CuO + 2H += Cu^2 +   + H2O'}
    ]
all_predictions = infer(input_data, model)
for i in range(len(input_data)):
    print('内容:', input_data[i]['context'])
    print('问题:', input_data[i]['question'])
    print('答案:', all_predictions[input_data[i]['id']])
    print('-' * 20)
```

输出结果为:

```
内容: 在 220V 交流电的状态下一安等于 220 瓦.基于 32 太 1.5 匹用多大的开关计算方法是:1 匹 =
0.735 瓦. 0.735 * 1.5 * 32 = 35.28 千瓦   1 千瓦 = 4.5 安   35.28 * 4.5 = 158.76 安   这儿是实际的
电流,在现实应用过程中不能用 160 安的开关,单个 1.5 匹启动时有一个较大的启动电流,在实际使
用时乘以 1.5 倍:158.76 * 1.5 = 238.14 安. 开关的电流应该是 250A 的空气开关.
问题: 220V 一安等于多少瓦
答案: 220 瓦
```

```
--------------------
内容：化学方程式:CuO + 2HCl = CuCl2 + H2O  书写离子方程式时,只有强电解质(强酸、强碱、盐)拆
开写成离子形式. 离子方程式：CuO + 2H += Cu^2 +  + H2O
问题：氧化铜和稀盐酸的离子方程式
答案：CuO + 2H += Cu^2 +  + H2O
--------------------
```

13.9 实验思考

(1) 思考一下：阅读理解任务为什么更倾向使用字符级别 F1 作为评价指标，而不是整体精确匹配(exact match)？

(2) 根据本章的学习和实践，请读者思考一下，在阅读理解任务中，token_type_ids 的作用是什么？

(3) 本章实践在预训练模型 ERNIE 3.0 的基础上，通过两个线性层分别识别答案的初始位置 Start token 和答案的结束位置 End token，请读者思考一下，有没有其他方式能够更好地识别答案的初始位置和结束位置。

第14章

机器翻译实践

机器翻译(machine translation,MT)是利用计算机实现不同语言之间自动翻译的技术。被翻译的语言通常称为源语言,输出的译文称为目标语言。机器翻译是自然语言处理领域一个非常重要的研究方向,具有重要的应用价值,目前已经在翻译机、语音同传和跨语言检索等行业和领域中得到广泛应用。

机器翻译技术的研究可以追溯到20世纪50年代,期间经历了一系列曲折的发展历程,科学家们也提出了不同的机器翻译方法,如基于规则的转换翻译方法和基于中间语言的翻译方法等(宗成庆,2013)。20世纪80年代末,随着语料库技术和统计机器学习方法的发展,产生了统计机器翻译方法。这种方法可解释性强,使用局部特征和动态规划处理指数级结构空间,但它采用离散的符号表示语言单位,且需要人工设计特征模板,因此往往出现数据稀疏等问题。

随着神经网络和深度学习的出现和大规模应用,研究人员提出了端到端的神经机器翻译方法,该方法不仅将离散的符号表示嵌入低维连续的实数向量空间中,缓解了数据稀疏的问题,而且能够自动抽取特征,无需人工设计特征模板。目前大多数神经机器翻译引擎都是基于注意力机制(attention mechanism)的编码器-解码器(encoder-decoder)框架。这种框架能够有效处理变长的文本序列,缓解长文本的远距离依赖问题。

本章以对TED演讲文本的翻译为例,介绍基于Transformer模型(Vaswani et al.,2017)的汉英翻译方法的具体实现过程。

14.1 任务目标和实现流程

如上文所述,机器翻译实现的是将一段文本从源语言自动翻译成目标语言的过程,如图14-1所示。

基于Transformer的机器翻译实现流程如图14-2所示。模型的输入是源语言(中文句子),输出是目标语言(英文句子)。在建模过程中,模型首先对输入源语言文本进行数据处理,然后使用编码器进行编码,再使用解码器解码,随后对生成结果进行后处理,最终得到翻译结果。

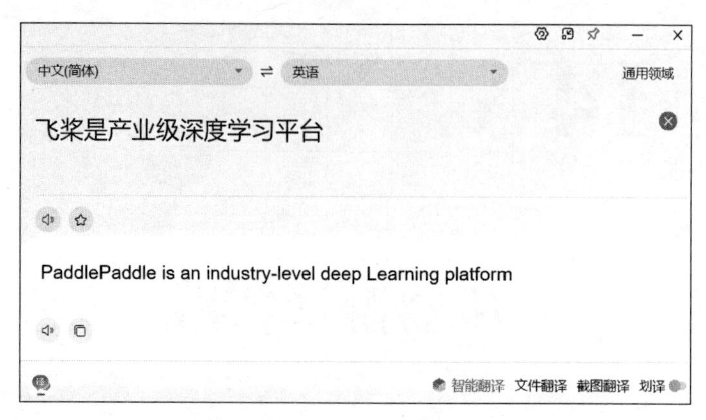

图 14-1 机器翻译技术在翻译系统中的应用示意

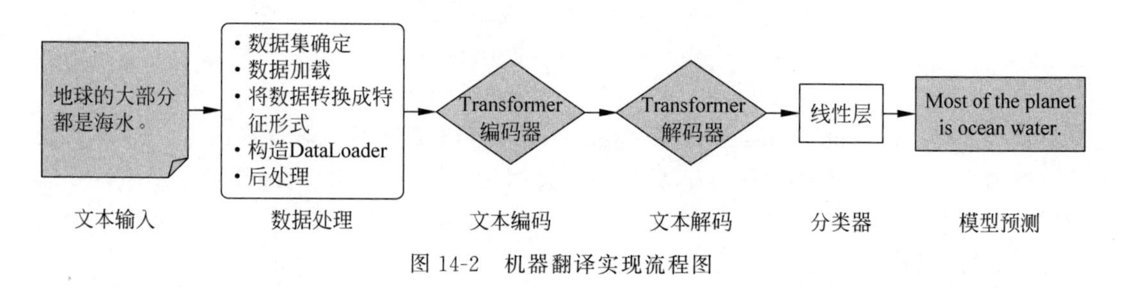

图 14-2 机器翻译实现流程图

以下分别介绍每个步骤的具体实现过程。

14.2 数据处理

数据处理包括数据集确定、数据加载、词语切分、将数据转换成特征形式、构造 DataLoader 和后处理等步骤，最终将同一批的数据处理成等长的特征序列，使用 DataLoader 逐批迭代传入 Transformer 模型。

14.2.1 数据集确定

IWSLT 2015① 数据集中的文本来源于 TED 演讲，包含英语和法语、英语和德语、英语和汉语、英语和泰国语、英语和越南语、英语和捷克语的互译。本实践使用 IWSLT 2015 数据集中英语和汉语互译的数据，包括训练集 2 000 个对话、200 000 个句子和 4 000 000 个标记，验证集和测试集都是 10～15 个对话、1 000～1 500 个句子和 20 000～30 000 个标记。

从训练集中随机抽取一条样本数据，示例如下：

```
# 中文文本
大卫·盖罗：这位是比尔·兰格，我是大卫·盖罗。

# 英文文本
This is Bill Lange. I'm Dave Gallo.
```

① IWSLT 数据获取地址：https://wit3.fbk.eu/2015-01，读者也可以在本书配套的 AI Stuido 在线课程中获取 IWSLT 数据集。

为了方便读者学习使用，我们将原始数据的中文和英文序列进行了词语切分，并生成了文本和词表。其实现流程如图 14-3 所示，首先使用 jieba 分词工具[①]对中文文本进行词语切分，然后使用 BPE 进行子词切分（参考 7.2 节）。对于英文句子，先使用 moses 分词工具[②]处理，再使用 BPE 进行子词切分。词语切分完成之后，样本数据中的文本序列被切分成了子词的形式，其中@@是子词间的分隔符号。

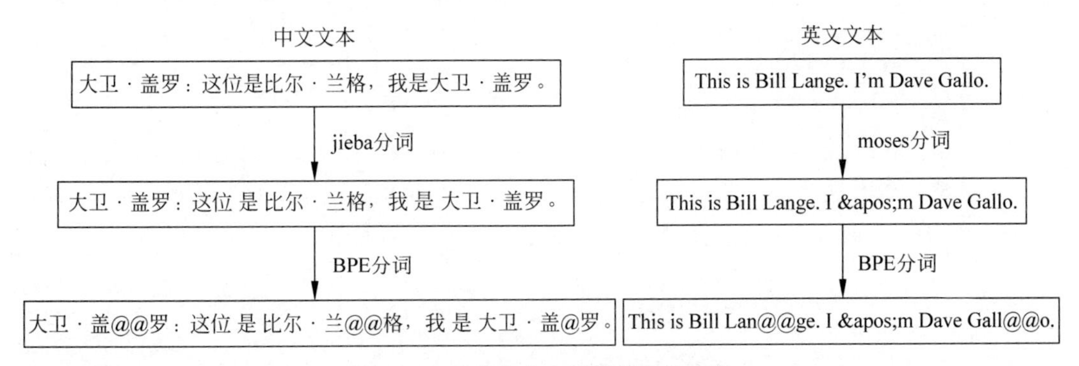

图 14-3 中英文文本词语切分的流程

14.2.2 数据加载

使用 datasets 读取数据，实现代码如下：

```
import os
from datasets import load_dataset

# 数据集路径
data_dir = r"./data"

#构造 data_files,键值对分别对应训练集、验证集和测试集的中英文文本文件的路径
splits = ("train", "dev", "test")
src2trg = ("zh", "en")

data_files = {
    key: [os.path.join(data_dir, f"{key}_{lang}.bpe") for lang in src2trg]
    for key in splits
}
print("data_files 结构:\n", data_files)

# 使用 language_pair.py 加载数据,并从 data_files 中读取 split 指定的数据集,为了方便展示,
仅加载训练集
(dataset, ) = load_dataset("language_pair.py",
                            data_files = data_files,
                            split = ["train"])
print("训练集的样本结构:")
dataset
```

① https://github.com/fxsjy/jieba。

② http://www2.statmt.org/moses/?n=Main.HomePage。

输出结果为：

```
data_files 结构：
{'train': ['./data/train_zh.bpe', './data/train_en.bpe'], 'dev': ['./data/dev_zh.bpe', './data/dev_en.bpe'], 'test': ['./data/test_zh.bpe', './data/test_en.bpe']}
训练集的样本结构：
Dataset({
    features: ['id', 'source', 'target'],
    num_rows: 209491
})
```

从输出结果看，数据集中的中文和英文分别对应两个独立的文件。每条样本都可以看作一个字典，包含样本的 features 和 num_rows 两部分，分别代表“特征”和“位置”。features 包含三个属性，分别代表“特征 id”“源语言”和“目标语言”，示例如下：

```
sample = {
    "id": "0",
    "source": "大卫 . 盖@@ 罗:这位是比尔 . 兰@@ 格,我是大卫 . 盖@@ 罗。",
    "target": "this is bill lan@@ ge. i &apos;m dave gall@@ o ."
    }
```

说明：在本实践中，将每条数据中的 source 和 target 称作“文本对”。

14.2.3 将数据转换成特征形式

Transformer 模型无法直接读取加载后的文本数据，需要将其转换为 Transformer 模型要求的特征数据，主要分如下三个步骤：

(1) word2id：将文本对中的每个词元(token)转换成其在词典中的索引 ID，不包含在词典中的词元用特殊标记<UNK>(Unknown，未知词元)的 ID 代替。

(2) 过滤掉长度超出范围的词元序号序列对。受限于 Transformer 模型的位置编码，模型只能接受一定长度范围内的词元序号序列作为输入。

(3) 添加特殊词元<BOS>(begin of sentence)和<EOS>(end of sentence)，分别表示句子的开头和结尾。具体的添加过程如下：在源语言序列的尾部添加特殊字符<EOS>，作为编码器的输入(见图 14-4 的左侧)；在目标语言的头部增加<BOS>，作为解码器的输入(见图 14-4 的右下方)；在目标语言的尾部增加<EOS>，作为解码器的输出(见图 14-4 的右上方)。

在模型训练时，采用教师强制(teacher forcing)方法，无论解码器是否解码正确，都将正确的答案输入编码器中，计算模型预测结果和真实结果的损失。

以下代码对应上面所述的步骤(1)。为了将词元转换成 ID，需要先将词典读取出来，得到 word2idx 和 idx2word 两个字典。实现代码如下：

```python
def load_vocab(fpath, special_token_list):
    word2idx = dict()
    idx2word = dict()

    # 加入特殊词元<UNK>
```

```
    for idx, sp_token in enumerate(special_token_list):
        word2idx.setdefault(sp_token, idx)
        idx2word.setdefault(idx, sp_token)

    start_idx = len(special_token_list)
    # 读取 fpath,制作 word2idx 和 idx2word 字典
    with open(fpath, "r", encoding = "utf8") asfile:
        for idx, line in enumerate(file.readlines()):
            # line = `词元出现的次数`
            word = line.strip().split()[0]
            word2idx.setdefault(word, idx + start_idx)
            idx2word.setdefault(idx + start_idx, word)
    return word2idx, idx2word

# 词表
src_vocab_fpath = os.path.join(data_dir, "vocab.zh")
trg_vocab_fpath = os.path.join(data_dir, "vocab.en")
special_token_list = ['<s>', '<e>', '<unk>']
bos_idx = 0# <s>
eos_idx = 1# <e>
unk_idx = 2# <unk>

# 源语言只需要 word2idx 字典,目标语言需要 word2idx 和 idx2word
src_word2idx, _ = load_vocab(src_vocab_fpath, special_token_list)
trg_word2idx, trg_idx2word = load_vocab(trg_vocab_fpath, special_token_list)
src_vocab_size, trg_vocab_size = len(src_word2idx), len(trg_word2idx)
print(f"源语言词典大小:{src_vocab_size}")
print(f"目标语言词典大小:{trg_vocab_size}")
```

输出结果为:

```
源语言词典大小:37802
目标语言词典大小:30736
```

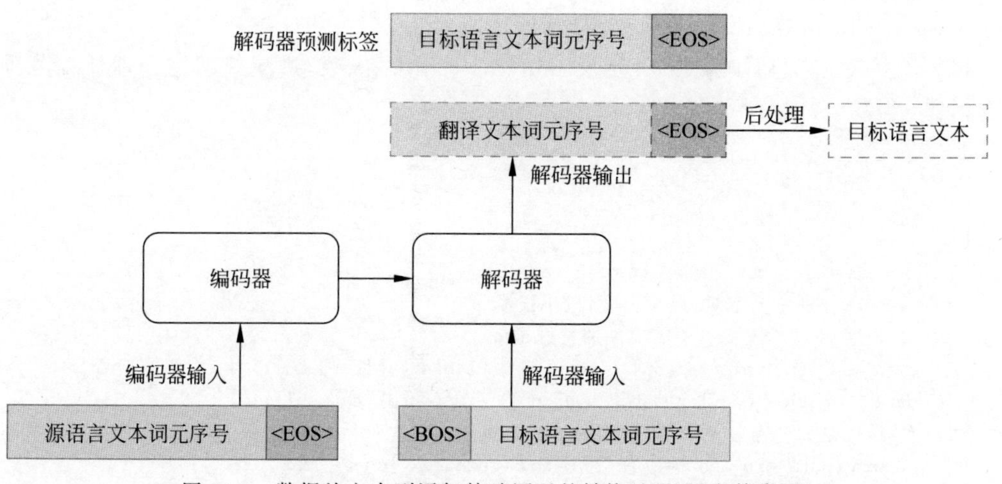

图 14-4 数据从文本到添加特殊词元的转换过程(见文前彩图)

定义 convert_example_to_feature，利用词典将词元转换成对应的索引 ID。实现代码如下：

```
def to_indices(word2idx, token_list):
    # 将词元列表转换为序号
    # 特殊词元的序号[PAD]:0,<BOS>:1,<EOS>:2,<UNK>:3
    return [word2idx.get(token, unk_idx) for token in token_list]

def convert_example_to_feature(sample):
    # 去掉前后的空格
    source = sample['source'].split()
    target = sample['target'].split()
    # 转换成 ID
    sample["source"] = to_indices(src_word2idx, source)
    sample["target"] = to_indices(trg_word2idx, target)

    return sample

sample = {
    "id": "0",
    "source": "大卫.盖@@ 罗: 这位 是 比尔.兰@@ 格, 我 是 大卫.盖@@ 罗 。",
    "target": "This is Bill Lan@@ ge . I &apos;m Dave Gall@@ o ."
}

sample_id = convert_example_to_feature(sample)
for key, value in sample_id.items():
    print(f"{key}: {value}")
```

输出结果为：

```
id: 0
source: [2078, 89, 6531, 2805, 38, 1099, 8, 2548, 89, 6873, 2843, 4, 6, 8, 2078, 89, 6531,
2805, 5]
target: [76, 11, 2591, 22173, 307, 74, 12218, 9804, 10059]
```

从输出结果看，数据已经转换成 ID 的形式。

以下代码对应上述步骤(2)。定义 min_max_filter 函数，过滤掉超过合理长度范围内的句对。

```
from functools import partial


def min_max_filer(data, max_len, min_len=0):
    # 输入分别是文本对、最大长度、最小长度
    # 长度加 1，代表文本中需要加的特殊词元
    data_min_len = min(len(data["source"]), len(data["target"])) + 1
    data_max_len = max(len(data["source"]), len(data["target"])) + 1
    # 返回是一个布尔值，为假则表示过滤掉该文本对
    return (data_min_len >= min_len) and (data_max_len <= max_len)

max_length = 256
```

```
dataset = dataset.map(convert_example_to_feature)\
    .filter(partial(min_max_filer, max_len = max_length))
```

14.2.4　构建 DataLoader

在训练过程中,按照 minibatch 批量迭代数据,当文本序列的长度小于 max_len 时,使用[PAD]进行填充,如图 14-5 所示。

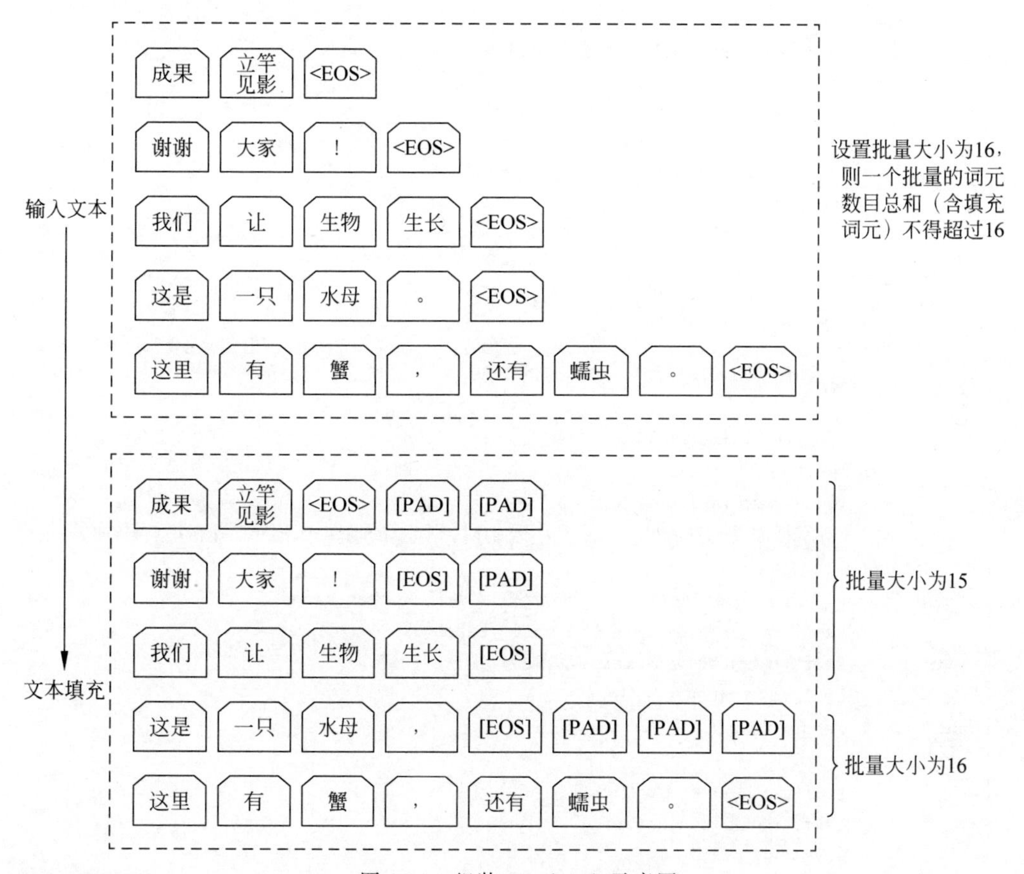

图 14-5　组装 minibatch 示意图

实现代码如下:

```
class SampleInfo(object):
    def __init__(self, i, lens):
        """
        记录文本对的序号和长度信息
        输入:
            - i (int): 文本对的序号
            - lens (list): 文本对源语言和目标语言的长度
        """
        self.i = i
        # 加 1,填补在文本前后的特殊词元
        self.max_len = max(lens[0], lens[1]) + 1
```

```
        self.src_len = lens[0] + 1
        self.trg_len = lens[1] + 1

#声明 TokenBatchCreator,统计每一个文本对的最大长度
class TokenBatchCreator(object):
    def __init__(self, batch_size):
        """
        按照词元数目限制的批量生成器
        输入:
            - batch_size (int): 批量大小限制
        """

        self._batch = []
        self.max_len = -1
        self._batch_size = batch_size

    def append(self, info):
        """
        输入:
            - info (SampleInfo): 文本对的信息
        """
        # 更新当前 minibatch 的最大长度
        cur_len = info.max_len
        max_len = max(self.max_len, cur_len)
        # 当新增样本超过 batch_size 大小限制时,则此 minibatch 返回,将新增样本加入到下一
个 minibatch 中
        if max_len * (len(self._batch) + 1) > self._batch_size:
            self._batch, result = [], self._batch
            self._batch.append(info)
            self.max_len = cur_len
            return result
        else:
            self.max_len = max_len
            self._batch.append(info)

    @property
    def batch(self):
        returnself._batch
```

构造 TransformerBatchSampler 采样器，并指定批大小(batch size)。模型在利用训练数据进行迭代优化时，可以通过参数 shuffle 指定是否随机打乱样本顺序。如果 shuffle 设置为 False，则 DataLoader 将生成的批量数据按顺序进行迭代。如果设置为 True，DataLoader 会将生成的批量数据按照随机的方式进行迭代。实现代码如下：

```
from paddle.io import BatchSampler
import numpy as np



class TransformerBatchSampler(BatchSampler):
```

```
    def __init__(self,
                 dataset,
                 batch_size,
                 shuffle_batch = False,
                 clip_last_batch = False,
                 seed = 0):
        """
        批量采样器
        输入:
            - dataset: 数据集
            - batch_size: 批大小
            - shuffle_batch: 是否打乱生成的批
            - clip_last_batch: 是否裁剪剩余的数据
            - seed: 随机数种子
        """
        self._dataset = dataset
        self._batch_size = batch_size
        self._shuffle_batch = shuffle_batch
        self._clip_last_batch = clip_last_batch
        self._seed = seed
        self._random = np.random
        self._random.seed(seed)

        self._sample_infos = []
        for i, data in enumerate(self._dataset):
            lens = [len(data["source"]), len(data["target"])]
            self._sample_infos.append(SampleInfo(i, lens))

    def __iter__(self):
        """
        迭代采样.TransformerBatchSampler将生成每一个批数据在原数据集的序号,并在迭代中
不断返回
        """
        # 排序,如果源语言长度相同,则按照目标语言的长度排列
        infos = sorted(self._sample_infos,
                       key = lambda x: (x.src_len, x.trg_len))
        # 组装批次数据
        batch_infos = []
        batch_creator = TokenBatchCreator(self._batch_size)
        for info in infos:
            batch = batch_creator.append(info)
            # 存储一个 minibatch 的样本信息后,会返回这个 minibatch 的数据,否则返回
为 None
            if batch is not None:
                batch_infos.append(batch)

        # 是否抛弃最后批量的文本对
        if not self._clip_last_batch and len(batch_creator.batch) != 0:
            batch_infos.append(batch_creator.batch)

        # 样本乱序
        if self._shuffle_batch:
```

```
            self._random.shuffle(batch_infos)

        self.batch_number = len(batch_infos)

        # 返回一个批量的文本对在数据集中的序号
        for batch in batch_infos:
            batch_indices = [info.i for info in batch]
            yield batch_indices

    def __len__(self):
        """
        返回批量的数量
        """
        if hasattr(self, "batch_number"):
            return self.batch_number
        # 计算批量的数量
        batch_number = (len(self._dataset) +
                        self._batch_size) // self._batch_size
        return batch_number
```

上面的代码采用词元数量组装 minibatch，因此，每一个批量的文本对数目并不相同，这里展示前三个批量的数据里含有文本对的数目。

```
sampler = TransformerBatchSampler(dataset, batch_size=4096,
shuffle_batch=True)
for idx, batch in enumerate(sampler):
    print("第{}批量的数据中含有文本对的数目为:{}".format(idx, len(batch)))
    if idx >= 2:
        break
```

输出结果为：

```
第 0 批量的数据中含有文本对的数目为:151
第 1 批量的数据中含有文本对的数目为:124
第 2 批量的数据中含有文本对的数目为:178
```

以下代码对应步骤(3)，为转换后的文本对添加特殊词元序号。构造 prepare_train_input，输入每个批量的文本对，并指定特殊词元的序号，生成训练过程中需要的文本序列和标签。在 prepare_train_input 中，trg_word 和 lbl_word 都来自目标语言的文本。

```
from paddlenlp.data import Pad
import numpy as np

def prepare_train_input(pairs, bos_idx, eos_idx, pad_idx):
    # pairs = [{"source": [tokens], "target": [tokens]}]
    word_pad = Pad(pad_idx)
    # 给编码器的输入文本的结尾加上<EOS>的序号
    src_word = word_pad([pair["source"] + [eos_idx] for pair in pairs])
    # 给解码器的输入文本的开头加上<BOS>的序号
    trg_word = word_pad([[bos_idx] + pair["target"] for pair in pairs])
    # 给解码器的标签的结尾加上<EOS>的序号
```

```
    lbl_word = np.expand_dims(word_pad(
        [pair["target"] + [eos_idx] for pair in pairs]), axis=2)

    return src_word, trg_word, lbl_word

# 设计两个用作样本展示的文本对
sample_id = [
    {
        "id": "0",
        "source": [10, 9, 8, 7, 6, 5, 4],
        "target": [10, 9, 8, 7, 6, 5, 4],
        },
    {
        "id": "1",
        "source": [10, 9, 8, 7],
        "target": [10, 9, 8, 7],
        }
    ]

res = prepare_train_input(sample_id, bos_idx, eos_idx, pad_idx)

print(f"编码器输入:{res[0].shape}")
print(f"解码器输入:{res[1].shape}")
print(f"解码器标签:{res[2].shape}")
print("编码器输入展示:")
print(res[0])
```

输出结果为：

```
编码器输入:(2, 8)
解码器输入:(2, 8)
解码器标签:(2, 8, 1)
编码器输入展示:
[[10 9 8 7 6 5 4 2]
 [10 9 8 7 2 0 0 0]]
```

从输出结果看，我们传入的两个样本的编码器输入长度不一，经过 prepare_train_input 填充后得到的是规整的矩阵。两个样本末尾都加上了<EOS>的序号 2，并且第二个样本填充了若干[PAD]的序号 0。

接下来构造 DataLoader 用于批量迭代数据，并指定批大小。

```
from paddle.io import DataLoader

# 构造 DataLoader
train_loader = DataLoader(dataset=dataset,
                          batch_sampler=sampler,
                          collate_fn=partial(
                              prepare_train_input,
                              bos_idx=bos_idx,
                              eos_idx=eos_idx,
```

```
                                    pad_idx = bos_idx,
                                ),
                                return_list = True)
#查看当前批量的文本对数目,文本对最大长度,以及词元数目
info_text = lambda shape: f"的形状为{shape},词元数目为{np.prod(shape)}"
for encoder_input, decoder_input, decoder_target in train_loader:
    # [batch size, sequence length]
    print(f"编码器输入{info_text(encoder_input.shape)}")
    # [batch size, sequence length]
    print(f"解码器输入{info_text(decoder_input.shape)}")
    # [batch size, sequence length, 1]
    print(f"解码器标签{info_text(decoder_target.shape)}")
    break
```

输出结果为：

```
编码器输入的形状为[80, 45],词元数目为 3600
解码器输入的形状为[80, 51],词元数目为 4080
解码器标签的形状为[80, 51, 1],词元数目为 4080
```

最后,将上文提到的数据读取到转换全过程整合起来,准备好以供训练的 DataLoader。

```
def load_data(dataset, batch_size, shuffle):
    # 输入数据集,指定批量大小,是否打乱批量数据
    # 数据集由文本转换为 ID,过滤长度不符合要求的文本对
    dataset = dataset.map(convert_example_to_feature)\
        .filter(partial(min_max_filer, max_len = max_length))
    #组装成批量
    sampler = TransformerBatchSampler(dataset,
                                      batch_size = batch_size,
                                      shuffle_batch = shuffle)
    # 添加特殊词元,规整批量数据,制作数据加载器
    data_loader = DataLoader(dataset = dataset,
                             batch_sampler = sampler,
                             collate_fn = partial(
                                 prepare_train_input,
                                 bos_idx = bos_idx,
                                 eos_idx = eos_idx,
                                 pad_idx = pad_idx,
                             ),
                             return_list = True)
    return data_loader

batch_size = 4096
shuffle = True
# 读取数据
train_dataset, dev_dataset = load_dataset(
    "language_pair.py", data_files = data_files, split = ["train", "dev"])
# 制作数据加载器
train_loader = load_data(train_dataset, batch_size, shuffle)
dev_loader = load_data(dev_dataset, batch_size, shuffle)
```

14.2.5　后处理

步骤(3)和步骤(4)将文本转换为模型可以识别的词元序号。在评估的时候,模型将源语言的词元序号转换成目标语言的词元序号,我们还需要定义后处理方法将模型解码得到的目标语言词元序号转换回文本,用于计算 BLEU 分数。

```
import re

class PostProcesser:
    def __init__(self, pad_idx, eos_idx, trg_idx2word):
        """
        输入:
            - pad_idx (int): 用于填充特殊词元序号
            - eos_idx (int): 表示句子结尾的特殊词元序号
            - trg_idx2word (dict): 序号映射到词元的字典
        """
        self.pad_idx = pad_idx
        self.eos_idx = eos_idx
        self.trg_idx2word = trg_idx2word
        self.pattern = re.compile(r"(@@ )|(@@ ?$)/g")

    def post_process_seq(self, seq, output_eos = False, output_pad = False):
        """
        去除末尾的填充符号
        输入:
            - output_eos (bool): 是否输出<EOS>特殊词元
            - output_pad (bool): 是否输出<EOS>之前的[PAD]特殊词元
        """
        pad_idx, eos_idx = self.pad_idx, self.eos_idx

        eos_pos = len(seq) - 1
        for i, idx in enumerate(seq):
            if idx == eos_idx:
                eos_pos = i
                break
        seq = [
            idx for idx in seq[:eos_pos + 1]
            if (output_pad or idx != pad_idx) and (output_eos or idx != eos_idx)
        ]
        return seq

    def to_tokens(self, indices):
        """
        将序号转换为目标语言的词元
        输入:
            - indices (list): 词元序号列表
        """
        return [self.trg_idx2word.get(idx, "<UNK>") for idx in indices]
```

```
    def trans(self, predict, ** kwargs):
        """
        将模型预测结果进行后处理,得到预测文本
        输入:
            - predict (np.ndarray): 一条输入样本的模型预测结果
        """
        # 后处理,去掉末尾的填充符
        indices = self.post_process_seq(predict, ** kwargs)
        # 词元序号转换回词元
        token_list = self.to_tokens(indices)
        # BPE 子词合并
        seq = self.pattern.sub("", " ".join(token_list))
        return seq

# 打印后处理前后数据变化
post_processer = PostProcesser(pad_idx, eos_idx, trg_idx2word)
for _, decoder_input, decoder_target in train_loader:
    if decoder_target.shape[1] <= 20:
        for predict in decoder_target.squeeze(axis = - 1)[:3]:
            predict = predict.numpy().tolist()
            res = post_processer.trans(predict, output_eos = True)
            print(f"后处理前:{predict}")
            print(f"后处理后:{res}")
            print()
        break
```

输出结果为:

```
后处理前:[44, 17, 40, 11, 242, 214, 11, 55, 3708, 22, 53, 235, 29, 58, 497, 8, 15694, 5, 2]
后处理后:It &apos;s not that long ago that our lighting was just done with these kinds of lamps .
< EOS >

后处理前:[59, 26, 85, 10, 144, 8, 1400, 71, 26, 41, 10, 144, 8, 1409, 101, 38, 174, 5, 2]
后处理后:But they get a lot of press because they do a lot of terrible things as well .< EOS >

后处理前:[140, 535, 4, 6440, 9, 6, 139, 8, 3121, 923, 11, 18, 158, 160, 167, 13, 270, 5, 2]
后处理后:In particular , textbooks and the kind of educational materials that we use every day
in school . < EOS >
```

14.3 模型构建

Transformer 模型依次处理每次传入的批量(minibatch)数据。先将处理后的源语言文本序列传入编码器,编码器对其进行编码,并输出对应的向量序列。然后将这些向量序列传入解码器,输出目标语言文本序列,再经过线性层和 softmax 层后即可得到目标语言词元序号,最后经过后处理得到对应的目标语言。实现流程如图 14-6 所示。

Transformer 模型主要由词嵌入(word embedding)、位置编码(positional embedding)、编码器、解码器和线性层几个关键部分组成。其中编码器和解码器可以使用 PaddleNLP 的

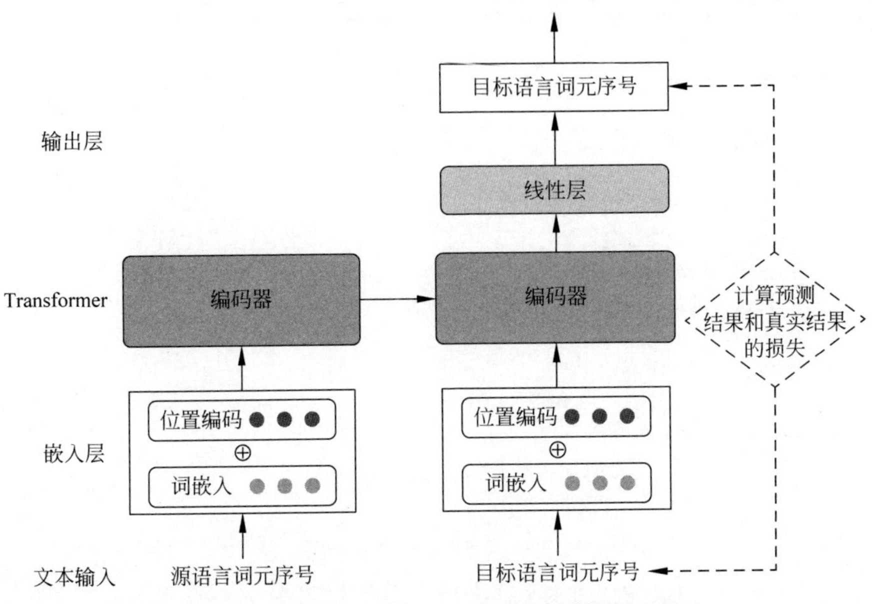

图 14-6　基于 Transformer 模型的机器翻译流程

paddle.nn.Transformer 实现，这里只需要实现词嵌入和位置编码，并将它们与输出层组成 Transformer 模型。

14.3.1　嵌入层的代码实现

嵌入层包括词嵌入和位置编码，可以使用 paddle.nn.Embedding，实现代码如下：

```
import paddle
import paddle.nn as nn
from paddlenlp.transformers import position_encoding_init

class WordEmbedding(nn.Layer):
    def __init__(self, vocab_size, emb_dim, pad_idx = 0):
        """
        词嵌入
        输入：
            - vocab_size: 词表大小
            - emb_dim: 嵌入维度
            - pad_idx: 开始词元的序号，这里用作填充
        """
        super(WordEmbedding, self).__init__()
        self.emb_dim = emb_dim
        # 使用 nn.Embedding 接口实现嵌入层
        self.word_embedding = nn.Embedding(
            num_embeddings = vocab_size,
            embedding_dim = emb_dim,
            padding_idx = pad_idx,
            weight_attr = paddle.ParamAttr(
```

```
                initializer = nn.initializer.Normal(0., emb_dim ** - 0.5)))

    def forward(self, word):
        """
        前向计算
        输入:
            - word: 单个词元的序号
        """
        # 根据«Attention is all you need»论文里的实现,
        # 词嵌入的结果乘以嵌入维度的 0.5 次方
        word_emb = self.emb_dim ** 0.5 * self.word_embedding(word)
        return word_emb

class PositionalEncoding(nn.Layer):
    def __init__(self, emb_dim, max_length):
        """
        位置编码
        输入:
            - emb_dim: 嵌入维度
            - max_length: 最大长度
        """
        super(PositionalEncoding, self).__init__()
        self.emb_dim = emb_dim
        # 位置编码使用预定义的权重
        self.pos_encoder = nn.Embedding(
            num_embeddings = max_length,
            embedding_dim = self.emb_dim,
            weight_attr = paddle.ParamAttr(initializer = nn.initializer.Assign(
                position_encoding_init(max_length, self.emb_dim))))

    def forward(self, pos):
        """
        前向计算
        输入:
            - pos: 位置序号
        """
        pos_emb = self.pos_encoder(pos)
        pos_emb.stop_gradient = True
        return pos_emb
```

其中 paddlenlp.transformer.position_encoding_init 是 PaddleNLP 预置的位置编码器，指定编码长度与可编码的最大位置，返回一个表示对应位置的编码向量的矩阵，并通过热力图展示。实现代码如下：

```
import matplotlib.pyplot as plt

# 得到一个深度为 256,最大长度为 256 的位置表示矩阵
pos_matrix = position_encoding_init(256, 256)
# 通过热力图的形式展现所有位置的编码向量
plt.imshow(pos_matrix.T)
```

```
plt.xlabel("position")
plt.ylabel("embedding")
plt.title("the heat map of position matrix")
plt.show()
```

输出结果如图 14-7 所示。

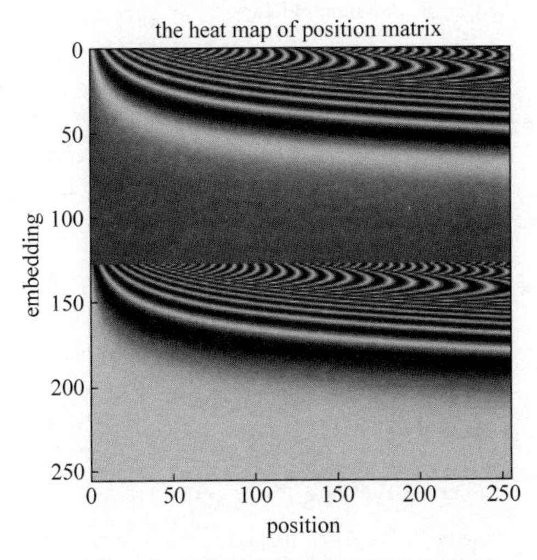

图 14-7　位置编码的热力图(见文前彩图)

从图 14-7 的热力图中可以看出当位置从 0 增加到 255 时,位置编码向量的变化。

在本实践中我们使用的位置编码与论文(Vaswani et al., 2017) 中的实现方法不一致。对于位置 pos 编码向量的计算,原论文采用正弦函数和余弦函数交错表示的形式(参见式(14-1)),而图 14-7 展示的向量采用一半正弦函数、一半余弦函数拼接表示的方法(参见式(14-2))。计算公式为

$$\begin{cases}\mathrm{PE}(\mathrm{pos},2i)=\sin(\omega_i \cdot \mathrm{pos}) \\ \mathrm{PE}(\mathrm{pos},2i+1)=\cos(\omega_i \cdot \mathrm{pos})\end{cases} \tag{14-1}$$

$$\begin{cases}\mathrm{PE}(\mathrm{pos},i)=\sin(\omega_i \cdot \mathrm{pos}) \\ \mathrm{PE}\left(\mathrm{pos},i+\dfrac{d_{\mathrm{model}}}{2}\right)=\cos(\omega_i \cdot \mathrm{pos})\end{cases} \tag{14-2}$$

其中,d_{model} 表示位置编码向量的大小,即前一半是正弦函数,后一半是余弦函数。

将词嵌入和位置编码组装成 Transformer 的嵌入层。实现代码如下:

```
class TransformerEmbedding(nn.Layer):
    def __init__(self, vocab_size, max_length,
                 d_model, dropout, pad_idx = 0):
        """
        Transformer 模型的嵌入层
        输入:
            - vocab_size: 词典大小
            - max_length: 允许输入的文本最大长度
            - d_model: 模型的维度
```

```
            - dropout: 暂退法的概率
            - pad_idx: 填充词元序号
        """
        super(TransformerEmbedding, self).__init__()
        self.pad_idx = pad_idx
        self.dropout = dropout
        self.word_embedding = WordEmbedding(vocab_size = vocab_size,
                                            emb_dim = d_model,
                                            pad_idx = self.pad_idx)
        self.pos_encoding = PositionalEncoding(emb_dim = d_model,
                                               max_length = max_length)

    def get_word_embedding_weights(self):
        """
        返回词嵌入的权重
        """
        return self.word_embedding.weight

    def forward(self, input_words, max_len):
        """
        前向计算
        输入:
            - input_words: 输入的文本
            - max_len: 输入文本的最大长度
        """
        # 生成位置序号
        pos = paddle.cast(
            input_words != self.pad_idx, dtype = input_words.dtype) * paddle.arange(
                start = 0, end = max_len, dtype = input_words.dtype)
        # 词嵌入
        word_emb = self.word_embedding(input_words)
        # 位置
        pos_emb = self.pos_encoding(pos)
        emb = word_emb + pos_emb
        emb = F.dropout(emb, p = self.dropout,
                        training = self.training) ifself.dropout else emb
        return emb
```

14.3.2 组装 Transformer 模型

论文(Vaswani et al., 2017)中提及，Transformer 模型在编码器的输入嵌入层、解码器的输入嵌入层和解码器的输出嵌入层采用了权重共享(weight sharing)(Press and Wolf, 2017)，这是由于源语言和目标语言经过 BPE 分词之后存在大量重复的子词，例如，在 WMT 2014 英法的平行语料上，英语和法语在 BPE 分词之后有 90%的子词相同(Press and Wolf,2017)。本次实践实现的是中英翻译，由于语言差距较大，因此不采用权重共享。

```
class TransformerModel(nn.Layer):
    def __init__(self,
                 src_vocab_size,
```

```
            trg_vocab_size,
            max_length,
            num_encoder_layers,
            num_decoder_layers,
            n_head,
            d_model,
            d_inner_hid,
            dropout,
            weight_sharing = False,
            attn_dropout = None,
            act_dropout = None,
            pad_idx = 0,
            bos_idx = 1,
            eos_idx = 2,):
        """
        Transformer 模型
        输入:
            - src_vocab_size: 源语言词典大小
            - trg_vocab_size: 目标语言词典大小
            - max_length: 允许输入的文本最大长度
            - num_encoder_layers: 编码器层数
            - num_decoder_layers: 解码器层数
            - n_head: 注意力头数
            - d_model: 模型的维度
            - d_inner_hid: 多层感知机神经模型中间层的维度
            - dropout: 暂退法的概率
            - weight_sharing: 是否使用权共享,默认为 False
            - attn_dropout: 多头自注意力机制中对注意力目标的暂退法概率,
              设置为 None 则 attn_dropout = dropout
            - act_dropout: 多层感知机神经模型激活函数后的暂退法概率,
              设置为 None 则 act_dropout = dropout
            - pad_idx: 填充词元[PAD]的序号
            - bos_idx: 句子开始词元<BOS>的序号
            - eos_idx: 句子结束词元<EOS>的序号
        """
        super(TransformerModel, self).__init__()
        self.trg_vocab_size = trg_vocab_size
        self.emb_dim = d_model
        self.pad_idx = pad_idx
        self.bos_idx = bos_idx
        self.eos_idx = eos_idx
        self.dropout = dropout
        self.enc_embedding = TransformerEmbedding(
            src_vocab_size, max_length, d_model, dropout, pad_idx)

        if weight_sharing:
            assert src_vocab_size == trg_vocab_size, (
                "如果使用权共享,则源语言和目标语言的词典大小需要一致")
            # 共享嵌入层
            self.dec_embedding = self.enc_embedding
```

```
            # 如果使用权共享,则最后输出的分类层也使用目标语言的词嵌入
            self.linear = lambda x: paddle.matmul(
                x = x,
                y = self.dec_embedding.get_word_embedding_weights(),
                transpose_y = True
                )
        else:
            self.dec_embedding = TransformerEmbedding(
                trg_vocab_size, max_length, d_model, dropout, pad_idx
            )
            # 否则使用线性层对词表内所有词元进行多分类
            self.linear = nn.Linear(in_features = d_model,
                                    out_features = trg_vocab_size,
                                    bias_attr = False)

        # 使用 paddle.nn.Transformer 接口实现 Transformer 模型
        self.transformer = nn.Transformer(
            d_model = d_model,
            nhead = n_head,
            num_encoder_layers = num_encoder_layers,
            num_decoder_layers = num_decoder_layers,
            dim_feedforward = d_inner_hid,
            dropout = dropout,
            attn_dropout = attn_dropout,
            act_dropout = act_dropout,
            activation = "relu",
            normalize_before = True)

    def forward(self, src_word, trg_word):
        """
        前向计算
        输入:
            - src_word: 输入给编码器的源语言文本
            - trg_word: 输入给解码器的目标语言文本
        """

        # 编码器输入的最大长度
        src_max_len = paddle.shape(src_word)[ - 1]
        #解码器输入的最大长度
        trg_max_len = paddle.shape(trg_word)[ - 1]

        # 生成注意力掩码
        # 编码器的自注意力机制要掩盖掉所有的填充词元
        src_slf_attn_bias = paddle.cast(
            src_word == self.pad_idx,
            dtype = paddle.get_default_dtype()).unsqueeze([1, 2]) * - 1e9
        src_slf_attn_bias.stop_gradient = True
        # 解码器的自注意力掩码
        trg_slf_attn_bias =
self.transformer.generate_square_subsequent_mask(
            trg_max_len)
```

```
        trg_slf_attn_bias.stop_gradient = True
        # 解码器 cross-attention 的掩码
        trg_src_attn_bias = src_slf_attn_bias

        # 编码器、解码器的嵌入
        enc_input = self.enc_embedding(src_word, src_max_len)
        dec_input = self.dec_embedding(trg_word, trg_max_len)

        # Transformer 模型的前向计算
        dec_output = self.transformer(enc_input,
                                      dec_input,
                                      src_mask=src_slf_attn_bias,
                                      tgt_mask=trg_slf_attn_bias,
                                      memory_mask=trg_src_attn_bias)
        # 生成输出
        predict = self.linear(dec_output)

        return predict
```

在生成解码器的自注意力掩码(mask)时使用了 generate_square_subsequent_mask 方法，该方法会生成一个给定长度的方形掩码，并且生成的掩码能够确保对于位置 i 的预测只依赖于位置小于 i 所对应的结果。

```
transformer = nn.Transformer(8, 4, dim_feedforward=64)
mask = transformer.generate_square_subsequent_mask(5)
print("对于一个长度为 5 的序列,解码器的自注意力掩码生成结果如下:")
print(mask)
```

对于一个长度为 5 的序列，解码器的自注意力掩码生成结果如下：

```
Tensor(shape=[5, 5], dtype=float32, place=Place(gpu:0), stop_gradient=True,
       [[ 0. , -inf., -inf., -inf., -inf.],
        [ 0. ,   0.,  -inf., -inf., -inf.],
        [ 0. ,   0.,    0.,  -inf., -inf.],
        [ 0. ,   0.,    0.,    0.,  -inf.],
        [ 0. ,   0.,    0.,    0.,    0.]])
```

14.4 训练配置

定义模型训练时的超参数、优化器、损失函数和评估指标等。

(1) 模型：使用 Transformer 模型。

(2) 优化器：Adam 优化器。

(3) 损失函数：标签平滑的交叉熵损失。

(4) 评估指标：BLEU-4。

在机器翻译任务中使用交叉熵作为损失函数，引入标签平滑(label smoothing)操作防止过拟合。这里可以采用 paddle.nn.functional.label_smoothing 方法制作软标签(soft label)，该方法需要提供硬标签和参数 ε。软标签的生成公式如下(其中 K 表示类别的总数，$\mathbf{y}=\{y_1,y_2,\cdots,y_K\}$是标签，$c$ 表示真实的类别所在序号）：

$$y_i=\begin{cases}1, & i=c\\ 0, & i\neq c\end{cases}\rightarrow y_i=\begin{cases}1-\varepsilon+\dfrac{\varepsilon}{K}, & i=c\\ \dfrac{\varepsilon}{K}, & i\neq c\end{cases} \tag{14-3}$$

图 14-8 展示了一般的标签“硬标签”（图(a)）与标签平滑之后的“软标签”（图(b)）的对比。

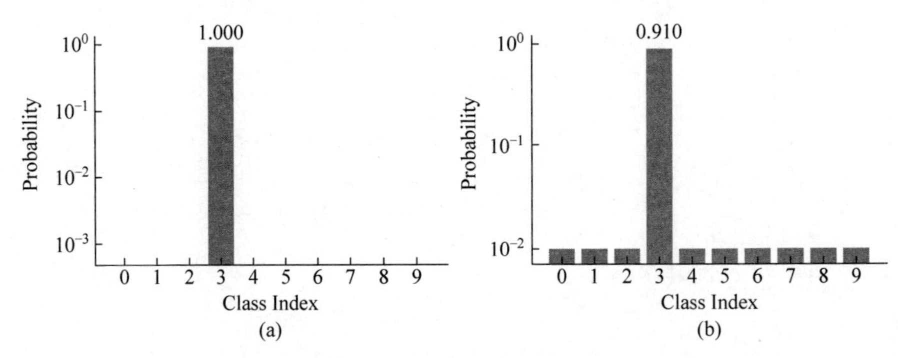

图 14-8 标签平滑前后对比（Zhang et al., 2021）

(a) 硬标签；(b) 软标签

当模型能够完全准确预测样本的类别时（即认为样本是某类别的置信度与标签给的概率相同），交叉熵损失函数值应该为 0，而在引入标签平滑之后，此时的损失函数值却不为 0，而是

$$\text{loss\_normalizer}=-\left[(1-\varepsilon)\cdot\log\left(1-\varepsilon+\frac{\varepsilon}{K}\right)+\varepsilon\cdot\log\left(\frac{\varepsilon}{K}+\delta\right)\right] \tag{14-4}$$

其中，δ 是一个非常小的值。为此，我们将损失函数值减去 loss_normalizer，新的损失值不会被反向传播，但是更方便我们准确评估模型的损失。

损失函数的实现代码如下：

```
import paddle
import paddle.nn as nn
import paddle.nn.functional as F

class CrossEntropyCriterion(nn.Layer):
    def __init__(self, label_smooth_eps = None, pad_idx = 0):
        """
        标签平滑的交叉熵损失
        输入:
            - label_smooth_eps: 标签平滑的参数
            - pad_idx: 填充词元的序号
        """
        super(CrossEntropyCriterion, self).__init__()
        self.label_smooth_eps = label_smooth_eps
        self.pad_idx = pad_idx

    def forward(self, predict, label):
        """
        前向计算
```

```
        输入:
            - predict: Transformer 模型的输出,维度为[批量大小, 序列长度, 目标语言词典大小]
            - label: 模型的输出对应的标签,维度为[批量大小, 序列长度, 1]
        """
        # 填充词元不参与损失值的计算,故这里生成 weights
        weights = paddle.cast(label != self.pad_idx,
                              dtype = paddle.get_default_dtype())
        # 标签平滑
        if self.label_smooth_eps:
            label = paddle.squeeze(label, axis = [2])
            label = F.label_smooth(label = F.one_hot(
                x = label, num_classes = predict.shape[ - 1]),
                                   epsilon = self.label_smooth_eps)
       # 经过标签平滑后,label 的维度为[批量大小, 序列长度, 目标语言词典大小]
       # 交叉熵损失
        cost = F.cross_entropy(
            input = predict,
            label = label,
            reduction = 'none',
            soft_label = Trueifself.label_smooth_eps elseFalse)
        # 掩盖掉填充词元的损失值
        weighted_cost = cost * weights
        sum_cost = paddle.sum(weighted_cost)
        token_num = paddle.sum(weights)
        token_num.stop_gradient = True
        avg_cost = sum_cost / token_num
        # 返回总损失,平均损失,非填充词元的数目
        return sum_cost, avg_cost, token_num

# 平滑系数
label_smooth_eps = 0.1

# 损失函数,使用标签平滑机制
criterion = CrossEntropyCriterion(label_smooth_eps, bos_idx)

# 损失规范化
loss_normalizer = - ((1. - label_smooth_eps) * np.log(
        (1. - label_smooth_eps + label_smooth_eps / trg_vocab_size)) \
        + label_smooth_eps * np.log(
            label_smooth_eps / trg_vocab_size + 1e - 20))
```

训练配置的实现代码如下:

```
from paddlenlp.metrics import BLEU

# Transformer 模型的维度
d_model = 512
# Transformer 的隐含层的维度
d_inner_hid = 2048
# 注意力的头数
```

```
n_head = 8
# Transformer 的编码器和解码器的层数
num_encoder_layer = 6
num_decoder_layer = 6
# Dropout 的概率
dropout = 0.5
act_dropout = 0.4
attn_dropout = 0.4
# 是否采用权共享策略(共享嵌入层与解码器预测层的权重)
weight_sharing = False

# 训练的轮次
num_epochs = 30
# 总迭代次数
num_training_steps = steps_per_epoch * num_epochs

# 用于 Adam 优化器的学习率
learning_rate = 2.0
beta1 = 0.9
beta2 = 0.997
eps = 1e-9
# 预热的 step 数
warmup_steps = 8000

# 评估指标
bleu = BLEU()
# 定义模型
model = TransformerModel(src_vocab_size = src_vocab_size,
                         trg_vocab_size = trg_vocab_size,
                         max_length = max_length,
                         num_encoder_layers = num_encoder_layer,
                         num_decoder_layers = num_decoder_layer,
                         n_head = n_head,
                         d_model = d_model,
                         d_inner_hid = d_inner_hid,
                         dropout = dropout,
                         act_dropout = act_dropout,
                         attn_dropout = attn_dropout,
                         pad_idx = pad_idx,
                         bos_idx = bos_idx,
                         eos_idx = eos_idx)

# 学习率衰减
scheduler = paddle.optimizer.lr.NoamDecay(d_model,
                                          warmup_steps,
                                          learning_rate,
                                          last_epoch = 0)

# 定义优化器
optimizer = paddle.optimizer.Adam(learning_rate = scheduler,
```

```
                              beta1 = beta1,
                              beta2 = beta2,
                              epsilon = float(eps),
                              parameters = model.parameters())
```

本实践采用 Adam 优化器，而学习率使用了 Noam 学习率衰减的策略，这个策略出自文献(Vaswani et al., 2017)，我们使用 paddle.optimizer.lr.NoamDecay 实现学习率衰减。下面的代码展示了整个训练过程中学习率的变化情况。

```
import matplotlib.pyplot as plt

lr_scheduler = paddle.optimizer.lr.NoamDecay(d_model,
                                             warmup_steps,
                                             learning_rate,
                                             last_epoch = 0)
lr_list = []
for step in range(num_training_steps):
    lr_list.append(lr_scheduler.get_lr())
    lr_scheduler.step()

# 画图,查看学习率随训练步数增加的变化情况
plt.plot(range(len(lr_list)), lr_list)
plt.xlabel("step")
plt.ylabel("learning rate")
plt.title("learning rate schedule")
plt.show()
```

输出结果如图 14-9 所示。学习率在 warmup 步数之前先线性增大到指定大小的学习率，随后开始衰减。

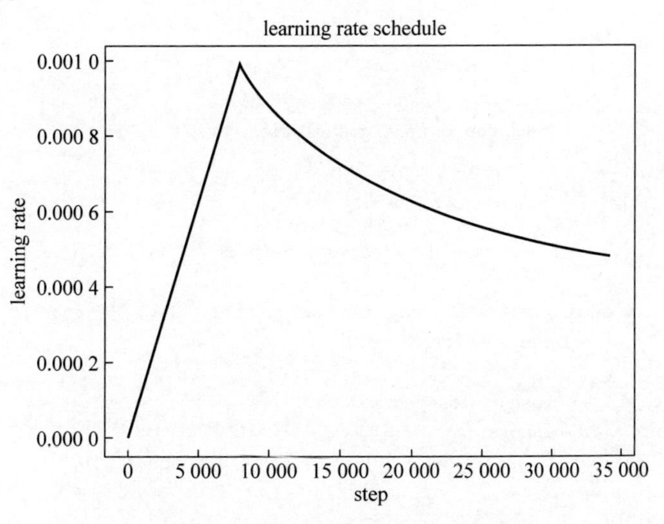

图 14-9 学习率随步数变化趋势

14.5 模型训练

模型训练过程中，每隔一定的 log_steps 都会打印一条训练日志，每隔一定的 eval_steps 在验证集上进行一次模型评估，并且保存在训练过程中评估效果最好的模型。

需要注意的是，查看损失变化情况时要减去 loss_normalizer。下面调用 paddlenlp.metrics.BLEU 来计算 BLEU 分数，默认 $N=4$。关于 BLEU 的更多介绍请见 11.4 节。

在验证集上进行模型评估的实现代码如下：

```
from tqdm.notebook import tqdm

def evaluate(model, eval_loader, criterion, loss_normalizer,bleu):
    # 传入模型和评估用的数据集,测试模型表现
    # 将模型设置为评估模式
    model.eval()
    # 重置评价
    bleu.reset()
    post_processer = PostProcesser(pad_idx, eos_idx, trg_idx2word)

    total_sum_cost = 0
    total_token_num = 0
    with paddle.no_grad():
        for input_data in eval_loader:
            (src_word, trg_word, lbl_word) = input_data
            logits = model(src_word = src_word, trg_word = trg_word)

            # 损失函数
            sum_cost, avg_cost, token_num = criterion(logits, lbl_word)
            total_sum_cost += sum_cost.item()
            total_token_num += token_num.item()
            total_avg_cost = total_sum_cost / total_token_num

            # BLEU
            cand_list = [
                post_processer.trans(pred).split() \
                    for pred in np.argmax(logits, axis = -1)
                ]
            ref_list = [
                [post_processer.trans(trg).split()] \
                    for trg in lbl_word.squeeze(axis = -1).numpy()
                ]
            for cand, ref inzip(cand_list, ref_list):
                bleu.add_inst(cand, ref)

    loss = total_avg_cost - loss_normalizer
    bleu_score = bleu.score()
    print(f"[Evaluate] loss: {loss:.5f} \t bleu4: {bleu_score:.5f}")

    model.train()
    return loss, bleu_score
```

模型训练的实现代码如下：

```
from tqdm.notebook import tqdm

# 模型保存频次
eval_step = 1000
# 打印日志频次
log_steps = 100
# 模型保存
save_dir = "checkpoint"

def train(model, train_loader, eval_loader, criterion, loss_normalizer, bleu):
    # 传入模型,训练数据,验证数据,损失函数,以及 loss_normalizer
    train_loss_record = []
    train_score_record = []
    global_step = 0
    best_loss = float('inf')

    for epoch in range(num_epochs):
        # 读取 dataloader 里面的数据
        desc_info = f"(Training) epoch: {epoch:> 2d}"
        for input_data in tqdm(train_loader, desc = desc_info):
            (src_word, trg_word, lbl_word) = input_data
            # 前向计算
            logits = model(src_word = src_word, trg_word = trg_word)
            # 损失计算
            sum_cost, avg_cost, token_num = criterion(logits, lbl_word)
            train_loss_record.append(
                (global_step, (avg_cost.numpy() - loss_normalizer)[0]))
            # 更新模型参数的梯度
            avg_cost.backward()
            optimizer.step()
            optimizer.clear_grad()

            # 是否打印日志
            if global_step % log_steps == 0:
                total_avg_cost = avg_cost.item()
                print(f"[Train] epoch: {epoch}/{num_epochs}, " \
                    +f"step: {global_step}/{num_training_steps}, " \
                    +f"loss: {total_avg_cost - loss_normalizer:.5f}")

            # 评估并保存
            if global_step != 0 and (
                global_step % eval_step == 0 \
                    or global_step == (num_training_steps - 1)):
                # 评估验证
                loss, score = evaluate(model, eval_loader, criterion,
                                       loss_normalizer, bleu)
                train_score_record.append((global_step, score))
```

```
                if loss < best_loss:
                    best_loss = loss
                    if not os.path.exists(save_dir):
                        os.makedirs(save_dir)
                    paddle.save(model.state_dict(),
                                os.path.join(save_dir, "transformer.pdparams"))
            global_step += 1
            scheduler.step()

    return train_loss_record, train_score_record

train_loss_record, train_score_record = train(
    model, train_loader, dev_loader, criterion, loss_normalizer, bleu)
```

输出结果为：

```
[Train] epoch: 0/30, step: 0/36510, loss: 9.00115
[Train] epoch: 0/30, step: 100/36510, loss: 8.45411
[Train] epoch: 0/30, step: 200/36510, loss: 7.20251
[Train] epoch: 0/30, step: 300/36510, loss: 5.97525
[Train] epoch: 0/30, step: 400/36510, loss: 5.93937
[Train] epoch: 0/30, step: 500/36510, loss: 5.81032
[Train] epoch: 0/30, step: 600/36510, loss: 5.73107
[Train] epoch: 0/30, step: 700/36510, loss: 5.37072
[Train] epoch: 0/30, step: 800/36510, loss: 5.43830
[Train] epoch: 0/30, step: 900/36510, loss: 4.19836
[Train] epoch: 0/30, step: 1000/36510, loss: 4.94884
[Evaluate] loss: 2.86420     bleu4: 0.00686
[Train] epoch: 0/30, step: 1100/36510, loss: 4.67647
[Train] epoch: 0/30, step: 1200/36510, loss: 4.16157
(Training) epoch: 1:    0%|          | 0/1217 [00:00<?, ?it/s]
[Train] epoch: 1/30, step: 1300/36510, loss: 4.41796
[Train] epoch: 1/30, step: 1400/36510, loss: 4.70113
[Train] epoch: 1/30, step: 1500/36510, loss: 4.17094
[Train] epoch: 1/30, step: 1600/36510, loss: 2.99684
[Train] epoch: 1/30, step: 1700/36510, loss: 4.38270
[Train] epoch: 1/30, step: 1800/36510, loss: 4.63641
[Train] epoch: 1/30, step: 1900/36510, loss: 4.02331
[Train] epoch: 1/30, step: 2000/36510, loss: 4.00388
[Evaluate] loss: 2.57808     bleu4: 0.01665
[Train] epoch: 1/30, step: 2100/36510, loss: 4.30671
[Train] epoch: 1/30, step: 2200/36510, loss: 4.32858
[Train] epoch: 1/30, step: 2300/36510, loss: 4.21782
[Train] epoch: 1/30, step: 2400/36510, loss: 4.18468
(Training) epoch: 2:    0%|          | 0/1217 [00:00<?, ?it/s]
[Train] epoch: 2/30, step: 2500/36510, loss: 3.95813
[Train] epoch: 2/30, step: 2600/36510, loss: 3.80081
[Train] epoch: 2/30, step: 2700/36510, loss: 4.27002
[Train] epoch: 2/30, step: 2800/36510, loss: 3.60210
[Train] epoch: 2/30, step: 2900/36510, loss: 3.47423
[Train] epoch: 2/30, step: 3000/36510, loss: 3.33842
```

```
[Evaluate] loss: 2.40237      bleu4: 0.03223
[Train] epoch: 2/30, step: 3100/36510, loss: 3.94932
[Train] epoch: 2/30, step: 3200/36510, loss: 3.50313
[Train] epoch: 2/30, step: 3300/36510, loss: 4.20669
[Train] epoch: 2/30, step: 3400/36510, loss: 3.93881
[Train] epoch: 2/30, step: 3500/36510, loss: 3.83883
[Train] epoch: 2/30, step: 3600/36510, loss: 3.60053
......
[Train] epoch: 22/30, step: 27100/36510, loss: 1.94454
[Train] epoch: 22/30, step: 27200/36510, loss: 2.06634
[Train] epoch: 22/30, step: 27300/36510, loss: 2.04027
[Train] epoch: 22/30, step: 27400/36510, loss: 2.09839
[Train] epoch: 22/30, step: 27500/36510, loss: 2.23697
[Train] epoch: 22/30, step: 27600/36510, loss: 2.22169
[Train] epoch: 22/30, step: 27700/36510, loss: 2.10024
[Train] epoch: 22/30, step: 27800/36510, loss: 2.05022
[Train] epoch: 22/30, step: 27900/36510, loss: 1.73821
(Training) epoch: 23:    0%|          | 0/1217 [00:00<?, ?it/s]
[Train] epoch: 23/30, step: 28000/36510, loss: 1.96019
[Evaluate] loss: 1.73118      bleu4: 0.13241
[Train] epoch: 23/30, step: 28100/36510, loss: 1.96158
[Train] epoch: 23/30, step: 28200/36510, loss: 1.54978
[Train] epoch: 23/30, step: 28300/36510, loss: 2.09352
[Train] epoch: 23/30, step: 28400/36510, loss: 1.83641
[Train] epoch: 23/30, step: 28500/36510, loss: 2.05938
[Train] epoch: 23/30, step: 28600/36510, loss: 1.89802
[Train] epoch: 23/30, step: 28700/36510, loss: 2.11099
[Train] epoch: 23/30, step: 28800/36510, loss: 1.45414
[Train] epoch: 23/30, step: 28900/36510, loss: 1.86860
[Train] epoch: 23/30, step: 29000/36510, loss: 1.49113
[Evaluate] loss: 1.74772      bleu4: 0.13139
```

可视化训练过程的损失函数和BLEU变化,实现代码如下:

```
import os
from tools import plot_training_loss, plot_training_bleu

# 训练过程作图
if not os.path.exists("figs"):
    os.mkdir("figs")

fig_loss_path = "./figs/chapter13_loss.pdf"
fig_score_path = "./figs/chapter13_score.pdf"
plot_training_loss(train_loss_record, fig_loss_path, sample_step=100)
plot_training_bleu(train_score_record, fig_score_path)
```

输出结果如图14-10所示。从输出结果看,随着训练的进行,训练集上的损失函数不断下降,同时在验证集上BLEU-4的值开始不断升高,在模型收敛后逐步平稳。

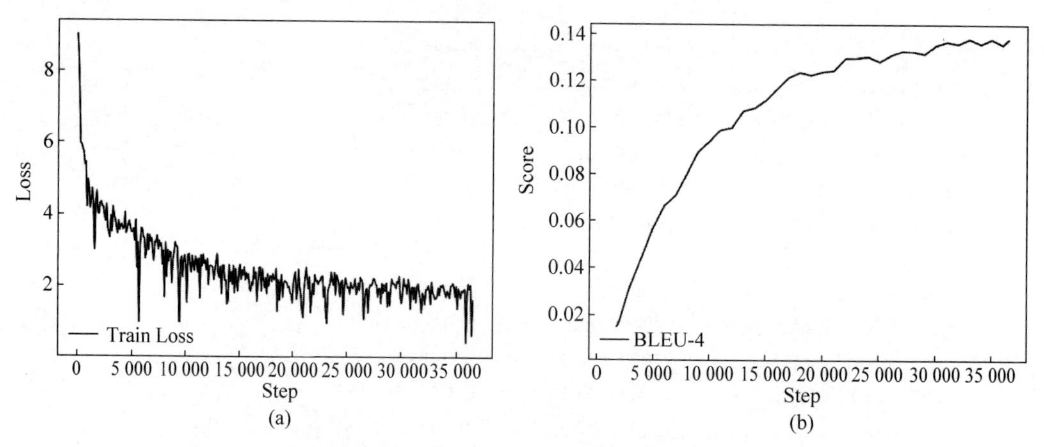

图 14-10　训练集上的损失值变化和验证集上的 BLEU-4 值的变化

(a) 在训练集上的损失值变化情况；(b) 在验证集上 BLEU-4 的变化情况

14.6　模型评估

14.6.1　数据读取

使用测试集对训练过程中表现最好的模型进行评价，以验证模型训练效果。由于测试数据输入模型时只需要源语言文本，数据处理与训练集和验证集的处理稍有不同，实现 prepare_infer_input 和 create_infer_loader 方法如下：

```
from paddle.io import DataLoader

def prepare_infer_input(insts, bos_idx, eos_idx, pad_idx):
    # 准备推理截断需要的输入，即尾部加上了句子结束词元序号的源语言文本序号
    word_pad = Pad(pad_idx)
    src_word = word_pad([inst["source"] + [eos_idx] for inst in insts])
    return [src_word]

# 创建测试集的 dataloader
def create_infer_loader(dataset):
    # 数据集转换
    dataset = dataset.map(convert_example_to_feature)
    # 制作 dataloader
    data_loader = DataLoader(
        dataset=dataset,
        batch_size=infer_batch_size,
        shuffle=False,
        drop_last=False,
        collate_fn=partial(
            prepare_infer_input, bos_idx=bos_idx, eos_idx=eos_idx, pad_idx=pad_idx),
        num_workers=2,
        return_list=True)
    return data_loader
```

```
infer_batch_size = 32
(test_dataset, ) = load_dataset("language_pair.py",
                                data_files = data_files,
                                split = ["test"])
test_loader = create_infer_loader(test_dataset)
```

14.6.2 权重加载

我们使用预先定义好的推理模型 paddlenlp. transformers. InferTransformerModel 进行模型评估,使用集束搜索算法(beam search)。由于 TransformerModel 和 InferTransformerModel 的 state_dict 不同,因此无法直接加载训练时保存的权重,需要先进行转换,实现代码如下:

```
def weight_convert(model_dict):
    # 权重转换,model_dict 为 model.state_dict()
    # 防止推理时模型接受的文本长度超过模型训练时最大输入长度
    # 这里用推理的最大长度再次初始化一个位置编码的权重
    model_dict["src_pos_embedding.pos_encoder.weight"] =
position_encoding_init(
        max_length, d_model)
    model_dict["trg_pos_embedding.pos_encoder.weight"] =
position_encoding_init(
        max_length, d_model)
    # 这里写的模型和 Infer 模型稍有不同,在加载词嵌入权重时需要做转换
    tail = ".word_embedding.weight"
    key_map = {
        "src_word_embedding": "enc_embedding.word_embedding",
        "trg_word_embedding": "dec_embedding.word_embedding"
    }
    weight_name = ".weight"
    for infer_key, key in key_map.items():
        model_dict[infer_key + tail] = model_dict[key + tail]

    return model_dict

from paddlenlp.transformers import InferTransformerModel
from tqdm.notebook import tqdm

# beam size 用于集束搜索
beam_size = 5
# 最大输出长度
max_out_len = 256
n_best = 1
# 测试输出文件
output_file = "predict.txt"
save_dir = "checkpoint"

# 定义预测模型 InferTransformerModel
# 该模型自带集束搜索,可以直接进行把 TransformerModel 的输出解码
model = InferTransformerModel(src_vocab_size = src_vocab_size,
                              trg_vocab_size = trg_vocab_size,
                              max_length = max_length,
```

```
                        num_encoder_layers = num_encoder_layer,
                        num_decoder_layers = num_decoder_layer,
                        n_head = n_head,
                        d_model = d_model,
                        d_inner_hid = d_inner_hid,
                        dropout = dropout,
                        weight_sharing = False,
                        bos_id = bos_idx,
                        eos_id = eos_idx,
                        pad_id = pad_idx,
                        beam_size = beam_size,
                        max_out_len = max_out_len)

# 加载训练好的模型
model_dict = paddle.load(os.path.join(save_dir, "transformer.pdparams"))
model.load_dict(weight_convert(model_dict))
```

14.6.3 模型评估

模型评估的实现代码如下：

```
def infer(infer_model, output_file):
    # 推理,加载模型,并将推理结果写入 output_file 中
    # 将模型设置为评估模式
    infer_model.eval()
    post_processer = PostProcesser(pad_idx, eos_idx, trg_idx2word)

    f = open(output_file, "w")
    with paddle.no_grad():
        for (src_word, )in tqdm(test_loader):
            finished_seq = infer_model(src_word = src_word)
            finished_seq = finished_seq.numpy().transpose([0, 2, 1])
            for ins in finished_seq:
                for beam_idx, beam in enumerate(ins):
                    if beam_idx >= n_best:
                        break
                    sequence = post_processer.trans(beam)
                    f.write(sequence + "\n")

    f.close()

infer(model, output_file)
```

在模型评估过程中，计算 BLEU 得分，代码实现如下：

```
from paddlenlp.metrics import BLEU

bleu = BLEU()
cands = []
ref_list = []
```

```
# 读取预测出来的文本
with open('predict.txt') as f:
    for line in f.readlines():
        cands.append(line.strip().split())
# 读取分词后的英文文本
with open(os.path.join(data_dir, "test_en.cut.txt")) as f:
    for line in f.readlines():
        ref_list.append([line.strip().split()])
# 计算 BLEU4 的值
for candidate, reference in zip(cands, ref_list):
    bleu.add_inst(candidate, reference)
print('bleu 得分为:{}'.format(bleu.score()))
```

输出结果为：

```
BLEU 得分为:0.16646054165024665
```

14.7 模型预测

输入任意一段中文文本，如“我爱深度学习”，通过模型验证训练效果。输入的中文文本同样需要经过 jieba 分词、BPE 分词、转换成词元序号的预处理，实现代码如下：

```
import jieba
from fastBPE import fastBPE
from sacremoses import MosesDetokenizer

def predict(infer_model, text_list, codes_path, vocab_path):
    # infer_model 是推理模型,text_list 是存放了源语言文本的列表

    # 结巴分词
    text_list = [' '.join(jieba.cut(text)) for text in text_list]
    # BPE 分词
    bpe = fastBPE(codes_path, vocab_path)
    token_list = [text.split() for text in bpe.apply(text_list)]
    # 转换成词元序号
    idx_list = [to_indices(src_word2idx, tokens) + [eos_idx] \
            for tokens in token_list]
    post_processer = PostProcesser(pad_idx, eos_idx, trg_idx2word)
    # 英文分词恢复
    md = MosesDetokenizer(lang = "en")
    # 模型推理
    res_list = []
    model.eval()
    with paddle.no_grad():
        for idx in idx_list:
            finished_seq = infer_model(
                src_word = paddle.to_tensor(idx).unsqueeze(axis = 0)
                )
            finished_seq = finished_seq.numpy().transpose([0, 2, 1])
```

```
            for ins in finished_seq:
                for beam_idx, beam in enumerate(ins):
                    if beam_idx >= n_best:
                        break
                    sequence = post_processer.trans(beam)
                    res_list.append(md.detokenize(sequence.split()))
    return res_list

# BPE 分词的中间文件路径
codes_path = os.path.join(data_dir, "bpe.zh.32000")
vocab_path = os.path.join(data_dir, "vocab.zh")

src_texts = [
    "我爱深度学习。",
    "我想向大家展示一件东西。",
    "我可以讲很多故事来解释我们为什么要做这件事。"
    ]
trg_texts = predict(model, src_texts, codes_path, vocab_path)

for idx, (src, trg) in enumerate(zip(src_texts, trg_texts)):
    print(f"{idx:=^80}")
    print(f"源语言文本: {src}")
    print(f"目标语言文本:{trg}")
    print()
```

输出结果为：

```
=====================================0=======================================
====
源语言文本:我爱深度学习。
目标语言文本:I love deep learning.
=====================================1=======================================
====
源语言文本:我想向大家展示一件东西。
目标语言文本:I want to show you one thing.
=====================================2=======================================
====
源语言文本:我可以讲很多故事来解释我们为什么要做这件事。
目标语言文本:I can tell a lot of stories about why we're going to do this.
```

14.8 实验思考

(1) 请分析说明实验中集束搜索的基本原理。

(2) 请举例说明 BLEU 评价方法存在的问题是什么，是否有更好的改进方法？

(3) 如何调整代码使得 Transformer 模型可以使用权重共享方法进行编码和解码？

第 15 章

基于大模型的自动问答实践

大规模预训练语言模型(如下简称大模型)采用基于神经网络的语言模型,模型通常包含数百亿个或更多的参数。大模型改变了自然语言处理的研究和应用范式,通过提示语(prompt)就可以让用户与大模型进行更直接的交互,并让其处理对应的任务。以百度的知识增强大语言模型文心一言[①]为例,输入提示语:“请生成一份旅游攻略:行程日期是 6 月 12 日—6 月 16 日,共 5 天,出发地和目的地分别是北京和成都,用表格展示”,其生成效果如图 15-1 所示。

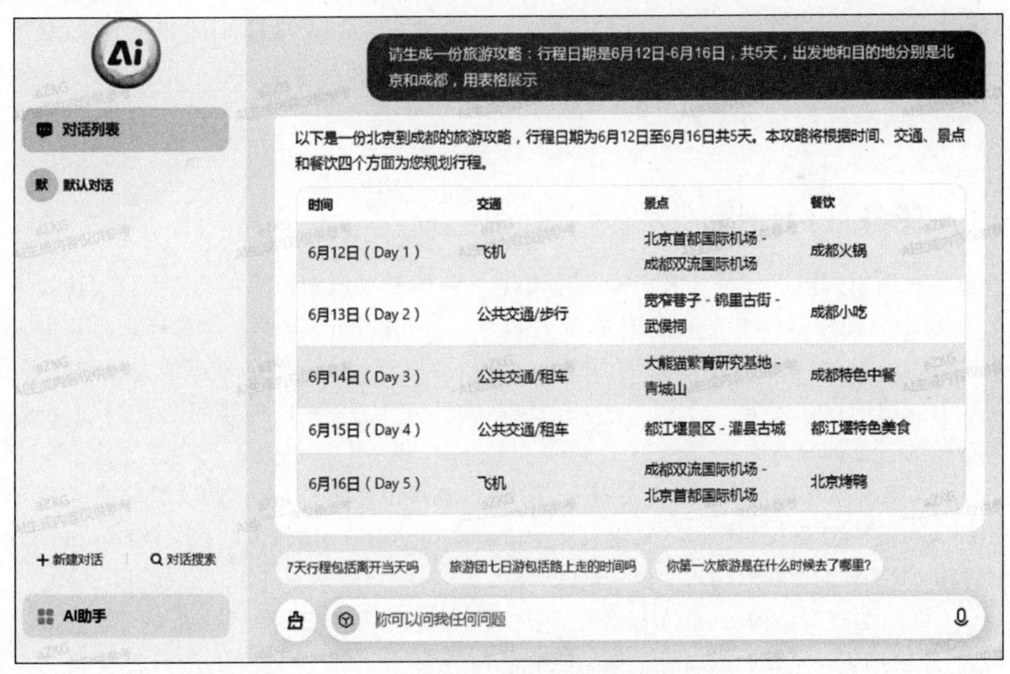

图 15-1 文心一言生成的旅游攻略

① 文心一言体验地址:目前文心一言已经向全社会全面开放,读者可以在线体验,http://yiyan.baidu.com/。

大模型促进了自然语言处理的发展方向走向生成式方法，且具有"大一统"的趋势，对于不同类别的自然语言处理任务，都可以通过大模型实现，这与本书前面章节的实现方式有较大差异。如图15-2所示，只需要输入任务的提示语，就可以实现如机器翻译、信息抽取和情感分析等多种自然语言处理任务。

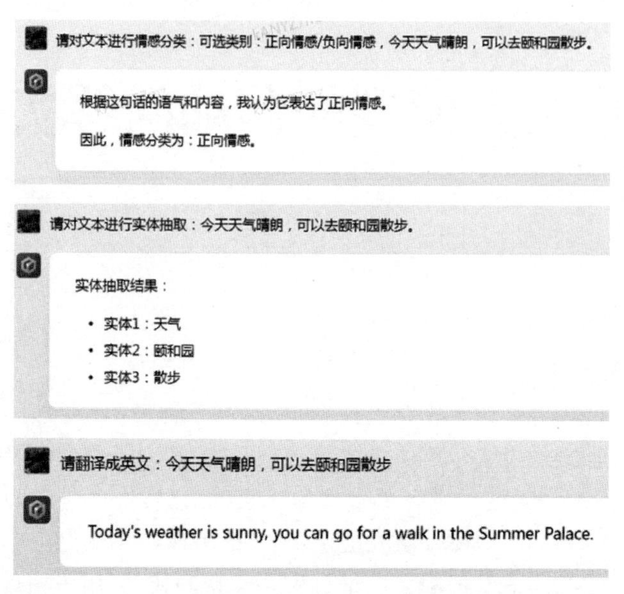

图15-2　通过构造提示语，利用大模型实现多种NLP任务

由于大模型具有效果好、泛化性强、研发流程标准化程度高等特点，催生了多种基于大模型的应用，如使用大模型进行文学创作、绘制海报、智能客服等。本章使用ERNIE 3.5实现利用本地知识库的自动问答。

15.1　任务目标和设计方案

本实践使用大语言模型(ERNIE 3.5)构建一个基于本地知识库的自动问答，其效果如图15-3所示。使用零样本或少量样本，通过提示(Prompt)工程，即可达到较好的效果。在如下的实践中，读者只需要配置参数，并输入问题，即可利用大模型的推理能力得到答案。

如上应用的设计方案如图15-4所示。包括构建知识库索引、构建问题查询(query)和大模型预测三个部分。

(1) 文本编码并构建向量索引：首先，读取本地知识库文件，支持的文件格式包括txt、doc、pdf、word等，然后按照模型的要求对文件进行文本切分，构建输入知识文档(documents)；最后使用ERNIE模型获取输入文档的嵌入，导入Faiss中构建索引(Johnson et al., 2019)。

(2) 将问题查询与前 K 个文档进行拼接：首先使用ERNIE模型对每个问题查询进行编码，然后使用Faiss做近似向量检索，得到前 K 个相关的知识文档[①]，最后将文档文本进

---

① Faiss(Facebook AI Similarity Search)是Facebook AI团队提出的面向向量的高效相似度查找方法(Johnson et al., 2019)。给定查询向量 $\boldsymbol{x}$，Faiss方法能够快速地从候选的大量向量中找到前 k 个向量。

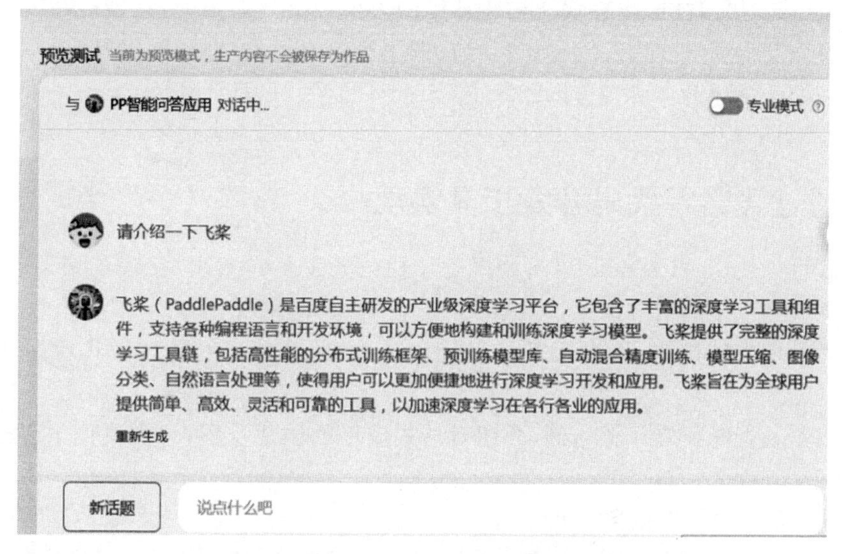

图 15-3 基于 AI Studio 星河社区和 ERNIE 3.5 实现基于本地知识的自动问答

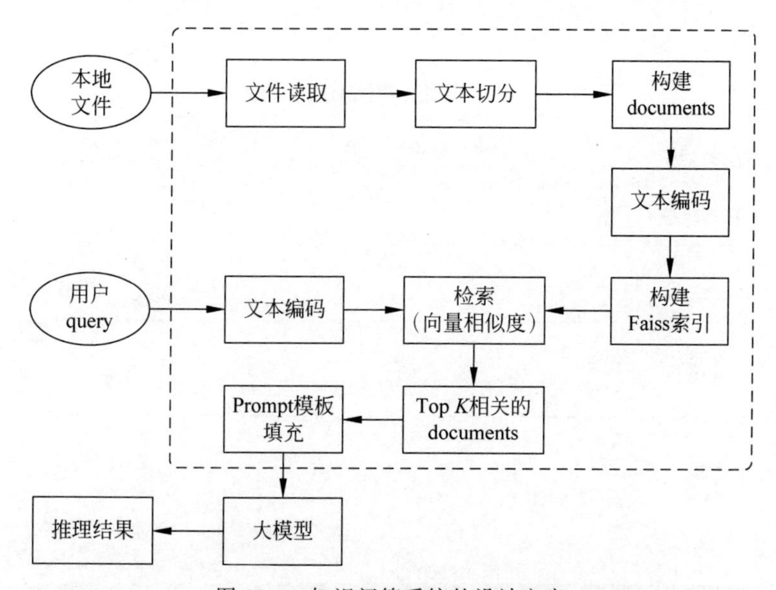

图 15-4 知识问答系统的设计方案

行拼接，得到问题上下文(context)。

(3) 使用大模型进行问答：先用问题上下文和问题查询填充提示模板，得到大语言模型的提示，然后将上述提示输入大模型中得到推理结果。

本节实践有如下两种实现方式：①通过 AI Studio 星河社区提供的零代码开发工具(图形化界面，GUI)实现；②通过 PaddleNLP 实现。下面分别介绍详细的实现过程，读者在使用大模型进行应用开发时，可以根据自己的使用习惯选择不同的实现方法。

说明：目前以大模型为代表的深度学习技术正快速发展，各种创新技术不断涌现，典型的大模型平台如 ChatGPT、文心一言、讯飞星火等提供如 APP、网页版、API 接口等多种形式的开放服务，并通过开放插件机制、Function Call、Agent 等实现大模型外部工具、服务的调用。AI Studio 星河社区也在快速构建开源的大模型支持能力，包括智能体开发、插件开发和大模型开发精调、ERNIE Bot SDK 接口调用等功能，并提供图形化界面和 CodeLab 集成开发等多种开发环境。读者可以登录 AI Studio 星河社区在线体验。

15.2 通过飞桨零代码开发工具实现

本实践可以使用 AI Studio 星河社区的零代码开发工具实现，社区汇聚了各行各业创作者关于大模型应用的精彩成果，并提供了交流、体验和开发的平台。零代码开发工具支持交互式的大模型应用创建，读者无需具备代码基础，即可在线创建对话式应用和 AI 绘图应用。

下面以本地智能问答任务为例，介绍对话式应用的创建过程，只需要四个步骤，即可完成应用创建。

第 1 步：创建大模型应用

在“AI Studio 应用中心”单击“创建应用→零代码开发”，在弹出的“创建新应用”对话框中设置“应用名称”，应用类型选择“对话式应用”，如图 15-5 所示。

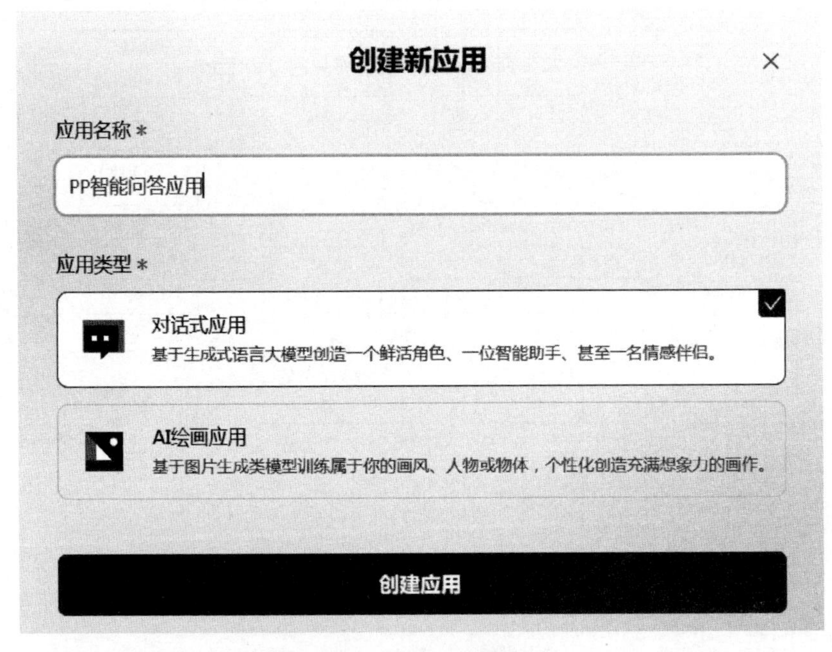

图 15-5 创建大模型应用

第 2 步：配置基本训练参数

在“基础设定”页面配置大模型的训练参数，并通过“预览测试”功能实时查看生成效果。

(1) 模型配置：选择大模型并配置模型参数，如图 15-6 所示。目前星河社区支持的大模型包括：ERNIE 3.5、ERNIE Turbo、ChatGLM-6B①、BELLE7B-2M，以及 LLaMA-13B

① https://chatglm.cn/blog。

等目前业界主流的开源大模型。其中“Temperature”用以配置大模型生成效果多样性，数值越高，生成内容会更加随机；“TOP_P”用以设置生成文本的多样性，数值越高，生成文本的多样性越强，文本类型越丰富。

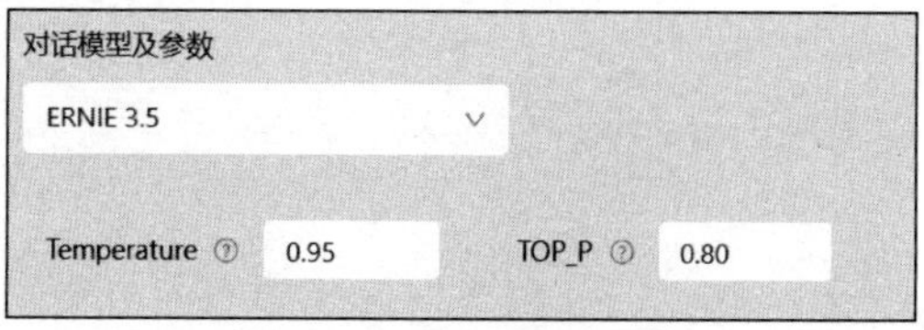

图 15-6　配置大模型和参数

（2）角色信息配置：配置角色身份和角色开场语，包括大模型应用扮演的角色类型、身份背景、关键技能等，帮助用户快速了解应用功能，如图 15-7 所示。

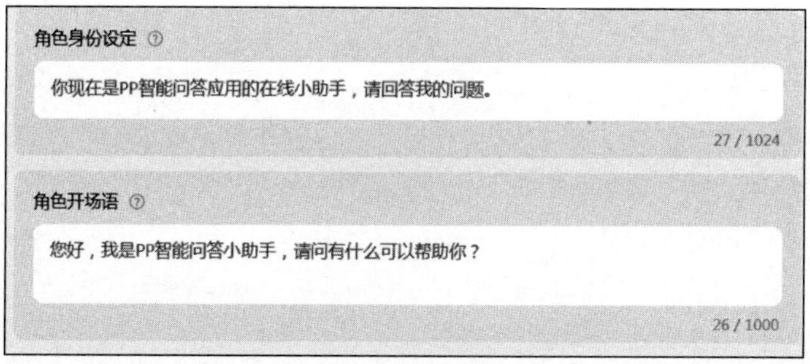

图 15-7　设置角色信息

读者也可以尝试开启“对话模拟”功能，通过设置输入、输出成对示例，让大模型学习生成内容的语气与风格，如图 15-8 所示。

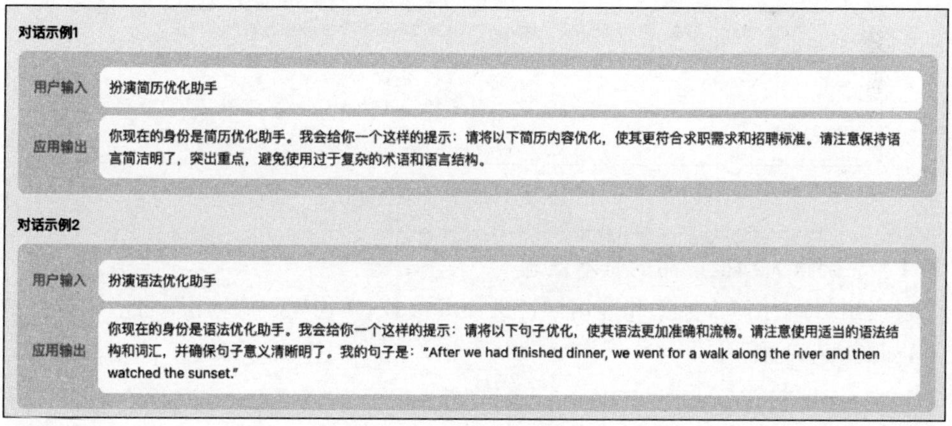

图 15-8　设置角色对话示例

第 3 步：配置知识库信息

读者可以上传本地数据，用于构建检索数据库，增强大模型的问答能力，便于训练后的大模型应用更理解业务场景，如图 15-9 所示。

读者可以在页面中实时查看智能问答应用的预览图例效果，如图 15-10 所示。

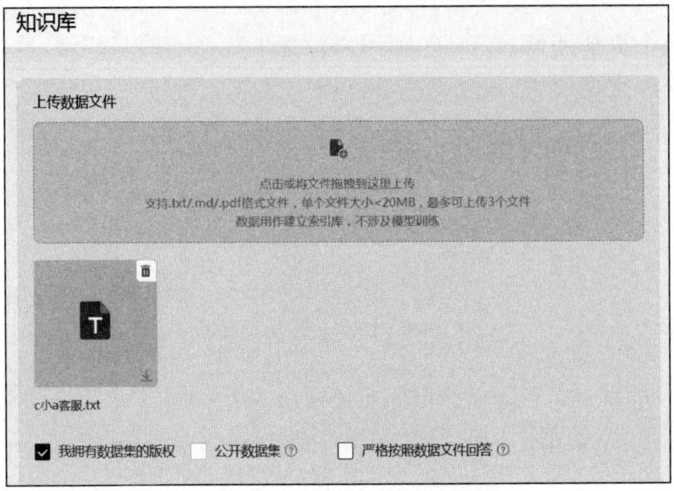

图 15-9　配置本地知识库数据

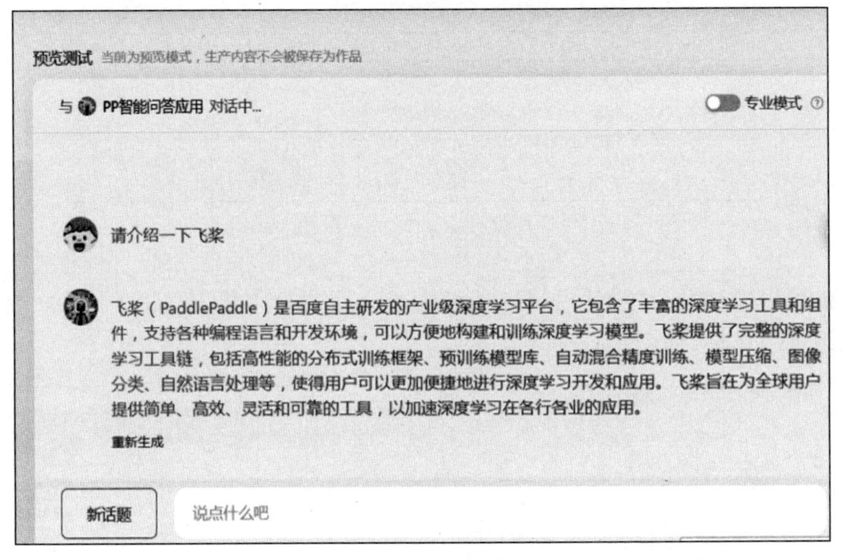

图 15-10　推理效果预览

第 4 步：配置大模型应用的基本信息

配置应用封面、简介、标签和应用详情页面等参数，单击“发布应用”，将应用分享给社区开发者，如图 15-11 所示。

15.3　通过 PaddleNLP 实现

本实践还可以通过 PaddleNLP 的流水线系统(Pipelines)实现，基于大模型的 PaddleNLP 流水线系统可以像搭建积木一样，便捷、灵活地实现各类大模型应用，如搜索引擎、问答系统等。读者无须重复实现代码编写，只需要聚焦智能问答应用的代码实现逻辑，如大模型选型、嵌入模型选型和提示语设计即可。

图 15-11　大模型应用发布配置和预览效果

15.3.1　代码实现逻辑

为了简化读者操作，自动问答应用的代码以.py形式呈现，读者只需要关注应用的实现逻辑和关键参数配置即可，代码实现逻辑如下：

```
# 安装 PaddleNLP
!pip install paddlenlp
```

```
# 安装 AI Studio 线上推理依赖
!pip install -r requirements.txt

# 执行命令行脚本
!python cli.py
```

基于大模型的问答应用关键参数，如大模型选型、向量检索模型选型和提示语设计的代码实现存储在如下配置文件中：

(1) ernie_bot.py：配置大模型。

(2) dense.py：配置向量检索模型。

(3) app.py：定义 document_store，建立文档索引，设计提示(prompt)模板，建立文档问答系统(ChatDocuments)。

如下分别介绍每个配置文件的关键代码实现，读者可以通过修改如下代码进行模型更换和参数更新。

15.3.2　配置大模型

读者可以通过如下代码定义大模型，文心一言的 API 方式代码实现如下：

```
class ErnieBot(BaseComponent):
    outgoing_edges = 1
    headers = {"Content-Type": "application/json", "Accept":
"application/json"}

    def __init__(self, api_key = None, secret_key = None):
        api_key = api_key oros.environ.get("ERNIE_BOT_API_KEY", None)
        secret_key = secret_key oros.environ.get("ERNIE_BOT_SECRET_KEY", None)
        self.api_key = api_key
        self.secret_key = secret_key
        self.token = self._apply_token(self.api_key, self.secret_key)

    def run(self, query, history = None, stream = False):
        payload = {"messages": []}
        if history is not None:
            if len(history) % 2 == 0:
                for past_msg in history:
                    if past_msg["role"] not in ["user", "assistant"]:
                        raise ValueError(
                            "Invalid history: The `role` in each message in history must be
`user` or `assistant`."
                        )
                payload["messages"].extend(history)
            else:
                raise ValueError("Invalid history: an even number of `messages` is expected!")

        payload["messages"].append({"role": "user", "content": f"{query}"})
        if stream:
            payload["stream"] = True
        chat_url = (f"https://aip.baidubce.com/rpc/2.0/ai_custom/v1/wenxinworkshop/chat/
completions?access_token = {self.token}"
        )
        response = requests.request("POST", chat_url, headers = self.headers, data = json.
dumps(payload))
        response_json = json.loads(response.text)
        if history is None:
            return_history = []
        else:
            return_history = copy.deepcopy(history)
        try:
            return_history.extend(
                [{"role": "user", "content": query}, {"role": "assistant", "content":
response_json["result"]}]
            )
```

```
            response_json["history"] = return_history
        except Exception as e:
            print(e)
            print(response_json)
        return response_json, "output_1"
```

15.3.3 配置向量检索模型

PaddleNLP 向量化组件 DensePassageRetriever 可以快速实现向量检索模型的配置，其中 query_embedding_model，passage_embedding_model 可以更换为其他 RocketQA 系列（如 rocketqa-zh-base-query-encoder，rocketqa-zh-dureader-query-encoder，rocketqa-zh-dureader-query-encoder 等），代码实现如下：

```
retriever = DensePassageRetriever(
                document_store = document_store,
                query_embedding_model = self.query_embedding_model,
                passage_embedding_model = self.passage_embedding_model,
                output_emb_size = self.embedding_dim
                if self.model_type in ["ernie_search", "neural_search"]
else None,
                max_seq_len_query = self.max_seq_len_query,
                max_seq_len_passage = self.max_seq_len_passage,
                batch_size = self.retriever_batch_size,
                use_gpu = use_gpu,
                embed_title = self.embed_title,
            )
```

15.3.4 定义 document store

定义 document store，构建本地向量索引库，代码实现如下：

```
document_store = FAISSDocumentStore(embedding_dim = 768,)
```

15.3.5 构建文档索引

构建索引的流程如下，主要是读取文档文件，然后进行段落切分、向量化，最后存入 Faiss 索引库中。

```
markdown_converter = MarkdownConverter()
pdf_converter = PDFToTextConverter()
text_splitter = CharacterTextSplitter(separator = "\f",
                                      chunk_size = chunk_size,
                                      filters = ["\n"])
pdf_splitter = CharacterTextSplitter(separator = "\f",
```

```
                                              chunk_size = chunk_size,
                                              filters = ['([. ;  ?
! . 。!?]["’”」』]{0,2}|(?=["‘“「『]{1,2}|$))'])
file_classifier = FileTypeClassifier()
indexing_pipeline = Pipeline()
indexing_pipeline.add_node(component = file_classifier,
                                  name = "file_classifier",
                                  inputs = ["File"])
indexing_pipeline.add_node(component = markdown_converter,
                                  name = "MarkdownConverter",
                                  inputs = ["file_classifier.output_3"])
indexing_pipeline.add_node(component = pdf_converter,
                                  name = "PDFConverter",
                                  inputs = ["file_classifier.output_2"])
indexing_pipeline.add_node(component = text_splitter,
                                  name = "MarkdownSplitter",
                                  inputs = ["MarkdownConverter"])
indexing_pipeline.add_node(component = pdf_splitter,
                                  name = "PDFSplitter",
                                  inputs = ["PDFConverter"])
indexing_pipeline.add_node(component = retriever,
                                  name = "Retriever",
                                  inputs = ["MarkdownSplitter","PDFSplitter"])
indexing_pipeline.add_node(component = document_store,
                                  name = "DocumentStore",
                                  inputs = ["Retriever"])
files = glob.glob(filepaths + "/*.*",recursive = True)
indexing_pipeline.run(file_paths = files)
```

15.3.6 构建问答应用

问答应用 ChatDocuments 的代码实现如下：

```
    def ernie_bot_chat(self,
                       query,
                       retriever,
                       history = [],
                       top_k = 10,
                       max_length = 64,
                       **kwargs):

        self.pipe.add_node(component = retriever, name = "Retriever", inputs = ["Query"])
        self.pipe.add_node(component = PromptTemplate("""基于以下已知信息，请简洁并专业
地回答用户的问题。
```

```
                如果无法从中得到答案,请说 "根据已知信息无法回答该问题" 或 "没有提供足够
的相关信息"。不允许在答案中添加编造成分。另外,答案请使用中文。

                已知内容:{documents}

                问题:{query}"""), name = "Template", inputs = ["Retriever"])
self.pipe.add_node(component = TruncatedConversationHistory(max_length = max_length),
name = "TruncateHistory", inputs = ["Template"])
        self.pipe.add_node(component = self.ernie_bot, name = "ErnieBot",
inputs = ["TruncateHistory"])
        history = []

        prediction = self.pipe.run(query = query,
                                   params = {
                                       "Retriever": {
                                           "top_k": top_k
                                       },
                                       "TruncateHistory": {
                                           "history": history
                                       }
                                   })
        print("user: {}".format(query))
        print("assistant: {}".format(prediction["result"]))
        history = prediction["history"]
        history.append((query, prediction["result"][0]))
        return history
```

15.3.7 (可选)在线推理部署

模型部署是决定大模型能否使用的关键因素之一,AI Studio 星河社区支持 Gradio 在线部署功能,关键操作步骤如下。

在本项目的 ipynb 页面单击"+",在弹出的页面中选择"应用 gradio",如图 15-12 所示。

图 15-12 通过 gradio 在线推理部署

在弹出的"untitled. gradio. py"文件中按需配置可视化页面相关功能的代码，单击"应用部署"，如图 15-13 所示。

图 15-13　gradio 应用部署

部署成功后，您就可以在线体验大模型的生成效果，如图 15-14 所示。

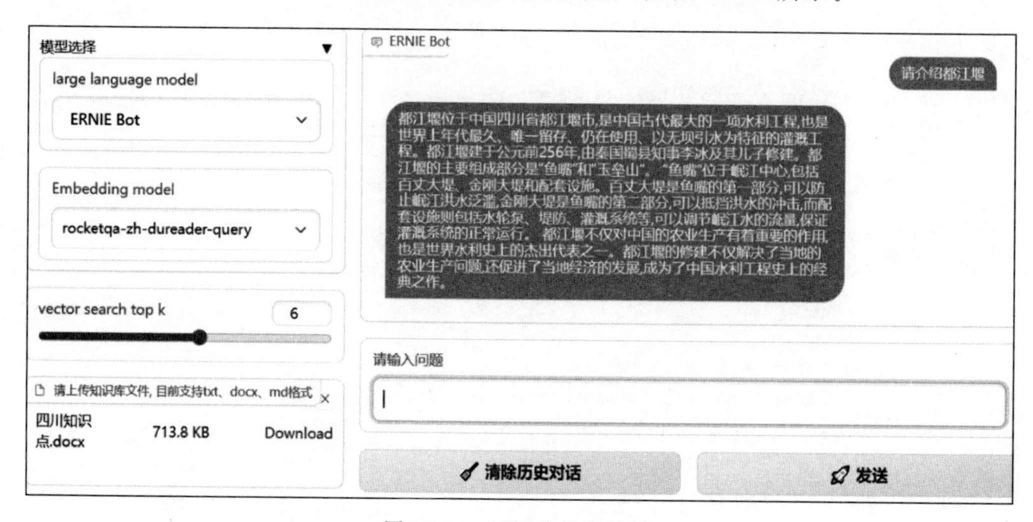

图 15-14　可视化推理效果

15.4　实验思考

（1）AI Studio 星河社区的零代码开发工具目前支持的大模型包括 LLaMA、ChatGLM 等，读者可以尝试使用其他大模型，观察推理结果。

（2）通过 PaddleNLP 构建大模型应用时，更有效的提示模板（PrompTemplate）可以让大模型更好地理解用户意图并生成更好的内容。读者可以尝试更新提示模板（PrompTemplate）的内容，观察问答系统的推理效果。

附录　术语与缩略语

n 元文法模型(n-gram)
隐马尔可夫模型(hidden Markov model,HMM)
朴素贝叶斯分类器(naive Bayes,NB)
决策树(decision tree)
k-近邻法(k-nearest neighbor, k-NN)
最大熵(maximum entropy, ME)
感知机(perceptron)
支持向量机(support vector machine, SVM)
条件随机场(conditional random field, CRF)
前馈神经网络(feedforward neural network,FNN)
卷积神经网络(convolutional neural network, CNN)
循环神经网络(recurrent neural network, RNN)
神经网络语言模型(neural network language model, NNLM)
词嵌入(word embedding)
序列到序列(Seq2Seq)
注意力机制(attention)
预训练语言模型(pre-training language model)
长短时记忆模型(long-short term memory, LSTM)
门控循环单元(gated recurrent unit, GRU)
双向的长短时记忆模型(bidirectional long-short term memory, BiLSTM)
词向量(word2vec)
连续的词袋模型(continuous bag-of-words, CBOW)
跳字(skip-gram)模型
独热表示(one-hot)
束搜索(beam search)
掩码语言模型建模(masked language model,MLM)
下一个句子预测(next sentence prediction,NSP)
关系抽取(relation extraction,RE)
信息抽取(information extraction,IE)
命名实体识别(named entity recognition,NER)
命名实体识别和分类(named entity recognition and classification,NERC)
双向 LSTM 模型(bi-directional long-short term memory, Bi-LSTM)
统一的信息抽取方法(universal information extraction,UIE)

文本语义匹配(text semantic matching)
语义相似度(text similarity)
间隔句子生成(gap sentence generation,GSG)
机器阅读理解(machine reading comprehension，MRC)
精确匹配(exact match)

参考文献

Aakanksha Chowdhery, Sharan Narang, Jacob Devlin, 2022. PaLM: Scaling language modeling with pathways[J]. arXiv preprint arXiv: 2204.02311.

Alec Radford,Jeffrey Wu,Rewon Child,et al., 2019. Language models are unsupervised multitask learners [Z/OL].

Alec Radford, Karthik Narasimhan, Tim Salimans, et al., 2018. Improving language understanding by generative pre-training[Z/OL].

Armand Joulin,Edouard Grave,Piotr Bojanowski,et al., 2017. Bag of tricks for efficient text classification [C]//Proceedings of the 15th Conference of the European Chapter of the Association for Computational Linguistics: 427-431.

Ashish Vaswani,Noam Shazeer,Niki Parmar,et al., 2017. Attention is all you need[C]//Advances in neural information processing systems 30.

Brown T B ,Mann B ,Ryder N,et al., 2020. Language models are few-shot learners[C]//Advances in neural information processing systems,33: 1877-1901.

Chang-Bin Zhang,Peng-Tao Jiang, Qibin Hou,et al., 2021. Delving deep into label smoothing[J]. IEEE Transactions on Image Processing,30: 5984-5996.

Chengqing Zong,Rui Xia,Jiajun Zhang,2021. Text data mining[M]. Springer.

Colin Raffel,Noam Shazeer, Adam Roberts,et al., 2019. Exploringthe limits of transfer learning with a unified text-to-text transformer[J]. arXiv preprint arXiv: 1910.10683.2019.

Colin Raffel,Noam Shazeer, Adam Roberts,et al., 2020. Exploring the limits of transfer learning with a unified text-to-text transformer[J]. Journal of Machine Learning Research,21(140): 1-67.

Dzmitry Bahdanau, KyungHyun Cho, Yoshua Bengio,2015. Neural machine translation by jointly learning to align and translate[C]//The 3rd International Conference on Learning Representations.

Franco Scarselli, Marco Gori, Ah Chung Tsoi, et al., 2009. The graph neural network model[J]. IEEE transactions on neural networks,20(1): 61-80.

Hongxuan Tang,Hongyu Li,Jing Liu,et al., 2021. DuReader_robust: A Chinese dataset towards evaluating robustness and generalization of machine reading comprehension in real-world applications [C]// Proceedings of the 59th Annual Meeting of the Association for Computational Linguistics and the 11th International Joint Conference on Natural Language Processing: 955-963.

Hugo Touvron, Thibaut Lavril, Gautier Izacard, et al., 2023. LLaMA: Open and efficient foundation language models[J]. arXiv preprint arXiv: 2302.13971.

Ian Goodfellow et al., 2017. Deep learning [M]. 赵申剑,等,译. 北京: 人民邮电出版社.

Ian J. Goodfellow,Jean Pouget-Abadie,Mehdi Mirza,et al., 2014. Generative adversarial nets[C]//Advances in neural information processing systems.

Ilya Sutskever,Oriol Vinyals,Quoc V. Le,2014. Sequence to sequence learning with neural networks[C]// Advances in neural information processing systems 27.

Jacob Devlin,Ming-Wei Chang,Kenton Lee,et al., 2019. BERT: Pre-training of deep bidirectional transformers for language understanding[C]//Proceedings of the 2019 Conference of the North American Chapter of the Association for Computational Linguistics: Human Language Technologies: 4171-4186.

Jason Wei,Maarten Bosma,Vincent Y. Zhao,et al., 2019. Finetuned language models are zero-shot learners [J]. arXiv preprint arXiv: 2109.01652.

Jason Wei, Xuezhi Wang, Dale Schuurmans, et al., 2022. Chain-of-thought prompting elicits reasoning in large language models[C]//Advances in Neural Information Processing Systems: 2482424837.

Jason Wei, Yi Tay, Rishi Bommasani, et al., 2022. Emergent abilities of large language models[J]. Transactions on Machine Learning Research.

Jeff Johnson, Matthijs Douze, Hervé Jégou, 2019. Billion-scale similarity search with GPUs[J]. IEEE Transactions on Big Data, 7(3): 535-547.

Jeffrey Pennington, Richard Socher, Christopher Manning, 2014. GloVe: Global vectors for word representation [C]//Proceedings of the 2014 Conference on Empirical Methods in Natural Language Processing: 1532-1543.

Jiajun Zhang, Shujie Liu, Mu Li, et al., 2014. Bilingually-constrained phrase embeddings for machine translation[C]//Proceedings of the 52nd Annual Meeting of the Association for Computational Linguistics: 111-121.

Jingqing Zhang, Yao Zhao, Mohammad Saleh, et al., 2020. PEGASUS: Pre-training with extracted gap-sentences for abstractive summarization[C]//Proceedings of the 37th International Conference on Machine Learning: 11328-11339.

John Schulman, Filip Wolski, Prafulla Dhariwal, et al., 2017. Proximal policy optimization algorithms[J]. arXiv preprint arXiv: 1707.06347.2017.

Kaiming He, Xiangyu Zhang, Shaoqing Ren, et al., 2016[C]//Proceedings of the IEEE Conference on Computer Vision and Pattern Recognition: 770-778.

Kaitao Song, Xu Tan, Tao Qin, et al., 2019. MASS: Masked sequence to sequence pre-training for language generation[C]//Proceedings of the 36th International Conference on Machine Learning: 5926-5936.

Kyunghyun Cho, Bart van Merrienboer, Caglar Gulcehre, et al., 2014. Learning phrase representations using RNN encoder-decoder for statistical machine translation[C]//Proceedings of the 2014 Conference on Empirical Methods in Natural Language Processing: 1724-1734.

Long Ouyang, Jeff Wu, Xu Jiang, et al., 2022. Training language models to follow instructions with human feedback[J]. arXiv preprint arXiv: 2203.02155.

Mark Chen, Jerry Tworek, Heewoo Jun, et al., 2021. Evaluating large language models trained on code1[J]. arXiv preprint arXiv: 2107.03374.

Matthew E. Peters, Mark Neumann, Mohit Iyyer, et al., 2018. Deep contextualized word representations [C]//Proceedings of the 2018 Conference of the North American Chapter of the Association for Computational Linguistics: Human Language Technologies: 2227-2237.

Ofir Press, Lior Wolf, 2017. Using the output embedding to improve language models[C]//Proceedings of the 15th Conference of the European Chapter of the Association for Computational Linguistics: 157-163.

OpenAI. GPT-4 Technical Report[J]. arXiv preprint arXiv: 2303.08774.

Pranav Rajpurkar, Robin Jia, Percy Liang, 2018. Know what you don't know: Unanswerable questions for SQuAD[C]//Proceedings of the 56th Annual Meeting of the Association for Computational Linguistics: 784-789.

Qi Zhu, Kaili Huang, Zheng Zhang, et al., 2020. CrossWOZ: A large-scale Chinese cross-domain task-oriented dialogue dataset[J]. Transactions of the Association for Computational Linguistics, 8: 281-295.

Richard Socher, Jeffrey Pennington, Eric H. Huang, et al., 2011. Semi-supervised recursive autoencoders for predicting sentiment distributions[C]//Proceedings of the 2011 Conference on Empirical Methods in Natural Language Processing: 151-161.

Rico Sennrich, Barry Haddow, Alexandra Birch, 2016. Neural machine translation of rare words with subword units[C]//Proceedings of the 54th Annual Meeting of the Association for Computational Linguistics: 1715-1725.

Romal Thoppilan, Daniel De Freitas, Jamie Hall, et al., 2022. LaMDA: Language models for dialog applications[J]. arXiv preprint arXiv: 2201.08239.

Sepp Hochreiter, Jürgen Schmidhuber, 1997. Long short-term memory[J]. Neural computation: 1735-1780.

Susan Zhang, Stephen Roller, Naman Goyal, et al., 2022. OPT: Open pre-trained transformer language models[J]. arXiv preprint arXiv: 2205.01068.

Teven Le Scao, Angela Fan, Christopher Akiki, et al., 2022. BLOOM: A 176b-parameter open-access multilingual language model[J]. arXiv preprint arXiv: 2211.05100.

Tomas Mikolov, Ilya Sutskever, Kai Chen, et al., 2013. Distributed representations of words and phrases and their compositionality[C]//Advances in neural information processing systems.

Tomas Mikolov, K. Chen, et al., 2013. Efficient estimation of word representation in vector space[J]. arXiv preprint arXiv: 1301.3781.

Tomas Mikolov, Martin Karafiát, Lukas Burget, et al., 2010. Recurrent neural network based language model[C]//Proceedings of the 11th Annual Conference of the International Speech Communication Association.

Victor Sanh, Albert Webson, Albert_Webson, et al., 2022. Multitask prompted training enables zero-shot task generalization[C]//Tenth International Conference on Learning Representations, Virtual Event: 25-29.

Wayne Xin Zhao, Kun Zhou, Junyi Li, et al., 2023. A survey of large language models[J]. arXiv preprintarXiv: 2303.18223.

Xin Liu, Qingcai Chen, Chong Deng, et al., 2018. LCQMC: A large-scale Chinese question matching corpus [C]//Proceedings of the 27th International Conference on Computational Linguistics: 1952-1962.

Yaojie Lu, Qing Liu, Dai Dai, et al., 2022. Unified structure generation for universal information extraction [C]//Proceedings of the 60th Annual Meeting of the Association for Computational Linguistics: 5755-5772.

Yingqi Qu, Yuchen Ding, Jing Liu, et al., 2021. RocketQA: An optimized training approach to dense passage retrieval for open-domain question answering[C]//Proceedings of the 2021 Conference of the North American Chapter of the Association for Computational Linguistics: Human Language Technologies: 5835-5847.

Yinhan Liu, Myle Ott, Naman Goyal, et al., 2019. RoBERTa: A robustly optimized BERT pretraining approach[J]. arXiv preprint arXiv: 1907.11692.

Yoshua Bengio, Réjean Ducharme, Pascal Vincent, et al., 2003. A neural probabilistic language model[J]. Journal of Machine Learning Research, 3: 1137-1155.

Yu Sun, Shuohuan Wang, Shikun Feng, et al., 2021. ERNIE 3.0: Large-scale knowledge enhanced pre-training for language understanding and generation[J]. arXiv preprint arXiv: 2107.02137.

Yu Sun, Shuohuan Wang, Yukun Li, et al., 2019. Ernie: Enhanced representation through knowledge integration[J]. arXiv preprint arXiv: 1904.09223.

Yunjie Ji, Yong Deng, Yan Gong, et al., 2023. Exploring the impact of instruction data scaling on large language models: An empirical study on real-world use cases[J]. arXiv preprint arXiv: 2303.14742.

Zhenzhong Lan, Mingda Chen, Sebastian Goodman, et al., 2020. ALBERT: A lite BERT for self-supervised learning of language representations[C]//International Conference on Learning Representations.

Zhilin Yang, Zihang Dai, Yiming Yang, et al., 2019. XLNet: Generalized autoregressive pretraining for language understanding[C]//Advances in Neural Information Processing Systems: 5754-5764.

邱锡鹏，2020. 神经网络与深度学习[M]. 北京：机械工业出版社.

宗成庆，2013. 统计自然语言处理[M]. 北京：清华大学出版社.

宗成庆，夏睿，张家俊，2022. 文本数据挖掘[M]. 2 版. 北京：清华大学出版社.